# 菜根谭与当下生活

明古之理，学菜根谭智慧，治今之事，享受自在人生！

中国智慧品读

门马◎著

中国长安出版社

**图书在版编目(CIP)数据**

中国智慧品读.4,菜根谭与当下生活 / 门马著. ——北京:中国长安出版社,2012.9

(中国智慧品读系列)

ISBN 978-7-5107-0561-8

Ⅰ. ①中… Ⅱ. ①门… Ⅲ. ①个人 - 修养 - 中国 - 明代 - 通俗读物 Ⅳ. ①B825-49

中国版本图书馆 CIP 数据核字(2012)第 234291 号

**菜根谭与当下生活**

门马 著

---

出版:中国长安出版社

社址:北京市东城区北池子大街 14 号(100006)

网址:http://www.ccapress.com

信箱:ccapress@yahoo.com.cn

发行:中国长安出版社　全国新华书店经销

电话:010-85099947　85099948

印刷:三河市航远印刷有限公司

开本:787 毫米×1092 毫米　1/16

印张:21

字数:250 千字

版次:2013 年 1 月第 1 版　2013 年 1 月第 1 次印刷

书号:ISBN 978-7-5107-0561-8

定价:39.80 元

# 前言

所谓“当下”，简单地说，就是现在的这一刻。当下生活就是你现在所做的事、所处的地方、周围一起工作和生活的人。人能活着和感觉到的只有当下。过去的一切人们无从改变，已经变成了记忆储存于人们脑中；而未来还是一个充满变数的未知，你永远不知道明天会发生些什么事情。所以，我们唯一能够把握的只有现在，只有当下。古希腊学者库里希坡斯曾说过：“过去与未来并不是‘存在’的东西，而是‘存在过’和‘可能存在’的东西。唯一‘存在’的是现在。”

但是，当你身处在当下这个物欲横流的经济社会中时，是否总是对一些棘手的事情手足无措，不知如何是好？是否感觉到自己的生活工作压力很大，以至于使得自己总是心情烦躁？是否感觉到自己的耐性越来越差，总是静不下心来做事？是否对人生的未来产生恐惧和迷茫，不知道自己要的是什么样的生活？……

随着社会的快速发展，当下生活中的人们总是会感到压力、烦躁和迷茫，若是放任不管，久而久之就会令身体和精神倍感疲倦，生活失去应有的活力和乐趣，所以，解决这些问题是当下生活中十分重要和必要的事情。

《菜根谭》是明代洪应明收集编著的一部论述修养、人生、处世、出世的著作。作者洪应明，字自诚，号还初道人。《菜根谭》具有儒、道、释三教真理的结晶，其中糅合了儒家的中庸思想，道家的无为思想和释家的出世思想的人生处世哲学，对于人的正心修身，养性育德，有着不可思议的潜移默化的力量。

《菜根谭》的价值不仅在于能够教给人们处世之道，还在于其中的思想能够

帮助人们修炼心性，提升自身修养，从而使人们走在正确的道路上。《菜根谭》以达观的心态、率真的方式还原了人生的本来面目，充满了“处治世宜方，乱世宜圆”的处世哲学。

本书从学习到心性，从待人到言行，从处世到功业乃至齐家等各个方面，选取了《菜根谭》中具有代表性的精华文字，加以解释和分析，既可以使读者认识到自身思想深处的许多固有的思想观念的正确与否，明确为人处世的原则，又能够从中悟出许多具体的办事技巧和方法，从而学会如何去正确地做人做事。

世上的事情是无法提前也无法后退的，唯有认真地活在当下，才是最真实的人生态度。我们应该把关注的焦点集中在当下生活中的人、事、物上面，全心全意认真去接纳、品尝、投入和体验这一切。

学习《菜根谭》的智慧，运用于当下生活，从当下做起，一点一滴地开始改变自己，改变生活，即是本书的宗旨所在。

# 目 录 MU LU

## 第一章　淡泊心性

"宁静以致远，淡泊以明志"，持有淡泊明志之心，那自己的生活就能像云水一样逍遥自在，能随遇而安，随缘生活，随心自在，随喜而作。用淡泊之心，去重新审视世界和人生，凭借淡泊明志之心，你再不会为物所累，为名所诱。

## 第二章　求学之道

求学问道不是一蹴而就的事情，要想学有所获，学有所成，必须持之以恒，长期耕耘。学习是为了增长知识，是为了提高自己的素质，并不是为了装点门面，附庸风雅。心平气和去读书，书中自有人生道理，为虚名去读书，到头来一场空，求名不成反误其身。

# 第三章　言行分寸

每个人都想成为一个能说会道、做事漂亮的人，但却并不是每个人都能如愿以偿。这是因为是否能说会道、做事漂亮主要表现在能否把握说话尺度和办事分寸上。恰当的说话尺度和适度的办事分寸是一个人获得社会认同、上司赏识、下属拥戴、同事喜欢、朋友帮助的有效手段。



# 第四章　处世方圆

为人处世，方和圆缺一不可，但是有一个“度”的限制，过刚易折，过柔则卑，所以做人的制高点是外圆内方，就是行欲方而智欲圆。解开方圆做人的天机，要想圆满做事，必先学会处世于方圆之间。这样才能在纷繁复杂的人际关系中周旋有术，游刃有余。

## 第五章　待人之法

人们几乎每天都是在和人接触中度过的，和人接触就要会待人，待人有待人的方法。待人严苛、冷漠，或是待人无情无义、自私自利，都不会获得别人的欢喜。我们待人，要凡事替别人着想，要乐于助人，和气待人才能获得人和。

## 第六章　明辨是非

一个人要想立足于社会，需要有一双看清人情世故的火眼金睛。所谓的人情世故，关键因素则是人，人的性格、品质、说话做事的方式等千差万别，且常常会以一种与事实不一样的面目出现，只有具备一双火眼金睛，才能够看得清，认得明，才能交对朋友做对事。

## 第七章　成败进退

人生有时像个大赌局，谁也不可能总是赢家，谁也不可能老是输家。输，只是离成功更近了一步；赢，则是在走过了所有通往失败的路后，只剩下的那一条成功之路。《菜根谭》告诉我们，在人生的路途中，该如何直，怎样屈；何时当一往无前，义无反顾，何时应挂冠归去，散淡入林；更告诉我们那些取得功业成就的基本要素、方法技巧和正确心态。



## 第八章　持理灭欲

一个人是否快乐，有时并不完全取决于物质的贫乏或丰裕，而是取决于他的心境：欲望太多，拥有再多也仍然无法满足；若能丢掉无止境的欲望，就会珍视自己所有的东西，并从中获得快乐。所以快乐与否的决定权就在于你自己，贪心人的心底里永远没有知足的时候，自然也不会觉得自己的快乐。

## 第九章　齐家教子

家和万事兴。一家人相处要互以诚实的心、和蔼的气氛，表露出优雅的话语，愉快的神采。一家同堂，一点没有隔阂，宛如形骸合在一起，心气融成一片，这样下去，一定能过异常快乐幸福的生活。

# 第一章　淡泊心性

“宁静以致远，淡泊以明志”，持有淡泊明志之心，那自己的生活就能像云水一样逍遥自在，能随遇而安，随缘生活，随心自在，随喜而作。用淡泊之心，去重新审视世界和人生，凭借淡泊明志之心，你再不会为物所累，为名所诱。

# 真味是淡——平平淡淡才是真

**【原典重现】**

肥辛甘非真味，真味只是淡；神奇卓异非至人，至人只是常。

**【译文释要】**

美酒佳肴鱼肉美食都不是真正的美味，真正的美味是清淡平和；行为举止神奇超群的人不是真正德行完美的人，真正德行完美的人，其行为举止和普通人相同。

**【谈古说今】**

水味最淡却是人类的生命之源，虽说“君子之交淡如水”，但其中包含的情谊却是最浓的；粗茶淡饭虽然味道并不浓烈，但却是能够吃上一辈子的健康粮食。只有最清淡的滋味才是最长久最真实的。一个人只有在淡中方能发现生活的真谛，只有在平凡中才能孕育伟大，越是伟大的人在人群之中也许就越难以被人发现。因为真正伟大的人追求的是一种至纯至真的精神境界，这种精神恰恰就蕴藏在平凡之中。

说到底，我们都是常人，即使已身居高位，即使拥有了万贯家财，即使已声名远播，即使成就惊人令众人仰慕，也都应该记住：自己本来是常人。而本为普通人，就更应该记住自己是常人。一个有完美人格和高尚品德的人，都是在平凡中实践自己伟大的人生理想。

弘一法师晚年把生活与修行统一起来，过着随遇而安的生活。1925 年初秋，弘一法师因战事而滞留宁波七塔寺，有一天，他的老朋友夏丏尊前来拜访他。等到吃饭的时候，弘一法师享用的仅是一碗米饭，一道咸菜和一杯白开水。

夏丏尊看在眼里，实在于心不忍，便说：“一碟腌萝卜，你就不觉得太咸了吗?”

“咸有咸的滋味。”弘一法师平静地回答。吃完饭后，弘一法师端起桌上的白开水喝。

夏丏尊又问道：“不添茶叶，白开水就不嫌太淡吗?”

“淡有淡的味道。”弘一法师淡淡一笑。

夏丏尊会有此一问，那是因为作为弘一法师的故交，他知道其在年少时也曾是个风流倜傥的才子，也曾过着锦衣玉食、歌舞繁华的日子。却不知，弘一法师早就已经超越了咸淡的分别，这种超越并不是没有味觉，而是真能品味咸菜的好滋味与开水的真清凉。

“酡肥辛甘非真味，真味只是淡”，在弘一法师的眼里，咸也好，淡也好，咸菜和白开水同样有滋味，能咀嚼出其中的真滋味，这种淡泊自在的心性，是何等空灵的境界。人只有在平凡之中才能保留纯真本性，在平凡中显出英雄本色。

有一天，秋高气爽，太阳已爬在半空，庄子还高卧未醒。忽然门外车马喧闹，有谁在小心地敲门。原来楚威王久仰庄子的大名，想把他召进宫中给予高位，既用其名，复用其才，以使自己达到争霸天下的目的。楚威王派了几位大夫充当使者，领着一队壮士，抬着猪羊美酒，带着千两黄金，驾着几辆驷马高车，浩荡而隆重地来请庄子去楚国当卿相。

半个时辰后，才见庄子出来。使者作揖赔笑，呈上礼物，说明来意，不料庄子仰天大笑，说：“免了！免了！千金是重利，卿相是尊位，多谢你家大王。然而诸位难道没有瞧见过君王祭祀天地时充做牺牲的那匹牛吗？想当初，它在田野里自由自在，只是它的模样生得端庄一点，皮毛生得光滑一点，就被人选入宫中，给以很好的照料，生活是好多了，然而正所谓‘喂肥了再宰’。到时，牛的大限已到，当此关头，这牛倘想改换门庭，再回到昔日即使是劳苦的生活境况中去，还有可能吗？还来得及吗？那么，去朝廷做官，与这头牛有什么差别呢？天下的君子，在他势单力孤、天下未定时，往往招揽海内英雄，礼贤下士，一旦夺得天下，便为所欲为，视民如草芥，对于开国功臣，则恐怕其功高震主，无不杀戮，真是所谓‘飞鸟尽，良弓藏；狡兔死，走狗烹’。你们说，去做官又有什么好结果？放

着大自然的清风明月、荷色菊香不去观赏消受，偏偏费尽心机去争名夺利，岂不是太无聊了吗?”

几位使者见庄子对世情功名的洞察如此深刻，也不好再说什么，只得怏怏告退。其中一位使者如当头棒喝，看破数十年做官迷梦，就此决定回朝后上奏君王告老还乡。

庄子仍然过着洒洒脱脱的生活，登山临水，笑傲烟霞，寻访故迹，欣赏景色，抒发感慨，盘膝而坐，冥思苦想，发为文章，在清贫中享受人生的快乐和尊严。

绝俗超凡可以视为一种人生态度，有卓越的才华也是好事，但有作为的人，不应追求一时的功名。

**【当下启示】**

现实生活中，人们常常会忽视平凡，不重视常见的东西，就算是吃东西也经常会尝试各种新奇的口味，似乎只有新奇的事物才能吸引人们的注意力。但新奇之物只能是生活的调剂，却不能成为生活的主旋律，当你全部尝试之后，就会发现平平淡淡才是真。像鸡鸭鱼肉、山珍海味，固然都是极端美味可口的佳肴，但时间久了也会觉得厌腻而难以下咽。与其精疲力竭地追求自己没有的东西，不如踏踏实实地珍惜自己眼前拥有的平淡生活。

# 凡事随缘——随顺自然才会远离烦恼

【原典重现】

今人专求无念而终不可无，只是前念不滞后念不迎，但将现在的随缘打发得去，自然渐渐入无。

【译文释要】

如今的人一心想做到心中没有杂念，可是始终做不到。其实只要使以前的念头不存心中，未来的事情不去忧虑，把握现实将目前的事情做好，自然使杂念慢慢消除。

【谈古说今】

何为随？随不是跟随，是顺其自然，不怨恨，不躁进，不过度，不强求；随不是随便，是把握机缘，不悲观，不刻板，不慌乱，不忘形；随是一种达观，是一种洒脱；更是一份人生的成熟，一份人情的练达。

人生在世，要做的事情有很多，若是奢望每一件事情都按自己设想的结局发展，是根本不可能的。一切的羁恋苦求无非是在徒增烦恼，只有一切随缘，才能平息胸中的“风雨”。

世间万事万物皆有相遇、相随、相乐的可能性。有可能即有缘，无可能即无缘。缘，无处不有，无时不在。你、我、他都在缘的网络之中。俗话说，有缘千里来相会，无缘对面不相逢。万里之外，异国他乡，陌生人对你哪怕是相视一笑，这便是缘。能够相识相知，是一种令人珍惜令人难忘的缘。一见钟情是一种缘，高山流水是一种缘，怦然心动则是另外一种缘。这个缘，令人难解。卓文君为了司马相如，别豪门赴街市，当垆卖酒不言贫富；温莎公爵不惜放弃王位，舍弃江山，终于携得美人归，皆因有缘；而钟子期与俞伯牙，不需任何介绍，只一曲高

山流水，弦响天地间，空前绝后，震撼心灵，他们都从对方的眼眸中读懂了彼此，这是一种心灵与心灵的碰撞，是知音遇知音的相惜，更是潇洒物外无欲无求的缘分。

大千世界芸芸众生，可谓是有事必有缘，如喜缘，福缘，人缘，财缘，机缘，善缘，恶缘等。万事随缘，随顺自然，毫不执著，这不仅是哲人的态度，更是我们快乐人生所需要的一种精神。

唐朝的药山惟俨禅师投衡山希迁禅师(世称石头和尚)门下而悟道，他得道之后，门下有两个弟子，一个叫云岩，一个叫道吾。有一天，禅师带领弟子坐在郊外参禅，看到山上有两棵树，一棵树长得很茂盛，绿阴如盖，而另一棵树却已经枯死了，于是药山禅师想要乘此机会，试探下两位弟子的功行，先问道吾说："两棵树一荣一枯，是荣的好呢？还是枯的好？"道吾回答说："荣的好！"于是他又去问云岩，云岩却回答说："枯的好！"此时正好有一位俗姓高的沙弥路过此处，药山禅师就问他说："树是荣的好呢？还是枯的好？"高姓沙弥答说："荣的任他荣，枯的任他枯。"

宋代的草堂禅师总结了这一公案，并据此作偈一首：

云岩寂寂无窠臼，灿烂宗风是道吾。

深信高禅知此意，闲行闲坐任荣枯。

三个人对树的荣枯有三种不同的意见，寓意他们对修道所采取的态度，有三种不同的方向。最后的那个沙弥的见解才是禅对这件事的正解：凡事随缘，任其自然。

"有缘即往无缘去，一任清风送白云。"人生有所求，求而得之，我之所喜；求而不得，我亦无忧。若如此，人生哪里还会有什么烦恼可言？苦乐随缘，得失随缘，以"入世"的态度去耕耘，以"出世"的态度去收获。

徐志摩就曾告诉世人："在茫茫人海中，我欲寻一知己，可遇而不可求的，得之，我幸；不得，我命。"

苏东坡和秦少游一起外出，在饭馆吃饭的时候，一个全身爬满了虱子的乞丐上前来乞讨。

苏东坡看了看这名乞丐对秦少游说道：“这个人真脏，身上的污垢都生出虱子了！”

秦少游则立即反对道：“你说的不对，虱子哪能是从身上污垢中生出，明明是从棉絮中生出来的！”两人各执己见，争执不下，于是两个人打赌，并决定请他们共同的朋友佛印禅师当评判，赌注是一桌上好的酒席。

苏东坡和秦少游私下分别到佛印那儿请他帮忙。佛印欣然允诺了他们。两人都认为自己稳操胜券，于是放心地等待评判日子的来临。评判那天，佛印不紧不慢地说道：“虱子的头部是从污垢中生出来的，而虱子的脚部却是从棉絮中生出来的，所以你们两个都输了，你们应该请我吃宴席。”听了佛印的话，两个人都哭笑不得，却又无话可说。

佛印接着说道：“大多数人认为‘物’是‘物’，‘我’是‘我’，然而正是由于‘物’、‘我’是对立的，才产生出了种种矛盾与差别。在我的心中，‘物’与‘我’是一体的，外界和内界是完全一样的，它们是完全可以调和的。好比一棵树，同时接受空气、阳光和水分，才能得到圆融的统一。管它虱子是从棉絮还是污垢中长出来，只有把‘物’与‘我’的冲突消除，才能见到圆满的实相。”

佛印化解苏东坡与秦少游的赌局正是采用了“枯也好，荣亦好”的禅理。

陆贾《新语》云：“不违天时，不夺物性。”明白宇宙人生都是因缘和合，缘聚则成，缘尽则散，才能在迁流变化的无常中安身立命，随遇而安。

有人认为，随缘是宿命论的说法，其实不然，随缘要比宿命论高深。宿命论不过是无奈于生命的抗争而作的不得已之论。随缘是一种人生态度，高超而豁然，是不容易做到的。一切随缘，多么洒脱的胸怀，看穿眼前的浮云，把人生滋味品透。

**【当下启示】**

在这个世界上，凡事不可能一帆风顺，事事如意，总会有不顺心的事时常萦绕着我们，那该如何面对呢？答案很简单：随缘自适，烦恼即去。只有明白宇宙人生都是因缘和合，缘聚则成，缘尽则散，才能在迁流变化的无常中安身立命，随遇而安。生活中，如果能在真理的原则下坚守不变，在细节处随缘行道，自然能随心自在而不失正道。其实，随缘是一种进取，是智者的行为。

# 动静两忘——内心的宁静关键在于心

**【原典重现】**

喜寂厌喧者，往往避人以求静，不知意在无人便成我相，心著于静便是动根，如何到得人我一视、动静两忘的境界？

**【译文释要】**

喜欢寂静而厌恶喧嚣的人，往往逃避人群以求得安宁，却不知道故意离开人群便是执著于自我，刻意去求宁静实际是骚动的根源，怎么能够达到自我与他人一同看待、将宁静与喧嚣一起忘记的境界呢？

**【谈古说今】**

内心的宁静关键在于心，只有完全扬弃自我和动静不二的主观思想，才能真正达到身心都安宁的境界。

一位名叫梅凯的同学患了严重的感冒，被送进医院治疗。他的同学们常到医院去看他。梅凯病情不轻，原本结实而又活泼的他，此时变得面黄肌瘦，体重减了很多，看起来仍是一副病容。他皮肤苍白，两眼无神，没有活力。他的一位同学这样描述：“当你去看他的时候，你会感到他对你的健康非常嫉妒，这使我在他的床边与他交谈时，感到很不自在。”

同学们轮流去看他。

有一天，他的同学见到病房紧闭，门上挂着一个牌子：谢绝访客。

他们吃了一惊——是什么原因呢？他的病并没有生命危险啊。

是梅凯请求医生挂上那个牌子的。亲友的探访不但没有使他振奋，相反，却使他感到更加沉闷，他不想跟同学们打交道。

之后，梅凯把他不想与人打交道的情形告诉了同学们。他对每一个人和每一件事都有一种轻蔑之情，他觉得他们每一个人都不值一顾或荒谬可笑，他只想独个儿与他愁惨的思绪共处。

他的心中没有欢乐。由于身体的疾病而抑郁寡欢，他同时感到他正在排斥生活，弃绝世人。

那些日子对于梅凯而言，可说是毫无乐趣可言。他的恼怒得使他难以忍受。

但他很幸运。一位日班护士了解他的心境，有一天，她对他说，院里有一位年轻的女病人，遭受了情感的打击，内心非常苦恼，如果他能写几封情书给她，一定会使她的精神振奋起来。

梅凯给她写了一封信，然后又写了一封。他自称他曾于某日对她有过惊鸿一瞥，自那以后，就常常想到她。他在这里表示，待他俩病好之后，也许可以一同到公园里去散散步。

梅凯在写这封信的当中感到了乐趣，他的健康也跟着开始好转。他写了许多信，精神抖擞地在病房里走来走去。不久，他就可以出院了。

出院的消息使他感到有些不安，因为他还没见过那位少女。他从书写那些表示倾慕之情的信中获得了很大的乐趣，他只要一想到她，脸上就现出一道爱的光彩，但他一直没有见到她——一次也没有。

梅凯问那位护士，他是否可以到她的病房中去看她。

那位护士表示可以，并告诉他，她的病房号码是四一四。

但那里并没有这样的一个病房，也没有这样一位少女。

求得内心的宁静在于心，环境在于其次。否则把自己放进真空罩子里不就真的无菌了吗？其实，这样环境虽然宁静，假如不能忘却俗世事物，内心仍然是一层繁杂。何况既然使自己和人群隔离，同样表示你内心还存有自己、物我、动静的观念，自然也就无法获得真正的宁静和动静不一的主观思想，从而也就不能真正达到身心都安宁的境界。

解决生活乃至生命的苦恼，并不在于苦恼本身，而是要有一个开阔的心灵世界；人们只有将心灵的纷扰停止下来，才不会被外在的苦恼所困。因此想要从烦恼中解脱，就要令自我的意念清净，就好像在满风时使帆船停止。外在的纠葛、攫取太多，心就没有办法安宁，更无法净化；人对外在无限制地索取，常常是以

心灵的尊严为代价的。所以，我们应该抬起头来，看看屋外的风景，听听大自然的声音，眺望远处的大海以及满风的帆船，我们的心中就会有对生命新的看待。

**【当下启示】**

在这个日益繁忙的社会中，大多数人都变得焦躁不安、心浮气躁，迷失自我。唯一可以改变这种状态的办法便是保持内心的安宁，在宁静中细心体味生活的点滴，让生活重归宁静。只有内心的安宁才是真正的安宁，只有如此，才能够发现自己内心所潜藏的真正的力量，才能够让心中的杂念、妄想静止，不被世间之事所迷惑、所困扰。

# 心在静中——用淡泊的心怀看待世事

**【原典重现】**

此身常放在闲处，荣辱得失谁能差遣我；此心常安在静中，是非利害谁能瞒昧我。

**【译文释要】**

只要经常把自己的身心放在安闲的环境中，世间的荣辱得失如何能差遣我；只要经常将自己的心境置于清静之中，世间的是是非非怎么能欺瞒我。

**【谈古说今】**

曾国藩说过：“人无一内省之事，则天君态然，此心常快足宽平，是做人第一自强之道，第一寻乐之方，守身之先务也。”这句话道出了不做痴迷不悟的事，人便无惴惴不安之态，而会怡然快乐，心静宽悠。“此身常放在闲处”，就是要人闲得自在，闲得悠然，闲得真性，不痴不迷，保持自我。这个“闲”字，绝不是叫人游手好闲，不思进取，也不是叫人“两耳不闻窗外事”，凡事都漠不关心。而是寄寓着一种心灵的升华和高洁的情怀。

老子认为，一个人的一生中，生命比名誉、名声更重要，比财物要优先。如果丧失了生命，纵然官高厚禄、遍地财宝又有什么用呢？知道生命本身是最重要的，就会珍惜生命，就不会让生命承受太多的失望和压力。于此，名利又算得了什么呢？

古往今来，有许多人一生都在追求着不拘于物的境界，视功名利禄如浮云，抛开名利的束缚和羁绊，做一个本色的自我，不为外物所拘，不以进退或喜或悲，待人接物豁然达观，不为俗世所滋扰。自己内心纯洁，就不怕别人的恶意诋毁和诽谤；抱着淡泊的胸怀，名利如浮云一般，入不得耳目，扰不了心志。追求

自身的高洁，用淡泊的心怀看待世事，这是宽心做人和处事的哲学。只有这样，人生才踏实、充实。

人若是能够远离名利之场，不去竞逐攀比繁华，那么就谈不上什么荣辱得失，更不用说被利益所驱遣了。人的心灵宁静，心境就会开阔，心思就会通透。因此，只有常使心灵保持在冷静思考的状态，世事的是非曲直、利害得失就都能够了然于心。这就如同水面一样，只有等到水面平静、纤尘不染时，才会变得通透澄澈，水中之物，水面之影才能够一目了然。人也是如此，只有抛开了功名之心、世俗之念，让身心远离尘世的喧嚣与诱惑，宁静的心境才会出现，尘世的荣辱才能消散。

陶渊明，字元亮，号五柳先生，东晋末期南朝宋初期诗人、文学家、辞赋家、散文家。陶渊明曾为生活所迫，到官场上任职几年，但是他极为讨厌巴结逢迎、投机钻营的官场丑态，刻意回避官场上腐朽黑暗的东西，由于他淡泊功名，为官清正，不愿与腐败官场同流合污，因而过着时隐时仕的生活。他在做彭泽县令时，有一天郡里派遣督邮到彭泽县来检查工作，督邮刘云以凶狠贪婪远近闻名，每年都以巡视为名向辖县索要贿赂，否则就栽赃陷害。县吏对陶渊明说："当束带迎之。"就是应当穿戴整齐、备好礼品、恭恭敬敬地去迎接督邮。陶渊明本来就非常鄙视那些依仗权势、盛气凌人的官僚，他叹息着对小吏们说："我怎么能够为了五斗米的俸禄，就躬着腰向那些人打拱作揖、曲意逢迎呢？（吾不能为五斗米折腰，拳拳事乡里小人邪?）"说完后拿出大印和官服，轻轻松松回家种田去了。此后，他一面读书为文，一面躬耕陇亩。

在空气清新、阳光明媚的大自然中，他的心情格外舒畅，他所撰写的《归去来兮辞》表达了他对官场的厌恶，对田园生活的美好向往。

如果一个人能淡泊名利，那么，功名利禄便不能诱惑他。陶渊明"采菊东篱下，悠然见南山"的这种"闲"就是一种真性，一种不为名利所诱惑的悠然和自在。拥有这种情怀，就能坐怀不乱，清楚地洞察世间的是是非非，该去则去，该留则留而不会轻易地被世间的荣辱得失所驱使。

得到了荣誉、宠禄不必狂喜狂欢，失去了也不必耿耿于怀，忧愁哀伤，这里面有一个哲理，即得失界限不会永远不变。一切功名利禄都不过是过眼烟云，得而失之，失而复得这种情况都是经常发生的，意识到一切都可能因时空转换而发生变化，就能够把功名利禄看淡看轻看开些，做到“荣辱毁誉不上心”。

庄子说：“天下没有以秋毫之末为大，以泰山为小的，也没有以殇子为长寿，以彭祖为短命的。因其所大而大的，万物就不会不大，因其所小而小的，万物就不会太小。”大小在自我的本体上，而不在他人的观念上，也不在名与不名，知与不知上。做人只是做人，千万别沉惑在名利中。

在乎荣辱，便容易心灵受缚。看淡红尘，自能消去荣辱得失的牵挂和挡住是非利害的冲击，从而，拥有万物静观皆自得的真趣。所以，不要做欲望的奴隶，那样只会噬垮自己的身心。只有让自己活在娴静的境界里，不为荣华得失而颠倒，这才会享受到生活快乐的清香。

德国哲学家康德就非常厌恶“沽名钓誉”，他曾经幽默地说：“伟人只有在远处才发光，即使是王子或国王，也会在自己的仆人面前大失颜面。”也许，正是因为有了这样一份淡泊的心境，世界才又多了几丝温暖，几分快乐；也许正是少了几分对名利的追逐，世界才又多几分自在，几般快慰。

懂得宽心的人淡泊胸怀，独善自身，人生便不受困扰，心神才会一片安泰！

**【当下启示】**

人生堪不破“名利”二字，就会受到终身的羁绊。名利就像是一副枷锁，束缚了人的本真，抑制了对于理想的追求。一个要以清醒的心智和从容的步履走过岁月，在他的精神中就不能缺少气魄，一种视功名利禄如浮云的气魄。不拘于物，视功名利禄如浮云，抛开名利的束缚和羁绊，是古往今来许多人一生的所求。

# 脱俗除累——摆脱物质享受，成就名流雅士

**【原典重现】**

做人无甚高远事业，摆脱得俗情便入名流；为学无甚增益功夫，减除得物累便超圣境。

**【译文释要】**

做人并不一定需要成就什么了不起的事业，能够摆脱世俗的功名利禄，就可跻身于名流；做学问没有什么特别的好办法，能够去掉名利的束缚，便进入了圣贤的境界。

**【谈古说今】**

庄子说："圣人的静，就是善于固守养静，万物不足以搅乱他的心志，所以能静。"

心定则静，静则能心气交合，畅然明理，自得其乐，专心从事。为此，不为外物所扰，心静专注，乃是融彻天地的不二法门。这无论对于做人还是做学问都是十分宝贵的道理。原典中"俗情"，指世俗之人追逐利欲的意念。"物累"，指心为外物所牵累，也就是心遭受物欲损害之意。"圣境"，比喻至高脱俗的境界。

《易经》中说："无思，无为，寂然不动，有灵感就会通天下。"意思就是说，不要妄想乱为，而应保持心静，感悟而通神的灵气完全是心灵的作用。

古人认为，静能养心，静能养神，静能养气，静能养定，静能养慧，静能开悟。由此可见"静"之一字的神妙之处。读书、学习也当然必须持有一个"静"字，因为只有摆脱外物的困扰，才能真正集中入静地投入到学习中，也才能由此而获得良好的效果。"静"是一种境界，一种功夫。它既需要人们从外部的环境中努力争取创造，又需要人们从自我的身心上去加强修炼。只不过，后者的身心修炼往往更加重要，它体现出一个人的意志以及畅然若无的心智。

“静”字是一种境界，一种功夫。它一方面需要人们从外部的环境中努力争取；另一方面，需要人们从自我的身心上去修炼。陶渊明在《饮酒》诗中写道：“结庐在人境，而无车马喧。问君何能尔，心远地自偏。”这就是一种身心修炼而境界全新的写照。

程颢，字伯淳，号明道，宋代的儒学家、理学家，少年即中进士，后久任地方官，历官鄠县主簿、上元县主簿、泽州晋城令、太子中允、监察御史、监汝州酒税、镇宁军节度判官、宗宁寺丞等职，理政以教化为先，所辖诸乡皆有乡校。他为人宽厚，平易近人，待人接物“浑得一团和气”。他不仅“仁民”，而且“爱物”，其始至邑，见人持竿道旁，以黏飞鸟，取其竿折之，效之使勿为”，人们议论说，“自主簿折黏竿，乡民子弟不敢畜禽鸟。不严而令行。大率如此”。但是，为了破除神怪迷信，他却敢于斩巨龙而食其肉：“茅山有龙池，其龙如蜴蜥而五色。祥符中，中使取二龙，至中途，一龙飞空而去，自昔严奉以为神物。先生尝捕而脯之，使人不惑。”

程颢任镇宁军节度判官时，适逢当地发生洪水，曹村堤决，州帅刘公涣以事急告。他当即从百里之外一夜驰至，对刘帅说：“曹村决，京城可虞。臣子之分。身可塞亦为之。请尽以厢兵见付，事或不集。公当亲率禁兵以继之。”刘帅遂以官印授予程颢，说：“君自用之。”程颢得印后，径走决堤，对士卒们说：“朝廷养尔军，正为缓急尔。尔知曹村决则注京城乎？吾与尔曹以身捍之！”士众皆被感而自效力。他先命善泅者衔细绳以渡，然后引大索以济众，两岸并进，昼夜不息，数日而合。

在进身仕途的同时，程颢也不失归隐林泉的仙家道趣，他曾写诗说：“吏纷难久驻，回首羡渔樵。”“功名未是关心事，道理岂因名利荣。”“辜负终南好泉石，一年一度到山中。”“襟裾三日绝尘埃，欲上篮舆首重回；不是吾儒本经济，等闲争肯出山来。”正是因为有这样的修养和情操，才使他获得了温润、宽厚、和气、纯粹等美德。他那种大中至正的人格形象，对世人具有很大的示范和感化作用，这也是他对后世产生较大影响的一个重要原因。

程颢后来以双亲年老为由求为闲官，居洛阳十几年，与其弟程颐讲学于家，

化行乡党。其教人则说："非孔子之道，不可学也。"士人从学者不绝于馆，甚至有不远千里而至者。

成就名士并不是什么难事，难就难在难舍功名利禄，成就学问并没有什么特殊的技巧，特殊就特殊在有耐得寂寞的恒心。一个人只要有明确的精神追求和崇高的思想境界，摆脱庸俗的物质享受，就可能成为一个名流雅士。

【当下启示】

做人若是想要逍遥率性而为，主要在于心无牵念，行为不羁，而非钱财的富足与官爵的显赫。只要抛弃名利的枷锁，摆脱外物的困扰，固守养静，无论是思想还是理智都能够得到自由。潇洒云水，放浪春秋，亦是人生真正境界。

# 宠辱不惊——用平常心去看待得失

**【原典重现】**

宠辱不惊，闲看庭前花开花落；去留无意，漫随天外云卷云舒。

**【译文释要】**

无论是冠耀光环还是受到屈辱，都能稳住心气，而不影响欣赏庭院前的花开花落；无论是位居官场还是辞而退之，都并不介意于怀，心境就好像远天飘动的云彩一样，舒卷自如。

**【谈古说今】**

人生在世，得失常有。就人生来说，喜与忧、乐与愁，名与辱、成与败，都是自然的事，正是这些不同的情景呈现和不同的情绪感受构成了阅历丰满的人生。为此，无论是在顺境还是失意时，都应保持一颗平常心，做到“不以物喜，不以己悲”。

老子《道德经》中也曾说过这样的话：“宠辱不惊，贵大患若身。何谓宠辱不惊？宠为下，得之若惊，失之若惊，是谓宠辱若惊。何谓贵大患若身？吾所以有大患者，为吾有身，及吾无身，吾有何患？故贵以身为天下，若可寄天下；爱以身为天下，若可托天下。”

一般来看，道家思想是退缩的、保守的，但它有些话正切合了理论，尤其在为人处世上，主张以不伤害生命和真性为前提，也就是人是自在的，只有这种心性与自然达成和谐，才是最恰当的，否则就违反天性与人性。

人活在世上，总想比别人有钱，比别人有势，也因此惹是生非，种下苦根。于是聪明人意识到了这一点，待功名如粪土，视富贵如浮云，得不足喜，失不足忧，该放则放，该收则收。把“宠辱不惊，去留无意”视作一种自然的境界。

《庄子·田子方》中有这样一个故事：

泰山之神肩吾问孙叔敖：“三次出任令尹却不显出荣耀，你三次被罢官也没有露出忧愁的神色，起初我确实不敢相信，如今看见你容颜是那么欢畅自适，你的心里究竟是怎样的呢?”

孙叔敖说：“我哪里有什么过人之处啊！我认为官职爵禄的到来不必去推却，它们的离去也不可以去阻止。我认为得与失都不是出自我自身，因而没有忧愁的神色。况且我不知道这官爵是落在他人身上呢，还是落在我身上？落在他人身上吗，那就与我无关；落在我的身上，那就与他人无关。我正心安理得悠闲正在，我正踌躇满志四处忙碌，哪里有闲暇去顾及人的尊贵与卑贱啊!”

可以说，由此我们可以看到心性而宽阔、豁达而空灵，这正是人生的高深修养和极大智慧。客观来说，人生在世，很多时候宠辱得失并非为自己所能轻易控制的，要做到宠辱不惊，需要有看淡世事的胸怀。或许受宠时，做到淡然处之还算容易；而受辱时，要做到处之泰然则很难，只有胸襟宽广的人才能做到。

唐代文学家、哲学家刘禹锡，出生于一个书香门第，自幼天资聪颖，敏而好学。19岁游学长安，21岁与柳宗元同榜考中进士，同年又考中博学宏词科，可谓少年得志。（贞元二十一年公元805年），刘禹锡官至屯田员外郎、判度支盐铁案，参加了永贞革新，与王叔文、王伾、柳宗元同为政治革新的核心人物，称为“二王刘柳”。半年后，顺宗被迫退位，宪宗即位，革新失败，王叔文被赐死。刘禹锡开始被贬为连州（今广东连县）刺史，行至江陵，然后被贬到朗州（今湖南常德）司马。当时被贬为远州司马的共八人，史称“八司马”，柳宗元也在其中。唐朝的朗州并不是一个好地方，和柳宗元当时呆的永州一样，都是鸟不生蛋的南荒夷地。

中国古代的文人，被贬谪之后，几乎都是嗟叹命苦，所作诗文都可归入“贬怨”一类。刘禹锡被贬朗州的时候34岁，正当壮年，郁闷是肯定的。但是，他能够随遇而安，苦中作乐，恬淡情怀。同样是贬谪十年，再次在长安相遇的时候，柳宗元已是憔悴不堪，刘禹锡却依然是元气充沛。在长安待召期间，精力旺盛的刘禹锡游玄都观赏桃花，触动被贬官之往事，提笔写下《元和十年自朗州承召至京戏赠看花诸君子》：“紫陌红尘拂面来，无人不道看花回。玄都观里桃千树，尽是刘郎去后栽。”大有“看吧，满朝新贵，都是我刘郎被赶出长安后补的空缺”之意。不料，宪宗皇帝看后，觉其轻狂，心生不悦，心想：看来十年时间还收拾不了你！因这首诗“语涉讥刺”，被召回长安的当年，又欲将刘禹锡贬往更为偏远艰苦的播州。中丞裴度言：“播，猿狖所宅，且其母年八十余，与子死决，恐伤陛下孝治，请稍内迁。”加之柳宗元上奏要求和刘禹锡对调贬谪之所，最终将其改贬为连州刺史。刘禹锡任连州刺史的四年半，体察民情，勤廉守政，力行教育。在这位“怀宰相之才”的诗人治下，当时地处偏远的连州竟然“科第甲通省”。元和十二年间，连州出了第一个进士刘景。刘禹锡欣喜写下《赠刘景擢第》：“湘中才子是刘郎，望在长沙住桂阳。昨日鸿都新上第，五陵年少让清光。”之后，刘景之子刘瞻又高中进士，后官至唐朝宰相。在连州呆了几年后，刘禹锡被调任过夔州刺史、和州刺史。由于宰相裴度进言，刘禹锡被召回长安任主客郎中。

时隔十四年，刘禹锡再游玄都观。昔日桃花灼灼，今日却是满地野草。感慨之余，他又写下一首《再游玄都观绝句》：“百亩庭中半是苔，桃花净尽菜花开。种桃道士归何处？前度刘郎今又来。”刘禹锡斗志昂然，坚强乐观，几乎把南荒的流贬之地走了个遍。然而，如此气骨桀骜的人物，在政治黑暗的中唐，居然能活到 72 岁，是以显示了他苦中作乐、宠辱不惊的情怀。

“宠辱不惊，去留无意”是人生的至高境界。有了这种境界，便会宽广豁达，心旷超然，有了这种境界，即使在失意或困境中，也不会被凄凉与悲哀的心境所久久笼罩，从而依然有洒脱乐观。

一个人若是能够对于一切荣耀与屈辱都无动于衷，用平静的心情欣赏庭院中的花开花落；对于官职的升迁得失都漠不关心，冷眼观看天上浮云随风聚散，那么活得该是多么的自在啊。

**【当下启示】**

得到了荣誉、宠禄不必狂喜狂欢，失去了也不必耿耿于怀，忧愁哀伤。人生在世，得失常有。喜与忧、乐与愁，名与辱、成与败，都是再自然不过的事，正是这些不同的情景呈现和不同的情绪感受构成了阅历丰满的人生。为此，无论是得意之时还是失意之时，都应保持一颗平常心，做到“不以物喜，不以己悲”、“荣辱毁誉不上心”。

## 栖恬守逸——平易恬淡的生活是最好的养神之道

**【原典重现】**

趋炎附势之祸，甚惨亦甚速；栖恬守逸之味，最淡亦最长。

**【译文释要】**

攀附权贵的人固然能得到一些好处，但是为此所招来的祸患是凄惨而又快速的；能安贫乐道栖守自己独立人格的人固然很寂寞，但是因此所得到的平安生活时间很久，且趣味也浓。

**【谈古说今】**

好的生活是内心平静的生活，高层次生活最明显的标志就是平静。道德的进步使我们从内心的纷乱中解脱出来。你不会因这事那事而烦恼。

有权有势的人，当他权势旺盛的时候，总是会有大批的人依附于他，以求换得一些好处。但是对于依附权势的这些人来说，虽然能够一时富贵，但一旦时衰运败，他所遭受的祸也必然最为悲惨。历史上，那些奸臣、宠臣、佞臣大多都属于趋炎附势之人，获得了一时的荣华富贵、作威作福，但他们所依附的这些权贵本身并不牢靠，一旦所依附的帝王没落，转眼之间就会家破人亡，有的甚至还会被祸灭全族。反之，那些不贪名利、不趋炎附势的人，每天过着自由恬淡的生活，勤俭持家。守住淡泊生活，过着清闲的过日子，这种淡泊的生活趣味，是既快乐又悠久的。也只有这样的人，才能宁静以致远，淡泊以明志，远祸而快乐，冷眼看世界，既悠闲又快乐。

与曾国藩、左宗棠并称大清三杰，与曾国藩、左宗棠、胡林翼并称大清“中兴四大名臣”的晚清名将彭玉麟，平生以刚正不阿、无私无畏、疾恶如仇闻名朝野。他不慕名利，他一生中六次辞去朝廷封赏的高官。

第一次是咸丰十一年辞去安徽巡抚之职。当时彭玉麟是安徽布政使衔水师统领。曾国藩任两江总督，任彭玉麟为安徽巡抚。他却一连三次辞谢，朝廷只好收回成命，改任兵部侍郎。

第二次是同治四年二月辞去漕运总督之职。漕运总督掌管鲁、豫、苏、皖、浙、赣、湘、鄂八省的漕政，是众人所垂涎的肥缺。但他却两次谢绝，朝廷只得作罢。

第三次是同治七年六月，彭玉麟上疏请辞已当了七年的兵部侍郎。朝廷答应了他的请辞。

第四次是彭玉麟离职休养三四年后，朝廷又任命为兵部侍郎兼光绪帝大婚庆典宫门弹压大臣。待到庆典一结束，他立即上疏请辞署理兵部侍郎。朝廷为了留住彭玉麟，新置“长江巡阅使”，规定每年巡视长江水师一次，其余时间自便并享钦差大臣待遇。

第五次是光绪七年七月，朝廷任命他为两江总督兼南洋通商大臣。两江辖地广阔，又兼物产丰茂，南洋通商大臣一缺更是权大责重，朝中重臣曾国藩、李鸿章等人都曾任过此职。让彭玉麟出任两江总督，说明朝廷对他的倚重，但他就是不领这个情，接旨后即上疏请辞，隔日后又再次上辞疏。朝廷无奈，只得把此要缺交给左宗棠。

第六次是光绪八年，朝廷任命彭玉麟为兵部尚书。他接旨后即请辞，朝廷未准。不久，中法战争爆发，朝廷命他迅速前往两广部署海防。他认为此时是临危受命，不宜再辞，便以衰病之躯奉旨赴粤，整修虎门要塞，加强沿海完备。中法战争胜利结束后，光绪十一年三月，便上疏请辞兵部尚书之职，朝廷未予接受。他又于这年八月、第二年八月、第三年七月、第四年六月接连四次上疏请求辞职。鉴于他的执着，朝廷只得接受。

光绪十六年三月，彭玉麟以平民之身病逝于衡阳城内的退省庵，终年 75 岁。去世时，家无余财。死后被御赐太子太保，谥号刚直。

彭玉麟身为朝廷重臣，却不慕名利，过着半隐半仕的生活，“栖恬守逸”、安

贫乐道。在权贵当道、腐败之极的咸丰、同治、光绪年间，成为了一个极为罕见的清廉、正直、淡泊的名臣。

平易恬淡就没有忧患，这样邪气才不能袭扰自己的身心。只有这样的人，才能做到德性完备而神情不亏损。所以说，得道的圣人们生是顺天之运行，死是随万物而化；不为子孙先造下什么福，更不为子孙留下什么祸；有所感才有回应，有所迫才后有动，一切是不得已而后起；丢弃心机与事故，遵守自然规律而行。

曾有一个商人坐在墨西哥海边小渔村的码头上，碰见一个渔夫划着一艘小船靠岸，小船上有好几尾大黄鳍鲔鱼。商人对渔夫能捕这么高档的鱼恭维了一番，接着又问要花多少时间才能捕获这么多鱼？

渔夫说："才一会儿工夫就捕获到了。"

商人再问："那你为何不待时间长点，好多捕一些鱼啊？"

渔夫不以为然："这些鱼已足够我们全家人生活所需啦！"

商人接着问："那么，你一天剩下那么多时间都在做什么？"

渔夫解说道："我呀？我每天睡到自然醒，出海捕几条鱼，回来后跟孩子们玩一玩，再回家睡个午觉，黄昏时晃到村子里喝点小酒，跟哥儿们玩玩吉他，我的日子可过得充实而又忙碌呢！"

商人不以为然，帮他出了个主意："你应该每天多花一些时间去捕鱼，到时候你就有钱去买条大一点的船。自然你就可以抓更多的鱼，再买更多的渔船，然后拥有一个属于你自己的渔船队。到时候你就不必把鱼卖给鱼贩子，而是直接卖给加工厂，然后自己开一家罐头工厂。这样，你就可以控制整个生产、加工处理和行销。你就可以离开这个小渔村，搬到墨西哥城，再搬到洛杉矶，最后到纽约，在那里经营你不断扩充的企业。"

渔夫问："这得花多长时间呢？"

商人回答："十五到二十年。"

"然后呢？"

商人大笑着说："到时候你就发啦！你可以几亿几亿地赚！"

"再然后呢？"

商人说："到那个时候你就可以退休啦！你可以搬到海边的小渔村去住。每天睡到自然醒，出海随便捕几条鱼，跟孩子们玩一玩，再回家睡个午觉，黄昏时，晃到村子里喝点小酒，跟哥儿们玩玩吉他！”

渔夫疑惑地说：“我现在不就是在过这样的生活吗？”

听了渔夫的回答，也许我们会吃惊，也许我们会一时无语。但是我们不得不重新思考这样一个很难回答的问题：我们到底在追寻什么？是快乐？是金钱？还是幸福？

假如在功名利禄之上，持“难得糊涂”的“糊涂主义”，一切顺其自然，认认真真地做事，老老实实地做人，得则得，不能得不争；当得没得，不急不恼；不该得，得了，也不要。这才叫聪明人，活得轻松，悟得透彻。

这位渔夫显然也是属“世味浓”的一族，如果他能把“世味”看淡一些，岂不是惬意的生活？

圣人们不担心天灾，不受物累，没有人事上的是非，更是心中无愧。他们生也如浮云，死也就这么死了；他们一生不思虑、不预谋，他们人格闪着光彩而不炫耀，他们有信誉而不向谁许愿；他们睡觉不做噩梦，醒来不担忧；他们神情纯粹单一而精力不疲倦。

所以说，人们的悲欢是德性上出了偏差；喜怒是求道心切的过错；心生好恶是德性上有了偏失。因为没有忧乐的干扰，才是德的最高境界；顺从自然这个“一”而不变初衷，才是静的最高层次；办事不违背自然规律，叫纯粹之极。因此，体力劳动不知休止，是大害；脑力劳动不知停歇，就疲惫，而疲惫就使人的生命枯竭。

就拿水来说吧，水的性质是没有杂质就清，不扰动就平；可是不让水流动起来，一潭死水也不能清；有流动、有变化、有吐故纳新就是天之德的象征。因此，纯粹而不杂，平静而不扰，恬淡而无为，以自然的变动来制定自己的变动，这才是最好的养神之道。而这种养神之道最纯一、最朴素、最基本的要领是什么？那就是专一守神。

俗话说：众人重利，廉洁的人重名，贤德的人重志，圣人贵精神。换言之，专一于利的是商或是没发财的众人，专一于廉洁的是政治家，专一于德行的是道德家，而专一于精神的则是圣人。

我们说的素，就是不杂；纯，就是没有亏损精神。能既不杂、又不亏损精神

的同时专一的人，叫真人。这样的人处在本能所为的限度内，藏身于无端无绪的混沌中，游乐于万物或来或生的变化环境里，本性专一不二，元气保全涵养，德行相融相合，从而使自身与自然相通。像这样，他的禀性持定保全，他的精神没有亏损，外物又从什么地方能够侵入呢？

这就像醉酒的人坠落车下，虽然满身是伤却没有死去。骨骼关节跟旁人一样，而受到的伤害却跟别人不同，因为他的神思高度集中，乘坐在车子上也没有感觉，即使坠落地上也不知道，死、生、惊、惧全都不能进入到他的思想中，所以遭遇外物的伤害却全没有惧怕之感。那个人从醉酒中获得保全完整的心态尚且能够如此忘却外物，何况从自然之道中忘却外物而保全完整的心态呢？

【当下启示】

恬淡寂寞、虚无无为，是天地的规律、道德的本质。与其困在财富、地位与成就的迷惘里，还不如过着简单的生活，享受用金钱也买不到的满足来得快乐。所以说，平易恬淡才是最美好的生活，只是世人大多不信，总要弄得生活有波澜、有曲折，才认为是真正的生活。

# 淡中趣长——宁静的生活才最真实

**【原典重现】**

悠长之趣，不得于浓酽，而行于啜菽饮水；惆怅之怀，不生于枯寂，而生于品竹调丝。故知浓处味常短，淡中趣独真也。

**【译文释要】**

悠远绵长的趣味不一定能从浓烈的酒中得来，而是清淡的蔬菜、清水中得来；惆怅悲恨的情怀不是从孤寂困苦中产生，而是从声色犬马中产生。由此可知，浓厚的味道往往很快消散，淡泊的事物才最真实。

**【谈古说今】**

曾有这样一种社会现象，说是有人穷，穷得只剩下钱；有人富，富得除了书本一无所有。这是不正常的。追逐金钱达到痴迷状态随之而来的便是精神空虚，而精神富足的人固然在理念世界能够做到真趣盎然，但没有一定的物质基础是没有体力来体会乐趣的。因此，看待任何事物都要有辩证的态度。

人生的情致，来自淡泊：淡中交耐久，静里寿延长；扫弃焚香可见清福，养花种竹必自安乐；淡饭粗茶有真味，明窗净几是安居；知事少时烦恼少，识人多处是非多；得点闲眠真可乐，吃些淡味自无忧；淡饭尽堪充一饱，锦衣那得几千年；守本分而安岁月，凭天性以度春秋……由此可见，淡泊之人，岂止是雅人，更是高人。

魏晋时期，担任广州刺史的人，一般都有贪赃枉法的行为。因为广州倚山傍海，是个出产奇珍异宝的地方，只要带上一匣珍宝，便可几世享用。但是当地流

行瘴疠疾疫，一般人都不愿到那儿去。只有难以自立又想发财的人，才希望到那儿为官。因此，广州的刺史要比其他地方更为腐败。

晋安帝隆安年间，朝廷想要革除这儿的弊政，便派有清官美称的吴隐之担任广州刺史，领平越中郎将。

吴隐之年轻时就孤高独立，操守清廉。虽然家中穷困，每天到傍晚才能煮豆当晚餐，但决不吃不属于自己的饭菜，不拿不合乎道义的东西。他后来担任过各种显要的职务，却仍保持俭朴品质。他的妻子要自己出去背柴。他得到的俸禄赏赐，都拿来分给亲戚和族人，以至自己在冬天都没有被子盖；有时因为缺少替换衣服，洗衣服的时候只好披上棉絮呆在家里。他的生活和贫寒的平民一样清苦。

吴隐之奉命去广州，走马上任。到了离广州治所二十里一个名叫石门的地方，只见一道泉水淙淙流去。有人告诉吴隐之，这条泉水，称作“贪泉”。传说不论是谁，只要喝了贪泉的水，都会产生贪得无厌的欲望。

吴隐之听了这话，跨下马来，对随从说：“如果不看见可以让人产生贪欲的东西，人的心境就不致慌乱。现在我们一路上见到那么多的奇珍异宝，我算知道了为什么越过五岭，人们就会丧失清白的原因了！”这些话其实是告诉自己和周围人不要为珍宝动心。

说完，他便跑到贪泉边，舀起泉水很坦然地喝了起来，并且当即吟诗一首：“古人云此水，一歃怀千金。试使夷齐饮，终当不易心。”表示了他要像商末的伯夷、叔齐一样，坚守节操，决不变心。

他在广州任上一尘不染，更加清廉。他平常吃的不过是些蔬菜和干鱼，帷帐、用具、衣服等都交付外库。当时有很多人都以为他是故意要显示自己俭朴，只不过做个样子给别人看罢了。时间长了，人们才知道他真是个清官，不是故作姿态。帐下人向他进食鱼时，总是剔去鱼骨头，只剩下鱼肉。吴隐之发现了，觉察到他的用意，便狠狠地处罚了他，并把他免职。

由于他的以身作则，广州地区的贪污陋习大为改观。朝廷嘉奖吴隐之的廉洁克己、改变风气，晋封为前将军。

吴隐之从广州回到京城，随身未带任何东西。他妻子刘氏带了一斤沉香，吴隐之见到后，把它取出来，扔到河里。

吴隐之住在京城，只有几亩地的小宅院，篱笆和院墙又窄又矮，一共才六间茅屋，妻子儿女都挤在一起。当政者要赐给他车、牛，为他重新盖所住宅，但是他坚决推辞。不久，他被任命为度支尚书、太常，也只是以竹篷为屏风，坐的地方、站的地方都没有。后来升到中领军，每月初领到俸禄，只留下自己一人的口粮，其余的全赈济亲戚、族人，妻子儿女一点也不能分享。家属要靠纺织谋生，自食其力。因此时常发生困难困乏的情况，有时两天吃一天的粮食，身上总是穿着破旧的布衣。

吴隐之早先担任过卫将军谢石的主簿。他的女儿要出嫁，谢石知道他们家贫穷，嫁女儿一定很简朴，便特地派了厨师等人去帮助料理婚事。到他们家一看，正见到婢女牵了条狗要卖掉，此外什么都没有操办。

贪得者虽富亦贫，知足者虽贫亦富。这话对也不对，有财富使物质生活过得好些总比贫穷好，但为财富丰厚不择手段贪得无厌而沦为财富的奴隶，就失去了人生的意义。真正的清廉之士，是不管处在何种环境和条件下，也不管他手中有权还是无权，都是不会改变其志操的。只要你能够保持淡泊之心，无论身处何种环境依然能够保持清廉。

**【当下启示】**

淡泊是理性的成熟，也是最具体的满足；它是积极的乐天知命，而非消极的听天由命；它是入世的适情致性，而非出世的斩情灭性；非宁静无以致远，非淡泊无以明志；莫嫌淡泊少滋味，淡泊之中滋味长；淡泊，才是对人性的透彻了解，才是对世情的深刻领悟。

# 转念息怒——以毅力控制怒气和欲望

**【原典重现】**

当怒火欲水正腾沸时，明明知得，又明明犯着。知得是谁，犯着又是谁。此处能猛然转念，邪魔便为知真君子矣。

**【译文释要】**

当一个人怒火燃烧或欲火上升的时候，往往不能克制自己，明知不对，但又偏偏去违犯。知道这个道理的是谁？明知故犯的又是谁？若这时能够冷静下来，弄清问题的症结所在，在这紧要关头猛然觉悟，转变念头，那么再邪恶的魔鬼也会变成慈祥的圣人了。

**【谈古说今】**

一个人心里尖酸刻薄，浮躁起来如烈火，冷淡下来如结冰。心的变化迅速，转瞬之间就可往返四海之外。不动时，安静得像深渊；动起来，就浮躁得要上天。变化多端而难以制约的，大概就只是人的心啊！

唐代的武将郭子仪屡立战功，唐代宗李豫很器重他，并把女儿升平公主嫁给了他的儿子郭暧。

郭子仪六十大寿，他的儿子、女婿等纷纷前往祝寿。事后，郭暧指责升平公主在家宴上没有履行儿媳的义务，居然高坐在公婆之上。升平公主对丈夫的愤怒嗤之以鼻，反唇相讥。郭暧的怒气终于借着酒劲发作起来，他抬手就给了公主妻子一个耳光，恨恨地说：“你仗着你爹是皇帝，就耀武扬威吗？我告诉你，我爹他是根本不想干皇帝这个差事，否则的话，还轮得到你家？”

公主从小就娇惯，父母什么事情都得依着她，更没尝过委屈是啥滋味。因此，没想到郭暧居然敢动手打自己，更没想到一向温文尔雅的驸马居然说出这样无法无天的话来。顿时气得脸色都变了，立即乘着公主的辇驾，直奔回皇宫去向父皇哭诉告状。

代宗李豫毕竟还是一个有些头脑的帝王，听了女儿的控诉，他沉吟良久，将事情轻重反复掂量，然后对正在气头上的女儿说：“驸马说的，可全是实话呀，假如当年你公爹有心要做皇帝的话，谁也挡不住他，如果他父亲真的做了皇帝，天下岂不就是他家所有了吗?”安慰一番后，皇上把女儿劝回了家。

郭子仪得知儿子与公主吵架并说了些有辱皇上的话后，很恼怒，立即派人把郭暧囚禁起来，带到宫中等候判罪。

唐代宗却和颜悦色，一点也没有怪罪的意思，还劝慰说：“小两口吵嘴，话说得过分点，咱们当老人的不要认真了。不是有句俗话吗，‘不痴不聋，不为阿家翁’，儿女们在闺房里讲的话，怎好当起真来？咱们做老人的听了，就把自己当成聋子和傻子，装作没听见就行了。”

如果代宗在听到女儿的诉说后，立马火冒三丈，加以治罪的话，不仅郭暧夫妻关系会恶化，而且郭子仪一家的性命都难保。但是，聪明的代宗却能够做到“猛然转念”，不动肝火，简单的几句话便巧妙化解了一场家庭纠纷。

古语云：“锄地须锄草，烦恼即菩提。”一个人如果能够拔除心中的怒气和欲念，那么心的修养反而可以利用这些怒气欲念作为锻炼锄草的工夫。

世间变化多端而难以制约的，大概就只有人心了，浮躁起来如烈火，冷淡下来如结冰，转瞬之间可往返四海之外，愤怒之时犹如猛烈的火焰。

当心中的邪欲之念如滚烫的沸水时，稍有不慎，就会酿成大祸，因而要有抵制怒气和欲念的决心。心之为物既能够发生怒气欲念，也可以觉悟错误，并抑制错误。

要把人“怒”的本能情感逐步理智化，是需要一个修省过程的。要逐步以自己的毅力把这种怒气和欲望控制住，才可能使一切邪魔都成为我们的精神俘虏，使自己转而变得轻松愉快。怒火、欲望本是一念之间的事，修养好了，一念之间可以使自己变得高雅；而杂念多了，便逐渐庸俗，以致养成许多恶习，烦恼就越发多了。如果人们能在怒火燃烧之时，猛然醒悟，反省一下，那么这怒气欲念等诸种邪魔就会一变而为自己的护法者，成了心的有力之本体，带领自己走向光明的道路。

在生活中我们经常看见很多人为了一点很小的事情而怒容满面，甚至与其他人大打出手，这是欲成大事者的大忌。我们每个人都避免不了动怒，愤怒情绪是人生的一大误区，是一种心理病毒。克制愤怒是人生的必修课，那些怒火横冲直撞而不加抑制的人是难成大器的。

真正伟大的人往往能主宰自己的性情，统治自己的心灵。他们善于管理自己的情绪，能消灭焦躁、愤怒，解除烦闷。真正有智慧的人、有觉悟的人，即使遇到逆境，也决不会燃烧自己的功德，更不会不问青红皂白就发脾气。要修忍辱。能忍，尔后才有定；能定，尔后才有慧。通俗地说，就是提高情绪自制力，让激动和盛怒降温，直至彻底消失。

**【当下启示】**

生活中我们很可能遭遇太多的不愉快，甚至是不幸，这时的你会怎么办？任不满和怨愤喷薄而出？还是恬淡隐忍，视有若无、全不在意？自然，我们是凡人，倘若让我们完全忽视心中的喜怒哀乐，似乎只是天方夜谭，但随着年龄的增长，阅历的丰富，我们应该在边走边悟中，体会出心性对于我们自身的影响。学会克制自己的负面情绪，而不应让那些负面情绪左右我们。

## 了心悟性——心念清净，俗世即净土

**【原典重现】**

缠脱只在自心，心了则屠肆糟廛，居然净土。不然，纵一琴一鹤，一花一卉，嗜好虽清，魔障终在。语云：“能休尘境为真境，未了僧家是俗家。”信夫！

**【译文释要】**

想解脱世俗的纠缠，关键是看自己的内心，如果内心能够了悟，那么屠户酒肆也会变成极乐净土。要不，纵使是和琴鹤为伍，花草为伴，爱好虽然清雅，但羁绊的魔障终究还在。俗话说：“能够摆脱尘世才能进入真正的境界，没能了却尘缘的僧人也和俗家人没有两样。”这句话千真万确。

**【谈古说今】**

佛教把烦恼称为“心魔”是有一定道理的。因为引起烦恼的原因看似是外在的，但其根本在于人心。譬如对待生老病死这些自然现象，有的人看得比较重，有的人则不然。同样的事情，作用于各人，表现出的结果却大相径庭，所以说“缠脱只在自心”。

文殊菩萨是佛教四大菩萨之一，代表聪明智慧。因德才超群，居菩萨之首，故称法王子，是除观世音菩萨外最受尊崇的大菩萨。文殊菩萨曾在酒肆和妓院中弘扬大乘佛法以教化众生，但是他本人却没有丝毫破戒和不净的邪念。

佛教史上成佛的人未必都在僧院，普渡众生、教化世人的高僧更不可能总在净土。只要能满心而发，真诚了悟，则不论外在的环境为何，终可心静思澄。反之，若是不能视透尘事，仍存有喜、怒、哀、乐、爱、恶、欲的话，则纵令嗜好雅洁、出家修心，还是不能到达真、善、美的悟界。

济公（1130—1209），原名李修元，南宋高僧，天台县永宁村人。初在杭州灵隐寺出家，后住净慈寺，不受戒律拘束，嗜好酒肉，举止似痴若狂，是一位学问渊博、行善积德的得道高僧，被列为禅宗第五十祖，杨岐派第六祖。

济公善走围棋，喜斗蟋蟀，更写得一手好诗文。他徜徉山水，自得其乐，游履所至，挥毫题墨，文词隽永。是为：“一身破烂行天下，除恶惩奸辨是非。”

济公天性好动，不喜念经，难耐打坐，经常和一些顽童斯混在一起，甚至蘸大蒜吃狗肉，僧众告到方丈室，慧远却说：“佛门之大，岂不容一颠僧！”于是他又被人们称作“颠僧”。慧远圆寂，他失去庇护人，被迫转到净慈寺，却依然出入歌楼酒肆，游山逛水。他写诗自述：“削发披缁已有年，唯同诗酒是因缘。坐看弥勒空中戏，日向毗卢顶上眠。撒手须能欺十圣，低头端不让三贤。茫茫宇宙无人识，只道颠僧绕市廛。”活脱脱的一幅“游戏人间”的自画像。

从外表看，济公破帽破扇破鞋垢衲衣，似丐似氓，非僧非道，实际上却是学识渊博，擅诗善文，出语谐谑，往往超诣。如以禅学的境界论诗，则已臻禅境之极诣。名宦富室慕名，竞相订交。道济却轻易不入侯门。而用他精湛的医术为老僧、贫民悉心治疾，疑难杂症多得根治。他好打不平，息人之净，救人之命，于是人们又以他扶危济困而称之为“济颠”，尊之为“济公活佛”。

济公性狂而疏，不同凡响。明末清初的王梦吉所写的《济公全传》中，有一首歌最能表现济公的“了心悟性，俗即是僧”：“走走走，游游游，无是无非度春秋。今日方知出家好，始悔当年做马牛。想恩爱，俱是梦幻。说妻子，均是魔头。怎如我赤手单瓢，怎如我过府穿州，怎如我潇潇洒洒，怎如我荡荡悠悠，终日快活无人管，也没烦恼也没忧，烂麻鞋踏平川，破衲头赛缎绸。我也会唱也会歌，我也会刚也会柔。身外别有天合地，何妨世上要髑髅。天不管，地不休，快快活活做王侯。有朝困倦打一盹，醒来世事一笔勾。”

济公不拘泥于衣饰的整洁华美，凡事都能看得开、想得透，“了心悟性”，同时，他身为一个和尚，却“经不谈，禅不理，吃酒开荤好诙戏”，看似俗不可耐，却是彻悟了佛法的大道，因而不拘泥于外在，即所谓的“俗即是僧”。

从前有两个禅僧，一起云游远方。一天他们走到一条河边，正遇到涨水，一个女人想要过河但没有办法，其中一个和尚就挽着她的手臂，帮她过了河。走了一里多路后，另外那个和尚指责他说："你违反了佛门清规，怎能对女人开口说话并扶她过河呢？"扶着女人过河的和尚回答说："你怎么还记着这件事呢，我早就忘了？"

这个故事的意旨就是"心空即是境空"。帮助女人过河的和尚不是为了色欲，而是为了助人。他心里并没有女色的观念，他只是想助人一臂之力。但责备人的和尚走了一里之后，仍然没有忘掉对方是一个女人，所以"执著事物原是迷，楔理不舍亦非悟"。因而如果"了心悟性，俗也是僧"，心若不起酒色的念头，即使出入酒肆茶坊，也绝不会为酒色迷惑。

曹雪芹的《好了歌》将尘世间给人们带来的诸般困扰概括的最为生动深刻：

世人都晓神仙好，惟有功名忘不了！

古今将相在何方？荒冢一堆草没了。

世人都晓神仙好，只有金银忘不了！

终朝只恨聚无多，及到多时眼闭了。

世人都晓神仙好，只有姣妻忘不了！

君生日日说恩情，君死又随人去了。

世人都晓神仙好，只有儿孙忘不了！

痴心父母古来多，孝顺儿孙谁见了？

正是这功名、金银、姣妻、儿孙困扰着世人，忘记了自己。若想摆脱功名利禄世俗欲望就要能够想得开、看得透。

**【当下启示】**

无论是陷入俗世的烦恼，还是解脱这种烦恼而得到快乐，关键都在人的一念之间，在人们心中。只要自己能够大彻大悟，即使是身处屠宰场，也跟住在极乐净土上一般。反之，如果内心不能了悟，纵使嗜好是如何清净，以高尚的琴鹤为友或以欣赏花草为乐，内心邪恶的魔障仍然不得扫除。把这个道理引申到世俗生活，说明一个人做事不能只求形式上的完善，关键在于思想上是否达到了标准，实际结果是否符合要求。遇到困难时，往往就是一念之间决定进退，所以平时需要锻炼自己的意志，关键时刻才不会松劲泄气。

# 融通自在——融入自然才能净化心灵

**【原典重现】**

身如不系之舟，一任流行坎止；心似既灰之木，何妨刀割香涂。

**【译文释要】**

身体像是一艘没有缆绳船，自由自在地随波逐流尽性而泊；内心就像是一棵已经烧成灰的树木，所以无论是刀割之痛还是香涂之乐都不觉痛痒。

**【谈古说今】**

如果一个人的心中对功名利禄的欲望太强，就必然总是会处在一种忧郁与不满之中。能否逍遥自在不在于环境，而在于自己的内心，如果内心却不能排除世俗的杂念，再好、再自由的环境也无济于事。所以，想要如“不系之舟”一样自在，就必须从自身修养上下工夫，达到“老僧入定”的不动心境界。孔子曰：“六十而耳顺，七十而从心所欲，不逾矩。”就是属于一种“来去自如，融通自在”的修养功夫。

北宋时期的王安石曾两度为相，他大胆地提出了“天变不足畏，祖宗不足法，人言不足恤”这一振聋发聩的政治思想；他为改变北宋“积贫积若非”的政治局面，不顾守旧势力的反对和阻挠，发动和领导了一场威武雄壮的“熙宁新法”。但是由于种种原因，最终变法以失败告终。

王安石在变法失败之后，醉心于禅宗，他尤其重视《维摩诘经》和《法华经》这两部经典。在他看来，佛法虽然义理纷纭，但本质上并没有差别。因此，他劝导僧众不要执著于佛所说的无量义理，而要追求领悟“一切法无差”之究竟实相。

王安石不仅醉心于佛教经典的研修，而且还善于用生活中的具体现象或事物来形象地阐明禅道佛理，抒发内心的闲适心境。尤其晚年，王安石闲居钟山，读经参禅颇多体会。他对闲适淡泊生活情趣的向往和追求更加一发不可收拾。在这期间，他写了颇多作品来表达自己的心性，如“终日看山不厌山，买山终得老山间。山花落尽山长在，山水空流山自闲”。（《游钟山四首》之一）“山花如水净，山鸟与云闲。我欲抛山去，山仍劝我还”。（《两山间》）“屋绕湾溪竹绕山，溪山却在白云间。临溪放艇倚山坐，溪鸟山花共我闲”。（《定林所居》）“云从钟山起，却入钟山去。借问山中人，云今在何处？云从无心来，还向无心去。无心无处觅，莫觅无心处。”（《即事三首》）

在王安石的笔下，这些山水风云、花鸟草虫，无不渗透着他闲适淡泊的人生意趣。

宦海沉浮与钟山赋闲的人生经历，使得王安石终于明白了“巧者劳而智者忧，无能者无所求”的道理，更悟出了闲适淡泊人生的妙处。从中我们也可以看到，一个人要想获得真正的“来去自如，融通自在”，不仅要有一番曲折的经历，还要将有限的个体自觉地融入到无限的自然当中去，才可能使心灵得到净化，而且这种融入并非刻意的追求，而是一种不经意的“无心”之作。

**【当下启示】**

每个人都向往着逍遥自在的生活，但能够真正做到这样的人却很少。这不仅仅是因为社会中的人会受到种种的约束，周围的环境并不自由的，就算是完全自由的环境，内心也会因为充满各种烦恼而不得自由。所以，生活中的自由并不是绝对的，而是有条件的自由，如果我们能尽可能地减少心中的欲望、淡泊名利，正确认识自己在生活中的位置，对不属于自己的东西不强求，心胸豁达些，就算做不到心静如水，也能够平添一份洒脱，给人生增添一份真趣。

# 脱凡入圣——舍得功名富贵才可超凡脱俗

【原典重现】

放得功名富贵之心下，便可脱凡；放得道德仁义之心下，才可入圣。

【译文释要】

抛弃功名富贵之心，就能做一个超凡脱俗的人；摆脱仁义道德之心，就可以达到圣人的境界。

【谈古说今】

一个脱凡入圣之人，应是不为身外物所累，超然物外，不受富贵名利诱惑，不为任何权势所左右，具有高风亮节的君子。高尚的境界，是一种追求，是努力的方向。但想要实现这种境界，却不是“追”来的。“欲取之，必放之”。舍得下功名富贵，便能超凡脱俗，少在口头上讲仁义道德，就可入圣。

严光，字子陵，东汉著名的隐士。严光年轻时就是一位名士，才学和道德都很受人推崇。严光曾与后来的汉光武帝刘秀一道游学，二人是同窗好友。后来，刘秀当了皇帝，成为中兴汉朝的建武帝，建武帝便想起了自己的这位老同学。于是就派了使者，驾着车，带着厚礼前去聘请。使者前后去了三次才把严光请来，刘秀高兴极了，立刻把严光安排在宾馆住下，并派了专人伺候。

刘秀到宾馆去见严光，大白天的，严光却卧床不起，更不出迎。光武帝明知严光作态，也不说破，只管走进他的卧室，把手伸进被窝，抚摸着严光的肚皮说：“好你个严光啊，我费了那么大的劲把你请来，难道竟不能得到你一点帮助吗?”

严光仍然装睡不应。过了好一会儿，他才张开眼睛看着刘秀说：“以前，帝尧要把自己的皇位让给许由，许由不干，和巢父说到禅让，巢父赶快到河边洗耳朵。士各有志，你干什么非要使我为难呢?”光武帝连声叹声道：“子陵啊，子陵！以咱俩之间的交情，我竟然不能使你折节，放下你的臭架子吗?”严光此时竟又翻身睡去了。刘秀无奈，于是只好摇着头登车而去了。

又过了几天，建武帝派人把严光请进宫里，两人推杯论盏，把酒话旧，说了几天知心话。刘秀问严光：“我和以前相比，有什么变化没有?”严光说：“我看你好像比以前胖了些。”这天晚上，二人抵足而卧，睡在了一个被窝。严光睡着以后，把脚放在了刘秀的肚子上。第二天，主官天文的太史启奏道：“昨夜有客星冲撞帝星，好像圣上特别危险。”刘秀听了大笑道：“不妨事，不妨事，那是我的故人严子陵和我共卧而已。”

刘秀封严光为谏议大夫，想把严光留在朝中。但严光坚决不肯接受那种做官的束缚，终于离开了身为皇帝的故友，躲到杭州郊外的富春江隐居去了。后来汉武帝又曾下诏征严光入宫做官，但都被严光回绝了。严光一直隐居在富春江的家中，直到80岁才去世。为了表示对他的崇敬，后人把严光隐居钓鱼的地方命名为“严陵濑”。传说是严光钓鱼时蹲坐的那块石头，也被人称为“严陵钓坛”。

严光不屈于权势，不惑于富贵，颇合于孟子所提倡的“威武不能屈，富贵不能淫”的精神，他不慕名利，“放得功名富贵之心”，所以成为了儒教所推崇的隐士型的典范。

**【当下启示】**

在浮躁的时代，在追逐金钱名利的时代，要脱俗入圣，那是比一般的年代考验更大，要做到“放得功名富贵之心”，难度也更大。但越是在这样的时代，就越是需要这种“放得功名富贵之心”。许多人总说荣辱如流水，富贵似浮云，但老是在功利、虚名、荣华中解脱不开，身受束缚，结果身名俱损。

# 顺逆一视——将顺境和逆境同样看待

【原典重现】

子生而母危，镪积而盗窥，何喜非忧也?贫可以节用，病可以保身，何忧非喜也? 故达人当顺逆一视，而欣戚两忘。

【译文释要】

孩子出生时母亲面临着生命的危险，财富积累多了就会招致盗贼的窥视，怎能说这是喜而不是忧呢?贫穷可以使人养成节俭的性格，患病可以使人注意养生，如何说这是忧虑不是喜事呢?所以通达的人应将顺境和逆境同样看待，将高兴和忧愁同时忘掉。

【谈古说今】

生子可喜，而母难可忧；堆金可喜，而盗贼堪虑。所以，欢喜中藏着忧虑。贫穷可忧，但若节俭用度，反可积蓄兴家；疾病虽可忧，但若谨慎养身，可保全生命。如此说来，忧中又含有喜。

所以，世间的一切事物都是可以相互转化的，喜与忧、福与祸都是相伴而来的。在一定的条件下，福可以转为祸，忧也可能转为喜。

一个意志坚强的人之所以能够在喜忧祸福中不动心，是因为他明确地认识到了“祸福相倚”的道理。所以他总能够在失败中寻找到成功的因素，在成功时思虑危险的成分，在喜忧中注意探求不利的因素。

相传古时候，在北边的边塞地方，住着一个叫塞翁的老人，家里养了很多的马。一天，一匹马从马厩里跑走了，邻居们得知了这个消息后都赶来安慰塞翁，让他不要太难过，应该以身体为重。不料，塞翁一点都不难过，反而说：“马虽然走失了，但这说不定是件好事呢？”邻居们听了都觉得很好笑，自己的马走失了，怎么会是好事呢？

没想到过了不久，这匹马自己跑了回来，而且还带回来了一匹骏马，邻居们听说后，又纷纷前来道贺，说：“您真是有远见啊，马不但没有丢失，还带回这么好的一匹骏马，真是有福气啊”。

谁知塞翁听到邻居们的祝贺之后，反而皱起眉头说：“白白得来一匹骏马恐怕不是什么好事啊！也许会带来什么祸事也说不定呢。”大家听了都感到不以为然。

塞翁有个儿子很喜欢骑马，一天，他骑着这匹骏马出外游玩，不料这马由于野性较大，奔腾起来不好驾驭，结果一不小心从马背上摔了下来跌断了腿。

邻居们知道了这件事情，又赶来慰问塞翁，劝他不要太伤心，没想到塞翁并不怎么太难过，反而淡淡地对大家说：“我的儿子虽然摔断了腿，但是说不定是件好事呢！”邻居们都觉得莫名其妙，他们认为塞翁一定是伤心过头，脑筋糊涂了。

不久，胡人大举入侵，所有的青年男子都征调去当兵，很多人都战死沙场，而塞翁的儿子因为摔断了腿不用当兵，反而因此保全了性命，这个时候邻居们才体悟到，当初塞翁所说的那些话里头所隐含的智慧。

“塞翁失马，焉知非福”的寓言可以说是妇孺皆知的，其中所包含的哲学内涵与“顺逆一视，而欣戚两忘”有着共通之处，无论是好事还是坏事，都不因此而扰乱自己的心性，同样视之。

**【当下启示】**

老子有言：“祸兮，福之所倚，福兮，祸之所伏。”在老子看来，福与祸是没有绝对严格界限的，遇到福就极乐和遇到祸就极愁都是没有必要的，聪明的做法是：无论顺境还是逆境，都同样视之，把喜与忧一同忘掉，一切得与失都顺其自然，这样才能过的轻松，活的自在。

# 出世涉世——处于世间却不染于俗世

【原典重现】

出世之道，即在涉世中，不必绝人以逃世；了心之功，即在尽心内，不必绝欲以灰心。

【译文释要】

超凡脱俗的方法，应该在尘世中寻找，而不必刻意隔绝世人远遁山林；了悟本心的功夫，就在于尽心尽力中去体会，不必非要断绝欲念心如死灰。

【谈古说今】

这句话反映的是典型的大乘佛教思想。大乘佛教主张“出世”与“入世”、“自利”与“利他”相结合，所以说“出世之道，即在涉世中”，“了心之功，即在尽心内”。

出世，就是脱离世间。世间是五欲六尘之巷，因此想远离这些烦恼，就要超脱于世外，处于高尚的境界。

许多人认为，出世就是要居住到世间的外面，就应该是进入深山幽谷，和世人断绝往来，认为这样做才能达到出世的目的。其实不然，人与禽兽不同，人原本就是带有社会交际性的动物，要是违背人的本性而进入深山幽谷，过那孤立的生活，并不是达到出世的目的。按做人的道理来说，纵令终身住在山谷里面，过着出世的生活，也不能算做是出世，这只是厌世弃世的人罢了。

所谓的出世之道，并非是厌世与弃世，而是要处于世间和人交往，却又不陷溺于名利，不染于世俗，就像是莲花生在淤泥里面，却能够不被淤泥所染，反而开出清净洁白芳香的花朵一样。

王琼（1459－1532），字德华，号晋溪，别署双溪老人，明朝兵部尚书。正德年间，太监刘瑾得宠，阉党专政。王琼为人正直，因不肯贿赂刘瑾，被赶出京城，贬去南京任职。后嘉靖皇帝即位，王琼被人诬陷下狱，致使屡建功勋的王琼竟谪居绥德整整达五年之久。

在这被贬官的五年时间里，王琼看透了世态炎凉，产生了弃官归隐的念头。于是王琼就对儿子说，如能在家乡悬瓮山下，建一居所静养于山水之间以度晚年也就如愿了。儿子领会了父亲的意思，回到家乡建造园子。嘉靖五年冬，园子建成，以王琼之号为园名，称之“晋溪园”。整个园子选址幽雅，建筑适中，整个园子三面环水，园门朝东，隔通向奉园寺小道对面是一片田田亭亭的荷花塘。园内遍植翠竹与水稻，还配有假山喷泉，有着山林的幽静。晋溪园建成不久，嘉靖六年春诏令王琼“还籍为民”。于是，王琼离开了整整谪居五年的绥德，回到了家乡，住进了新建的晋溪园内。王琼回到家乡后，终日居住在晋溪园里过着自由自在的田园生活。有人问他：“你为什么不效仿古代先贤，直接归隐山林，过着隐居的生活，却住在这花园里?”王琼回答说：“大隐隐于市，小隐隐于野，想要超凡脱俗并不一定要远遁山林，在尘世中也可以做到断欲断念，心如止水。”

王琼的“大隐隐于市”之言，正是对“不必绝人以逃世，不必绝欲以灰心”的最好说明。只要心在世外，那么无论身处世中还是世外都无妨。

王澄，仁和人，字天碧，号雪村，虽然他是农民，但从小专攻写诗作书，他的书法中透露出赵孟頫书法的气势。里甲把他的名字呈报为吏员，布政使却很生气，让王澄到修建阁楼库房处服役。这是冷僻边远的差使，王澄不得已只能接受。一天，他写一首咏马诗：“一日行千里，曾施汗马劳。不知天厩外，谁是九方皋。”他把诗写在府门屏风间。太守见到便问是谁所写，大家答道：“小吏王澄所写。”于是王澄被召见，王澄回答说：“不是，我只是一个农民。”太守十分惊讶，出“南山晴雪”的题目考他，王澄提笔马上写好呈上。诗曰：“雪霁南山正坐衙，莹然相对两无瑕，瑞光晓布三千里，和气春生百万家。未可拥炉倾竹叶，且须呵笔咏梅花。丰年有象皆侯德，五袴歌谣遍海涯。”太守看了他写的诗，心中十分高兴，也十分欣赏王澄的学识和才能，于是便召集官员子弟拜王澄为老师，王澄的差役由别人代替。由此，王澄的名声更大了。等到王澄服役期满回杭州后，有官员请他当幕僚代笔，王澄坚决推辞，无心为官了，只愿在湖山间吟咏诗篇，最后终老湖山之中。

王澄写咏马的诗，本身就是渴望自己是匹千里马，希望能得到伯乐慧眼所识，说到底是入世的；同样，他作南山晴雪的诗，同样是充满人间烟火气息的，恰恰因为他入世，最后他出世避仕，是深有体味的，倒也合乎自然。

**【当下启示】**

不要以为穿上袈裟就能够立即成佛，也不要以为披上道袍就能得道成仙。同样的，披着蓑衣，戴着斗笠的未必就是渔夫，支根山藤坐在松竹边饮酒吟诗的也未必一定就是隐士高人。只知道追求形式的本身，就已经是落了下乘了。所以，人生的要义，既在于出世，也在于入世。“不必绝人以逃也，不必绝欲以灰心。”

# 第二章　求学之道

求学问道不是一蹴而就的事情，要想学有所获，学有所成，必须持之以恒，长期耕耘。学习是为了增长知识，是为了提高自己的素质，并不是为了装点门面，附庸风雅。心平气和去读书，书中自有人生道理，为虚名去读书，到头来一场空，求名不成反误其身。

# 水滴石穿——学习要持之以恒

**【原典重现】**

绳锯材断，水滴石穿，学道者须要力索；水到渠成，瓜熟蒂落，得道者一任天机。

**【译文释要】**

把绳索当锯子摩擦久了可锯断木头，水滴落在石头上时间一久就可穿透坚石，同理，做学问的人也要努力用功才能有所成就；各方细水汇集在一起自然能形成一股细流，瓜果成熟之后自然会脱离枝蔓而掉落，而修行学道的人也要听任自然才能获得正果。

**【谈古说今】**

“绳锯材断”，是说力量虽小，但只要坚持就能成功。“水滴石穿”，也常用来比喻力量虽小，但只要坚持就能出现奇迹。“水到渠成”，指水流到的地方会自然形成沟渠，比喻做事要顺其自然，条件成熟就会成功。这些警言都是在勉励人做事要有恒心毅力，只要锲而不舍，拥有滴水穿石的精神，定会有成功的一天。另外，这段话的后部分也劝世人不要急功近利，要静得住心，平得住性，勤于积累，不断充实自己。如果在学习中知难而退，浅尝辄止，那必定就会学无所成。凡事不可强求，揠苗助长只会适得其反，而只有顺应自然，等机会成熟了才能水道渠成，获得正果。

荀子《劝学篇》中曰：“锲而舍之，朽木不折；锲而不舍，金石可镂。”如果在学习中知难而退，浅尝辄止，那必定学无所成。“绳锯木断，水滴石穿”，喻意着的就是一种坚毅的精神，一种百折不挠的勇气，一种坚定必胜的信念。它包含着对艰苦的磨炼，对意志品质的考验。能够经受住这种生活中的磨炼与考验，在学习中也就不会畏惧任何障碍了。

宋濂，字景濂，明朝初年浦江人。官至学士，承旨知制诰。主修《元史》，参加了明初许多重大文化活动，参与了明初制定典章制度的工作。颇得明太祖朱元璋器重，被人认为是明朝开国大臣之中的佼佼者。

宋濂年幼的时候，家境十分贫苦，但他苦学不辍。有一次天气特别寒冷，冰天雪地，北风狂吼，以至于砚台里的墨都成了冰，但仍然苦学不敢有所松懈，借来的书坚持要抄好送回去。抄完了书，天色已晚，仍然冒着严寒，一路跑着去还书给人家，一点不敢超过约定的还书日期。因为他守信，许多人都愿意把书借给他看。他因此能够博览群书，增加见识，为他以后成才奠定了基础。

面对贫困、饥饿、寒冷，宋濂不以为意，不以为苦，而他所追求的成大业，努力向学。到了20岁，他成年了，就更加渴慕圣贤之道，但是也知道自己所在的穷乡僻壤缺乏名士大师，于是不顾疲劳常常跑到几百里以外的地方，寻找自己同乡中那些已有成就的前辈学习。有一位同乡位尊名旺，他那里的名人来往的很多，名气也很大，有不少人赶来他那里学习，他的言辞和语气很不客气，一副盛气凌人的样子。宋濂就侍立在旁边，手里拿着儒家经典向他请教，俯下身子，侧耳细听，唯恐落下什么没有听明白。有时候这位名气很大的同乡，对他提出的问题不耐烦了，大声叱责他，他则脸色更加恭敬，礼节愈加周到，连一句话也不敢说。看到老师高兴的时候，又去向他虚心请教。

后来他觉得这样学习不是长久之计，于是就到学馆里拜师学习。他一个人背着书箱，拖着鞋子，从家里走了出来。寒冬的大风，吹得他东倒西歪，数尺深的大雪，把脚下的皮肤都冻裂了，鲜血直流。等到了学馆，人几乎冻死，四肢僵硬得不能动弹，学馆中的仆人拿着热水把他全身慢慢地擦热，用被子盖好，很长时间以后，他才有了知觉，暖和过来。

为了求学，宋濂住在旅馆之中，一天只吃两顿饭，什么新鲜的菜，美味的鱼肉都没有，生活十分艰辛。但他根本没有把吃的不如人，住的不如人，穿的不如人，这种表面上的苦当回事。

正是宋濂能忍受穷苦，具有持之以恒、勤而不缀的精神，才得以成就一番事业的。他的那些同学一个个生活得很富足，可又有几人名留青史呢？

宝剑锋从磨砺出，经得住艰难困苦的考验，拥有锲而不舍的精神，人生一定会谱写出精彩。

李白，字太白，号青莲居士，是唐朝时期的伟大诗人，素有“诗仙”之称，他在文学上有着很高的成就，为后人留下了很多优秀的诗篇，他的诗雄奇飘逸，艺术成就极高。但是，李白在其小时候却并不是很喜欢读书的。

李白从小就十分聪明，但是却不肯专心读书。相传他的父亲将他送到眉州象耳山读书的时候，他经常会逃课出去玩。有一天，李白乘老师不在的时候，又悄悄溜下山去玩儿。在经过一道小溪边的时候，李白看见有一个白发苍苍的老妇人在溪边的石头上吃力地磨着一根舂米的铁杵，他心中感到十分奇怪，于是就走上前去问道：“老婆婆，您磨铁杵做什么啊？”老人回答说：“我要把它磨成绣花针！”李白见那根铁杵足有自己手臂的粗细，就吃惊地问道：“这铁杵这么粗，绣花针又那么小，这要磨到何年何月才能将铁杵磨成针啊？”老妇人笑着答道：“只要你肯努力肯下功夫，坚持天天磨，铁杵总是会越磨越细的，总有一天会变成针的。”

小李白听了，深受启发，然后又联想到自身，感到十分惭愧。从此，他打消了逃学的念头，回到山中刻苦读书，后来果然学问大有长进。

俗话说：“有志者事竟成。”铁杵虽粗，只要你坚持不懈，总会有磨成绣花针的一天。做学问也是如此，只要你能够持之以恒，不要半途而废，就一定会有所成就。

**【当下启示】**

无论学道，还是习艺，坚持始终如一，认准了就干下去，不改初衷，自然会水到渠成、瓜熟蒂落。真如俗语所说，皇天不负有心人，百炼成钢，功成圆满。求学问道不能有一蹴而就的思想，要勤于积累不断充实自己。积累就得勤学。绳锯木断、水滴石穿是经年修行的积累所致，锲而不舍、金石可镂，就是刻苦修习的结果。

# 读书深心——业精于勤而荒于嬉

**【原典重现】**

学者要收拾精神，并归一路。如修德而留意于事功名誉，必无实诣；读书而寄兴于吟咏风雅，定不深心。

**【译文释要】**

做学问就要集中精神，一心一意致力于研究。如果在修养道德的时候仍不忘记成败与名誉，必定不会有真正的造诣；如果读书的时候只喜欢附庸风雅，吟诗咏文，必定难以深入内心，有所收获。

**【谈古说今】**

“业精于勤荒于嬉，行成于思毁于随。”勤与思是求取学问，敲开奥秘之门的宝贵所在。所谓“一分耕耘，一分收获”说的就是这个意思。要想学有所成，必须静心专致，刻苦攻读，不能流于浮浅，故异风雅，意念杂乱，三心二意的人是学不成东西的。

古今中外，凡有真才实学的学者，必须下真工夫才能求真学问，但是也有一些人只知道吟风弄月，讲求风雅而不务实，只学到一些皮毛。这是一种极大的浪费，对学习、事业都不会有帮助的。我们读书应该集中精力，专心致志，加强自身的修养，使自己成为一个有益于人民的人。

吴炳新出身贫寒，面对残酷的人生，吴炳新过早地挑起生活的重担，下地捡粪、除草、灭虫、挖地、挑水等体力活一年干到头，从不空闲。直到 11 岁时，大哥决定，再穷也要让炳新上学读书，苦难的生活使炳新朦胧地懂得，穷人的孩子要有出头之日，自古以来就是要靠读书。这样才能自己养活自己，才能有立足之地。

吴炳新十分珍惜这来之不易的学习机会，拼命地学习，争分夺秒地往前赶课程。没有书，就用手抄；没有纸，用石板代替；没有笔，用石块划。夏天的晚上，别人乘凉神侃的时候，他趴在油灯下苦读；冬天双手冻得通红僵硬，他照旧写字做算术。放学后，他跟大哥去干农活也随身带上一本书，休息时，不是大声朗读课文就是用树枝写写画画。这样，悟性很高的吴炳新仅用四年时间就学完了六年的高小课程。这时，贫穷中断了他的学校生活。不能在学校学习，吴炳新就开始借书读，只要谁家有书，他就去借，别人不肯借，他就硬赖在别人家里看。

每个人的道路不同，有的人是在干中学习的，也获得了成功，而对于吴炳新来说，由于年龄已大，起步晚，就必须更早地做好准备，等机遇出现时，才可能及时抓住。

1954 年，全国普遍成立了初级社，16 岁的吴炳新自告奋勇当了村初级社会计。由于他的运算能力过人，加之讲起话来滔滔不绝，头头是道，乡亲们就给他取了两个绰号“铁算子”和“铜嘴子”，后来他又成了 11 个高级社的总会计。1958 年，吴炳新被乡亲们推选去支援包钢建设，包头矿务局把他招收为国家正式职工。由于他忠实可靠，工作出色，不久就担任了主管会计，后来又被提升为销售科长。面对这些吴炳新并不满足，他感觉到自己的能量没有完全发挥出来，与老同志比，与知识分子比，与矿上一些有文化的人比，差距很大，尽管自己努力工作，可总是赶不上人家。经过一段时间的思考，他发现自己最大的弱点是知识不够，理论功底不坚实。为此，他发誓要补上这一课。

他夜夜攻读，心无旁骛，对政治、经济、历史、文学广泛涉猎。他成了一个学习狂，什么都学，没有目的、没有边际。要不是改革开放年代到来，他会这么一直学下去。

当吴炳新在学习的汪洋大海中载沉载浮时，1978 年党的十一届三中全会胜利召开了。吴炳新凭着自己的学识经历，强烈地意识到，党的中心工作转向经济建设，意味着一个新时期的来临。这对于个人来说，既是机遇，也是挑战，吴炳新在一次又一次的反省、剖析自己的过程中深刻地认识到，在经济社会中要有所作为，特别是要有大的作为，非要进一步充实自己的经济理论不可。在吴炳新的知识结构中，经济理论比较薄弱，尤其是商品经济理论更为薄弱。于是他又一次给自己制定了一个完整的学习计划，以求能大展宏图。

吴炳新尽自己一切力量在包头搜集他能搜集到的一切经济学著作。他白天工作，晚上经常学习到深夜。这样，他系统地学习了欧洲的工业史，尤其是对资本以及由资本所带来的一切社会变迁进行了认真的探讨研究。然后他又研读了大量的经济学理论，从英国的大卫·李嘉图的古典经济学理论开始，到马克思、列宁、毛泽东的经济理论，吴炳新付出了大量的心血。

他最不能忘记的是读马克思《资本论》的日子，一天晚上，他和一位教师，后在三株辉煌时期担任过三株公司下属的研究所所长的王龙卿讨论积累趋势的时候，情激之处，两个人开始大声地辩论起来，老伴还误认为吴炳新和王龙卿在吵架，马上赶来劝阻他们。一直讨论到下半夜，两个人饥肠辘辘，吴炳新才找来一碟花生米和半瓶散装老白干。三杯酒下肚后，两人又进入激烈的讨论状态。

吴炳新在这段时间里，不仅研读了大量的经济学著作，而且还写下了数十万字的经济学论文。这些颇有独到见解的论文，虽然是十多年之后才得以面世，但它仍在经济学界、社会学界、文化界、金融界、新闻界、政界、商界引起了巨大反响。

自古以来，做学问都讲究专心与勤奋，没有捷径可寻，一个人如果想要学有所成就必须一心一意，勤奋努力。一个真正的学者是会把知识看得高于一切的，因为做学问来不得半点含糊，唯有收拾精神，并归一路，才能取得精深的造诣。

陶宗仪，字九成，号南村，是元末明初的文史学家。其主要著作《南村辍耕录》中记载了元代的典章制度、艺文逸事、戏曲诗词、风俗民情、农民起义等史料。

陶宗仪勤于读书，勤于写作。他身上总是会随身携带笔墨，就连下田劳作的时候也不例外。辍耕时，他在树下休息，就会将自己所收集到的各类史料、文献、资料，以及听说的社会传闻、读书心得等记下来，并将稿子贮存在一个大瓮中。他这样前后坚持写了十年，积存了10瓮的稿子。后来在他学生的帮助下，将这些随手所记的稿子抄录编纂，整理成书，共30卷，取名《南村辍耕录》。传说，在辍耕时，陶宗仪“遇事肯綮，摘叶书之，贮一破盎，去则埋于树根，人莫测焉。

如是者十载，遂累盎至十数。一日，尽发其藏，俾门人小子，萃而录之，得凡若干条，合三十卷”。因此有人说，《南村辍耕录》是陶宗仪写在树叶上的书。

陶宗仪十年如一日的学习和写作，正是由于他的勤奋和专心，才终于完成了这部30卷的《南村辍耕录》。

一个人读书如果只是为了附庸风雅，那么就失去了读书的真正价值；如果只是把它拿来当作换取“颜如玉”、“黄金屋”、“千钟粟”的敲门砖，那读书就会变成可耻的事。这就好像是一个想要修养道德的人却不忘记成败与名誉一样，宠辱皆惊，终究不会有什么大的造诣。如此读书又怎么能够做到心无旁骛而学有所得呢？对大多数人来说，功名利禄确实比一心进学更有诱惑力，这就像是野草总会比庄稼更容易生长一样，只有及时清除这些杂念，才能够在知识与道德上有所成就。同样，吟咏之乐也总是比著书立说更吸引人，但这只能算是对学问的一种爱好，而不是钻研。

【当下启示】

历来做学问讲究个“勤”字，勤中苦，苦中乐，本来就没捷径可寻，所谓“读书之乐无穷门，不在聪明只在勤”，有一分耕耘才能有一分收获。课堂上所学只是师傅领进了门，要想有高深造诣全靠自己下苦功。读书只知道吟风弄月讲求风雅，寻章摘句不务实学不求甚解也不深思，这种人永远不可能求到真才实学。所以，如果我们想要学有所成，就必须勤学苦练。

# 心净可学——心地纯洁，方可读圣贤之书

【原典重现】

心地干净，方可读书学古。不然，见一善行，窃以济私，闻一善言，假以覆短，是又藉寇兵而赍盗粮矣。

【译文释要】

只有心性纯洁无瑕的人，才能够研习诗书学习圣贤的美德。否则，一看见善行好事就偷偷模仿来满足自己的私欲，一听到名言佳句就利用它来掩饰自己的短处和过失，这种行为就等于是向强盗提供武器、赠送粮食。

【谈古说今】

一个心地纯洁品德高尚的人精于学问，更注重志向。只有志向远大之士，才能修身、齐家、治国、平天下。

读书修学，在于心地安宁。美文佳作，却是人间真情。心地无瑕，犹如璞玉，不用雕琢，而性情如水，不用矫饰，却馥郁芬芳。读书寂寞，文章贫寒，不用人家夸赞溢美，却尽得天机妙味，体理自然。

清代顺治年间有一学者曾言：“文章者，人之枝叶也；道德者，人之根本也；必根本立而枝叶繁焉。中解道德，外饰文章，虽有枝叶，其本立主亡。”这段话正是对“心地干净，方可读书学古”最好的注释。

道德是一个人立身的根本，如果个人的品行败坏，心术不端，那么有了学术不但不会去施德行善，反而会做出更多更大的坏事来。因为，这些人会以自己的学问作为武器，在社会上无恶不作。就像是目前社会上形形色色的黑客事件、各种高科技犯罪等，还有的人以君子的姿态好话说尽背地里却坏事做绝，有的甚至会为了一己的私利而做出祸国殃民的勾当，所以做学问不能单凭一个“勤”字，

还必须立身以正。否则，利用自己所学到的知识去做坏事，还不如没有学问的好。

若学问能够用于正途，则个人及社会都会从中受益；一旦用于邪途，就会以学问损人利己，为害社会，最后自己也必将身败名裂。所以说，有学问的人未必就是利于社会、有益于大众的人，要看学问在什么人的手里，还要看其品德如何。如果一个人缺德太深，其才越高，则祸害越大。古人所说的立身修性在今天仍是有其实际意义的。做学问的同时，还须培养良好的思想品德才行。

汉元帝的皇后王政君有个侄子，名叫王莽。他勤奋好学，克己守礼，对母亲恪尽孝道，对于寡嫂孤侄尽心照料，在长辈面前礼貌有加，因而声名远播，几乎成为了当时的道德楷模。但事实上，他是个很会利用这些表面文章来伪装自己的人。

汉元帝死后，成帝即位，对王莽予以重用。汉成帝死后，侄子汉哀帝即位，其祖母傅太后与丁皇后的外戚得势，王莽只得卸职隐居，闭门不出，安分谨慎。

哀帝死后，元帝皇后王政君以太后身份监国，任命王莽为大司马，王莽利用外戚的身份开始把持朝政，拥立年仅八岁的汉平帝即位。他对上迷惑太后，对下向平民百姓掩盖自己的野心，又以小恩小惠收买人心，增加官僚俸禄，优待故臣，招揽天下名士。百姓受灾，他献田出钱救济灾民，自己则节衣缩食，不动荤腥。他还常把自己的俸禄分给门客和平民，甚至卖掉马车去接济穷人，因而在民间深受爱戴。天下各色人等异口同声地为他歌功颂德。谁料，等到时机成熟，王莽就一把撕下自己的伪装，正式篡位，当了新朝的皇帝。但是由于他十分残暴，又推行了很多不切实际的新制度，内外离心，结果皇帝没做多久，便被推翻诛杀了。

如果为了贪求名利权势而行布施学善，心地本就污浊，如何会得善果？心术不正的人有了善言善行，不正是在伪装掩饰，害人害己吗？王莽也有谦恭下士的时候，可是谁又能想到他后来篡位夺权，身死家亡呢？所以说，正身先正心，欲行善事，先须发善心善念，否则反招灾害。

李斯作为荀卿门下的一名弟子，妒忌害贤，不讲正道，阴险之极，正可谓是“藉寇兵而赍资粮矣！”所以无论是过去还是当今，德才兼备才具意义。

孔子说过：“禀受才智于自然，回复灵性以全身。”如今发出的声音合于乐律，说出的话语合于法度。如果将利与义同时陈列于人们的面前，进而分辨好恶与是非，这仅仅只能使人口服罢了。要使人们能够内心诚服，而且不敢有丝毫违逆，还得确立天下的定规。

可见做学问不能仅仅以一个“勤”字了得，还必须“禀受才智于自然，回复灵性以全身”才行。

**【当下启示】**

无论是过去还是当今，德才兼备才算得上是人才。学问只有掌握在有德之人手中才能发挥出良好的作用，也才能对人和对社会有益。因此，人在启蒙受教的时候，一定要有纯正的观念，文化知识的学习固然重要，思想道德的教育更加不可忽视。为人父母、师长者对此应该特别注意，一旦青年学子的观念出现偏差，务必导其向善，以免将来成为社会害虫而追悔莫及。

## 学以致用——读书贵在活学活用

**【原典重现】**

读书不见圣贤，如铅椠庸；居官不爱子民，如衣冠盗；讲学不尚躬行，如口头禅；立业不思种德，如眼前花。

**【译文释要】**

研读诗书却不去洞察古代圣贤的思想精髓，只能算是一个写字匠；当官却不爱护黎民百姓，如同是穿着官服戴着官帽的强盗；只知道讲学问道理却不能身体力行，就像一个只会口头念经却不通佛理的和尚；追求成功立业却不考虑积累功德，就像是眼前的花一样转眼就会凋谢。

**【谈古说今】**

读书的目的除了获取知识，增添智慧，还要为实践服务。俗话说：学以致用。学习的最终目的就是为了用。如果只学不用，离开实践，是一种毫无意义的事情。“用”，一方面可以发挥所学，将其转化为成功的硕果，另一方面，也可以检验所学程度，“囫囵吞枣”是经不住大用的。倘若只读死书，不重实际，终不会有大用。若想学以致用，就需要我们把所学的知识融化于实践之中，如果只是机械地死读书本，而不明至理，即使倒背如流，也是毫无用处的。

孔子曾说过：“诵《诗》三百，授之以政，不达，便于四方，不能专对，虽多，亦奚以为?”意思是说，熟读了《诗经》三百篇，叫他去处理政务，却行不通；派他去出使外国，却不能独立应对；读得虽多，又有什么用呢？这段话强调的道理就是学必须致用，学得再多，却不会用的话，学了也是白学。真正有学问有才能的人，都是能够将理论与实际相联系，举一反三，学以致用的人。

清初的陆陇其是讲授程、朱理学和王阳明心学的有名学者，曾经当过知县、御史一类的小官。他不仅善于讲学，还善于将他的理论应用到实践中，因此，他无论是行政还是断案都有一个特点，就是除了按法律办事以外，还十分重视道德教化。总要深入浅出地讲一些道理，帮助人们发现自己的良知。

在催交赋税的问题上，陆陇其表现得很典型。催交赋税是朝廷赋予各级官员的一项极其重要的政务，也是一项很难办的差事，每年都有乡民拖欠赋税，并因此发生人命案。一般的县令在催交赋税时，总是指挥大批衙役下乡督促，用武力相胁迫，稍有缓慢，要么罚粮罚款，要么实行体罚，往往搞得官民对立，怨声载道，稍有不慎，还会激起民变。

陆陇其却能十分平稳地处理这件事。他在当嘉定县令时，每当将要缴粮纳赋的时候，他事先通常把乡亲父老召集起来，不是下达缴纳赋税的命令，而是对大家讲一番按时纳赋的道理。他说："向大家征缴钱粮，全是朝廷的国课，不是县官的私蓄。如果大家能急朝廷之所急，按时上缴钱粮，不仅自己心安理得，不用担心，而且给官员减去了很多麻烦，这样，官员就有更多的工夫为民办事。我与大家没有任何私怨，不想为收钱粮而责罚任何人。更何况你们一旦受到杖责，不仅要花许多钱，还要落个欠粮受责的名声。倒不如及早缴齐粮款，我们大家都相安无事。"乡民听了这一番话，觉得很有道理，因此去除了心理障碍，乐于接受。所以陆陇其在任时，几乎没有发生过欠粮受责的事。

对于囚禁在监狱中的犯人，他也并不是简单地依法办事，而是好言相劝，进行开导。他曾经写过一篇《劝盗文》，派人给犯人们反复宣讲。文章的大意是："人的本性原本都是善的，你们这些犯了罪的人也都一样，没有人例外。只是由于阴差阳错，一念之差，才导致了不安分守己，做出犯法的事来，关在这里接受惩罚。所以发生这样的情况，都是由于人心中的杂念蒙蔽了善性造成的。然而人心是可以改变的，只要你们能够反思往日的不是，真心悔过，去掉心中的杂念，就能重新做好人，依旧可以成家立业。"读到这里，在场的犯人们都感动地哭了起来。因此，教化的效果很好，罪犯也逐渐地减少了。

康熙三十一年（1692年），陆陇其逝世。第二年冬，朝廷需要委派两名文臣管理直隶、江南两处书院。朝廷中的大臣都主张应该从翰林院中物色人选。康熙不同意，发出特旨说：直隶派李光地去管理，江南派陆陇其去管理。大学士王熙急忙奏报说：“陆陇其已于去年病故了。”康熙十分惋惜地说：“为什么不早启奏?”王熙回答说：“按照启奏的条例，七品官在籍身亡的官员不在向朝廷奏报之列。”康熙沉默了许久，十分感叹地说：“陆陇其是本朝不可多得的人才啊!”

陆陇其在做事的时候能够晓之以情，动之以理，将其中的道理明明白白地告诉老百姓，从而减少自己工作的阻力，是学以致用的典型事例。只有学以致用，才能够发挥所学的功效，理论联系实际，才能显现真正的意义。

**【当下启示】**

读书是为了学以致用，只有学以致用，才能发挥所学的功效，理论联系实际，才能显现真正的意义。学得再多，如果不会用的话，那么也是白学了。真正有学问的人，都是能够将理论与实际相联系，学以致用的人。

# 应以神用——走出书斋，读“无字之书”

【原典重现】

人解读有字书，不解读无字书；知弹有弦琴，不知弹无弦琴。以迹用，不以神用，何以得琴书之趣？

【译文释要】

人们只会读懂用文字写成的书，却无法读懂宇宙这本无字的书；只知道弹奏有弦的琴，却不知道弹奏大自然这架无弦之琴。知道用有形的东西，而不懂得领悟其神韵，这样怎么能懂得弹琴和读书的真正乐趣呢？

【谈古说今】

“有字书”是指用文字写成的书，“无字书”是指自然。要知道，文字只是一种代表思想的符号，而这个符号所想要表达的就是自然这本“无字书”。如果我们只知道去学习符号而不去研究符号背后所代表的意义，就没有什么价值和用处。世人大多都只知道应用物的外形，却不知捉摸物的精神，这样的做法就导致人们无法领会其中的趣味。

读书的目的是获取知识，增添智慧，为实践服务。这就需要把书读“活”，读出趣理，读出天机，方可受用。倘若不明至性，流于空洞，只读死书，不重实际，则终不会有大用。

古人云：“世事洞明皆学问，人情练达即文章。”就是说，读书是重要的，但社会生活是一部丰厚的无字大书，它蕴藏着无穷的学问，更须用翻天复地之心去解读、去揣摩、去领悟。也就是说，我们既要善于读有字书，也要善于读无字书，既要善于欣赏有弦琴之音，也要善于欣赏弥漫于天地间的无弦琴之声。这就需要我们注重把所学的知识融化于实践之中，如果只是机械地死读书本，而不明至理，不悉玄机，即使倒背如流，也是毫无用处的。

对于一个读书人来说，如果只知道读书而不懂得书中之意的话，那只能说他是学其形而未得其神。如果只拘泥于对事物外形的理解和运用，而不能对其神韵心领神会，又哪里能够懂得事物本身所蕴含的真正情趣呢？这就好比是跟在别人的后面学人走路一样，你怎么学都是在模仿前面人的动作，却不晓得行走的意义和乐趣。

晋代的陶渊明曾抚琴表示自己的快乐，但是他的琴上并没有一根弦，有人觉得奇怪而问他，他答曰：“但识琴中趣，何劳弦上声。”意思就是说，知道了琴里的趣味，就不必非要去听琴弦上的声音了。

不论学什么，都不能只学其形而生搬硬套，而是要懂得其中所蕴含的精神。古人云“得其意，忘其形”，指的是得到了其中的精神，就不会再被外在的形式所束缚，也不再只是专注于外在的形式。这时外在的形式与其蕴含的精神已经完全融为一体，融合成了自然的本能。

王献之是东晋时期的大书法家，以行书和草书闻名于后世。王献之小的时候随父亲王羲之学习书法，刻苦练字。在练习了五年之后，他认为自己的字与父亲的没有什么不同了，于是，他把一大堆写好的字拿给父亲看，希望听到几句表扬的话。谁知，王羲之一张张地掀过，却一个劲地摇头。直到掀到了一个“大”字的时候，才露出了比较满意的表情，并随手在“大”字下填了一个点，然后把字稿全部退还给了王献之。

小献之心中不服，于是又将字稿抱给母亲看，对母亲说道：“我练了五年的字，并且是完全按照父亲的字样练的。您仔细看看，我和父亲的字还有什么不同的？”母亲听了，果然认真地看了三天，最后指着王羲之在“大”字下随手加的那个点儿，叹了口气说：“吾儿磨尽三缸水，惟有一点似羲之。”

小献之听了之后就泄气了，有气无力地说道：“这样下去，我什么时候才会有好结果呢？”母亲见他的骄气已经消尽了，就鼓励他说：“你学习你父亲的字，不但要学其形，还要有其神啊，只有你的字有了神韵，才会有筋有骨，有血有肉，才会站得直立得稳，像你现在这样，只能算是模仿！”王献之听完之后，深受触动，从此更加用心地练字。后来，王献之的字和王羲之的字并列，被人们称为“二王”。

“形”与“神”自古以来就是人们讨论的重点，但是人们普遍还是认为，只有形而没有神，那么无论是文章、书法还是绘画，都不可能是上上之品，只有当作品中具备了神髓，才能够成为佳作。王献之起初只知道模仿父亲王羲之的字形，却不知其中的“神”才是真正的关键所在，经过母亲的点拨，才有所感悟，最后才成为了有名的大书法家。

【当下启示】

我们提倡走出书斋，读无字之书，这样的读书才会读出成就，读出思想，读出创造。跳出小书斋，走向人生社会的广阔天地，这才是真正的课堂。但是许多读书人并不真正明白这个道理，往往满足于对现成书本的注释，满足于小小书斋中的安逸和宁静。我们这样讲并不是说不该去读书本知识，并不是看不到书本知识的重要性，恰恰是看到了书本知识的作用和它的局限性，因此才提出了这样的口号：走出书斋，走向生活。

# 人为好事——用所学为后世做贡献

**【原典重现】**

春至时和，花尚铺一段好色，鸟且啭几句好音。士君子幸列头角，复遇温饱，不思立好言，行好事，虽是在世百年，恰似未生一日。

**【译文释要】**

春天到来时，风和日丽，花草树木都会争妍斗奇，为大自然增添美丽的风景，鸟儿也会婉转啼鸣出美妙的乐章。读书人通过努力得以出人头地，过上富足的生活，如果不思考写下不朽的篇章，多做几件善事，那么即使能够活到百岁，也好像没有在世上活过一天一样。

**【谈古说今】**

“春至时和”与“士君子幸列头角”，都算得上是生活中值得欢乐的事情。而“士君子”既已出人头地，又能够丰衣足食，理当如宋儒张载所发出的万世呼吁那样，“为天下立心，为生民立命，为往圣继绝学，为万世开太平”。

花鸟都知道春光短暂，因而想要把自己最美丽的色彩和最悦耳的歌声奉献给天地自然。它们因为自己的奉献而快乐无比。对于一个人来说，当学有所成之后，如果是要为官为吏，就应该做一些善事、布些德政，“为生民立命”——既然自己得意风光，为何不造化于民、布福于众呢？如果只是一介布衣文人，也应该著书立说，潜心向学，“为往圣继绝学”，为后世子孙留下宝贵的知识财富。这样一来就如同融融春日的鸟啭好音、花铺好色一样，可以赢得万众的称颂，当然就是快乐的事。否则，就连花和鸟都不如，枉活一生。

左思，字太冲，晋文学家。其父左雍，在京师洛阳做官至御史。左思小的时候身材矮小，相貌丑陋，再加上他口齿笨拙，并不聪明，因而父亲也一直有些看不起他。左雍曾对朋友说：“左思虽然成年了，但是他通晓理解的东西，还不如我小的时候。”左思心有不甘，因而开始发奋学习。

他曾经用了一年的时间作了一篇《齐都赋》。后来，在读过班固写的《两都赋》和张衡写的《两京赋》后，决心依据事实和历史的发展，写一篇《三都赋》，把三国时的魏都邺城、蜀都成都、吴都南京写入赋中。为了使自己所写的内容有根有据，他用了十年的时间进行资料的收集和构思，在他家的门旁庭前，篱边厕所，都放着笔和纸，偶得一句，立即就会记录下来。等到赋写成之后，左思认为他的赋作比之班固、张衡毫不逊色，但是担心人们因为看不起他这个人而轻视他的作品，因而他去拜访当时有很高声望的皇甫谧，把自己的作品给他看。皇甫谧大为称道，并且替他的赋写了序文。消息传出，整个洛阳城都被轰动了，于是豪门贵族之家争相传阅抄写，使得洛阳的纸张供不应求，价格大涨。

左思虽然小的时候其貌不扬，但是他能够刻苦努力最终学有所成，更难能可贵的是，他能十年如一日的潜心创作，其完成的《三都赋》不仅在当时引发了“洛阳纸贵”的现象，就是在今天也极具文学价值。

**【当下启示】**

人活一世，立足于天地之间，也应当对人类和社会有所回馈。况且每个人的生命都只有一次，人生在世，也不过短短的几十年，看似漫长，实则如白驹过隙，很是短暂，如果在有生之年没有为社会做出一些贡献，就等于是白白浪费了自己的生命，空在世上走了一趟。如果能在自己的一生中做上那么一两件可以让后世怀念的事情，才算是不枉此生了。

# 参勘知真——敏而好学，不耻下问

**【原典重现】**

一苦一乐相磨炼，炼极而成福者，其福始久；一疑一信相参勘，勘极而成知者，其知始真。

**【译文释要】**

在人生路上经过艰难困苦的磨炼，就会获得幸福，这样的幸福才会长久；对知识的学习和怀疑交替验证，探索到最后而获得的知识，才是千真万确的智慧。

**【谈古说今】**

大多数人都有一种心理，就是对很容易就得到的东西不太珍惜，就像有很多人对于不是经历过各种磨难而得来的幸福不懂得珍惜一样。同样的，生活安逸，太过于稳定的环境，会使人放松对自己的要求，也就不会有什么真正的成就了。所以说，只有在艰苦的条件下做的事情，才会精益求精。

学习也同样如此。一个人的知识大多都是从书中得来，不过在看书的同时也要听取人们的言论，观察周围事态的变化，因为仅靠书上得来的知识是不够用的，更何况书中的知识还会有偏差和错误，所以，想要求得最真的知识，就要经过自己的反复学习和怀疑。多少精深的道理都是经过学者反复考证与推敲才得以问世，而这些先人智慧的结晶，都给予后人很多的启示。当一个人学识肤浅时，他的疑问也少，学问越是高深疑问也就会越多。

学习是艰难的历程，唯有坚韧刻苦，方能所向披靡；唯有迎难而上，方能攻克堡垒。

“学问自苦中得来者，似披沙获金，才是一个真消息。”这句话道出了做学问是十分严谨的事，走马观花、浮躁于事显然是不行的，只有忘我的耕耘，孜孜不倦，不怕吃苦，奋发而为，才是获得成功的所在。

《列子·汤问》中记载了一个纪昌学射的故事。

甘蝇是古代一个善于射箭的人，他一拉开弓，走兽就会倒下，飞鸟便会落下，百发百中。他有一个弟子名叫飞卫，向甘蝇学习射箭，本领比师傅甘蝇还要高超。

有个名叫纪昌的人，向飞卫学习射箭。飞卫对他说："你先学会盯住东西看而不眨眼睛，然后我们再谈如何射箭。"于是，纪昌回到家里，仰面倒在妻子的织布机下，用眼睛一眨也不眨地注视着织布机上提综的踏脚板。练了两年之后，即使有人用针刺他的眼皮，他也不眨一下眼睛。纪昌把自己练习的情况告诉了飞卫，飞卫说："这还不够，还要学会视物才行。要练到看小物体像看大东西一样清晰，看细微的东西像显著的物体一样容易，然后再来告诉我。"于是纪昌就用牛尾巴的毛系住一只虱子悬挂在窗口，朝南面远远地看着它，十天之后，他眼中看到的虱子渐渐大了，三年之后，小小的虱子在他眼里有如车轮那么大。再看其他的东西，都像山丘一样大。纪昌便用燕地的牛角装饰的弓，用北方出产的篷竹作为箭杆，射那只悬挂在窗口的虱子，穿透了虱子的心，但牛尾巴的毛却没有断。

他将自己练习的情况告诉了飞卫，飞卫知道后高高跳起来，并拍着自己的胸脯，说道："你已经掌握了射箭的诀窍了。"接着，飞卫就开始教纪昌怎样开弓，怎样放箭。

后来，纪昌也成了百发百中的射箭能手。

纪昌为了学习射箭，前后经过了大约五年的时间来苦练基本功，虽然枯燥乏味，但是由于他肯下苦功，扎扎实实地打好基础，因而在之后的学习中，就一马平川简单得多。学习是没有捷径可走的，要不怕苦、不怕累。只有经过困难的磨炼，才能够达到光辉的顶点。

陆九渊，字子静，号存斋，又称象山先生，南宋江西抚州金溪县青田人。其八世祖曾任唐昭宗之宰相，其六世祖于五代末避乱徒居，遂成金溪陆氏。

陆九渊自幼颖悟，性若天成。三四岁时，经常服侍父亲，极善发问。一日，忽然问道："天地何所穷际？"其父笑而不答，他则"深思至忘寝食"；其父呵之，

便姑置不想，而胸中疑团不散。五岁读书，六岁受《礼经》，八岁读《论语》、《孟子》，尤善察辨。闻人诵程颐语录，便说："伊川之言，奚为与孔子孟子之言不类?"从此对程颐的理学发生怀疑。十一岁时，常于夜间起来秉烛检书，其读书不苟简，而勤考索。十三岁时，与复斋共读《论语》，忽发议论说："夫子之言简易，有子之言支离。"一日，复斋(时年二十)于窗下读《伊川易传》，读到《艮》卦，对程颐的解释反复诵读，适逢陆九渊经过，便问："汝看程正叔此段如何?"陆九渊答道："终是不直截明白。'艮其背，不获其身'，无我。'行其，不见其人'，无物。"如此透辟的解说，在他却似信口道来。又一日，读书至古人对"宇宙"二字的注解："四方上下曰宇，往古来今曰宙"时，恍然大悟道："原来无穷！人与天地万物，皆在无穷中者也。"终于解开了十年前百思不得其解的难题。于是，他进一步开阐说："宇宙便是吾心，吾心即是宇宙。东海有圣人出焉，此心同也，此理同也；西海有圣人出焉，此心同也，此理同也；南海北海有圣人出焉，此心此理，亦莫不同也。"陆九渊心学之大端，于此尽显无遗。后来，门人詹阜民问，"先生之学亦有所受乎?"陆九渊说："因读《孟子》而自得之。"这正是陆九渊与理学家的不同之处。

五十三岁时，奉命守荆门军，此处乃古今争战之所，宋金边界重地，素无城壁。早有人欲意修筑，却惮费重不敢轻举。陆九渊仔细研究后，只用三万即告完成。平日他常常检阅士卒习射，中者受赏，郡民亦可参与。料理一年，兵容大振，周丞相称赞说："荆门之政，可以验躬行之效。"充分肯定了心学的修身应事之功。

尚在童幼时，陆九渊即开始探究"天地何所穷际"这个宇宙的大秘密。陆九渊说："人心非血气，非形体，广大无际，变通无方。倏焉而视，倏焉而听，倏焉而言，又倏焉而动，倏焉而至千里之外，又倏焉而究九宵之上。'不疾而速，不行而至'，非神乎！不与天地同乎?"

又说："心，只是一个心。某之，吾友之心，上而千百载圣贤之心，下而千百载复有一圣贤，其心亦如此。心之体甚大，若能尽我之心，便与天同。"所以，当他看到"四方上下曰宇，往古来今曰宙"这句古文时，便不禁要发出感慨：原来无穷！天地无穷，我心亦无穷。"万物森然于方寸之间，满心而发，充塞宇宙，无非此理。"因而，"宇宙便是吾心，吾心即是宇宙"。"宇宙内事，是己分内事；

己分内事是宇宙内事”。所以，他要人“收拾精神，自作主宰”，不崇拜古人，不迷信先儒，做顶天立地的超人。

一个人一生的知识很多是从书中得来，不过也要听取人们的言论，观察周围事态的变化，因为仅仅靠书架上得来的知识是不够用的，更不要说书中知识还会有偏差和错误，当一个人学识肤浅时疑问也少，学问越是高深疑问也就越多，因此古人才有“学无止境”的说法。不论求幸福，还是求知识，都需要经过个人的努力，经过反复锤炼才会得到，才会牢靠。



**【当下启示】**

在艰苦中磨炼而得的幸福足以珍惜而长久，在温室中的花朵是经不起风吹雨打的。所以说，不论是追求幸福，还是求取知识，都需要经过个人的努力，经过反复锤炼才会得到，也只有这样所获得的才会牢靠。

# 逆境砺行——梅花香自苦寒来

【原典重现】

居逆境中，周身皆针砭药石，砥节砺行而不觉；处顺境内，满前尽兵刃戈矛，销膏靡骨而不知。

【译文释要】

一个人如果身处逆境，身边所接触到的全是犹如医治自身不足的良药，在不知不觉中就磨炼了我们的意志和品德；一个人如果身处顺境，就相当于在你的面前布满了看不见的刀枪戈矛，不知不觉中就消磨了人的意志，让人走向堕落。

【谈古说今】

人在清苦的环境中较容易奋发上进，而在优越的环境中就容易堕落腐败。所以说，任何事情都要辩证地看待，身处逆境固然是痛苦压抑的，但对一个有作为、能自省的人来讲，在各种磨砺中可以锻炼自己的意志，修正自己的不足，一旦有了机会，就有可能由逆向顺；身处顺境当然是好事，但对于一个没有良好的品质和远大追求的人来讲，生活一优裕，就容易游手好闲而不肯奋斗。

其实人与环境的关系是相对的，也是相生的，环境可以造就一个人，也可以改变一个人。所以有人说："险恶的环境最安全，安逸的环境最危险。"在安逸的环境里，不能磨炼自己的意志，那么必然会令自己意志消沉，不思进取，最终失去人生价值；如果是处于恶劣的环境里，就会使人生于忧患，为了生存而顽强的磨炼自己的意志。在安逸的环境里，人就会贪图安逸，不思进取，从而变得越来越颓废；在艰难困苦的环境里，更能使人保持清醒的头脑，有奋斗的精神和动力。

《红楼梦》的作者曹雪芹出身于一个"百年望族"的大官僚地主家庭：曾祖曹

玺任清朝江宁织造；曾祖母孙氏做过康熙帝玄烨的保姆；祖父曹寅做过康熙皇帝的伴读和御前侍卫，后任江宁织造，兼任两淮巡盐监察御使；父亲曹頫继任江宁织造。曹雪芹自幼就是在这种“繁华”的家庭生活中长大的。

雍正初年，由于封建统治阶级内部政治斗争的牵连，曹家遭受一系列打击，家产抄没。曹雪芹随着全家迁回北京居住。曹家从此一蹶不振，日渐衰微。

经历了生活中的重大转折，曹雪芹深感世态炎凉，对封建社会有了更清醒、更深刻的认识。后来，曹雪芹移居北京西郊。生活更加穷苦，“满径蓬蒿”，“举家食粥”。但是这样艰苦的环境磨砺了他的意志，他在人生最后的几十年里，以坚韧不拔的毅力，专心致志地从事《红楼梦》的写作和修订工作。死后遗留下了《红楼梦》前八十回的稿子。虽然《红楼梦》没有最终完成，但从完成的部分就能够看出这是一部伟大的作品。其内容之丰富、情节之曲折、思想认识之深刻、艺术手法之精湛，都无一不说明了这是“中国古典小说巅峰之作”。

曹雪芹因家族的由盛而衰、由顺转逆而倍受打击，饱尝人生辛酸，但也正是这样的逆境，才磨砺了他的意志，让他对封建社会有了更清醒、更深刻的认识，从而创作出了不朽的现实主义小说《红楼梦》。

战国中后期，尤其是秦孝公任用商鞅变法后，秦国越来越强大。面对着这种趋势，其他六国不免恐慌起来。有的主张六国联合起来，共同抵抗秦，这种主张被叫做合纵；有的主张六国中的任何一国联合秦国，来攻击其他国家，这种主张被叫做连横。在这场“合纵连横”活动中出现了许多能言善辩、靠游说获奉禄、进仕途的游士和食客，苏秦就是一个突出的代表。

苏秦出身于农民家庭，家里很穷，他读书时，生活非常艰苦，饿极了就把自己的长发剪去卖点钱，还常常帮人抄写书简，这样既可以换饭吃，又在抄书简的同时学到很多知识。这时，苏秦以为自己的学识已差不多了，就外出游说。他想见周天子，当面陈述自己的政见，对时势的看法，但没有人为他引荐。他来到西方的秦国，求见秦惠文王，向他献计怎样兼并六国，实现统一。秦惠文王客气地拒绝了他的意见，说：“你的意见很好，只是我现在还不能做到啊！”苏秦想，建议不被采纳，能给个一官半职也好嘛，可是他什么也没有得到。他在秦国耐着性子等了一年多，带来的盘缠都花光了。皮袄穿破了，生活非常困难，无可奈何，只好长途跋涉回家去。

苏秦回到家里，一副狼狈的样子，一家人很不高兴，都不理他，父母不与他说话，妻子坐在织机上只顾织布，看也不看他。他放下行李，又累又饿，求嫂嫂给他弄点饭吃，嫂嫂不仅不弄，还奚落他一顿。在一家人的责怪下，苏秦非常难过，他想：我就这么没出息吗？出外游说，宣传我的主张，人家为什么不接受呢？那一定是自己没有把书读透，没有把道理讲清楚。他感到很惭愧，但是他没有灰心，他暗暗下决心，要把兵法研习好。

有了决心，行动也跟上来了。白天，他跟兄弟一起劳动，晚上就刻苦学习，直到深夜。夜深人静时，他读着读着就疲倦了，总想睡觉，眼皮粘到一块儿怎么也睁不开。他气极了，骂自己没出息。他想，瞌睡是一个大魔鬼，我一定要想法治治它！他想的是什么法子呢？他找来一把锥子，当困劲上来的时候，就用锥子往大腿上一刺，血流出来了。这样虽然很疼，但这一疼就把瞌睡冲走了。精神振作起来，他又继续读书。

苏秦就这样苦苦地读了一年多，掌握了姜太公的兵法，他还研究了各诸侯国的特点，以及它们之间的利益冲突，他又研究了诸侯的心理，以便于游说他们的时候，自己的意见、主张能被采纳。这时苏秦觉得已有成功的条件，他再次出家，风尘仆仆地走上了游说之路。

这次苏秦获得了很大的成功。公元前333年，六国诸侯正式订立合纵的盟约，大家一致推苏秦为“纵约长”，把六国的相印都交给他，让他专门管理联盟的事。

受挫自省，不怨天尤人；刺股律己，终成大器。苏秦在遭到失败之后没有放弃，而是承受住了磨难，发奋刻苦，才最终获得六国相位，苦尽甘来。

**【当下启示】**

马克思曾说：“在科学的道路上没有平坦的大道，只有那些敢于沿着崎岖小路不断攀登的人，才能到达光辉的顶点。”学习是艰难的历程，唯有坚韧刻苦，方能所向披靡；唯有迎难而上，方能攻克堡垒。“逆风鼓棹”，所表现的正是一种磅礴的豪气，一种坚毅的力量，一种不畏艰难的精神。“学问自苦中得来者，似披沙获金，才是一个真消息”，道出了做学问是十分严谨的事，走马观花、浮躁于事是不行的，只有忘我耕耘，孜孜不倦，不怕吃苦，奋发而为，才是获得成功的所在。

# 闲莫放过——闲而不怠，超越平庸

**【原典重现】**

闲中不放过，忙处有受用；静中不落空，动处有受用；暗中不欺隐，明处有受用。

**【译文释要】**

在闲暇时不让时光轻易流过，到了忙的时候自然会有用；在平静时不让心灵空虚，在遇到变化的时候就能够应付自如；在没有人看见的时候也不做阴暗的事，在大庭广众之下自然会受到尊敬。

**【谈古说今】**

古人云：“君子慎独，服人先服己，严于律己。”就是要求在眼前无事之时，好好锤炼自己，提高自身的素养。

用知识来充实自己不是一朝一夕就能功德圆满、学有所成的。平时不抓紧时间积累知识，平时不注意时刻为自己充电，指望临时受用是不可能会有长久的效果。所以，一个有作为的人必须注意平时的磨炼、积累，才会工作有一定之规，做事有一定见识。古来沙场名将驰骋于千军万马之中仍能泰然自若，熟用兵法韬略进而运筹帷幄，经常出入于九死一生之中却仍然能悠闲自得毫不仓惶，这就说明了“闲中不放过，静中不落空”的功用，“临阵磨枪”、“临渴掘井”，是不可能从容应付的。

伟大的生物学家达尔文曾说：“我从来不认为半小时是微不足道的一段时间。”诺贝尔奖金获得者雷曼的体会更加具体，他说：“每天不浪费或不虚度或不空抛剩余的那一点时间。即使只有五六分钟，如果利用起来，也一样可以有很大的成就。”闲而不怠，把一切空闲的时间都利用起来，精心使用，这正是古今中外很多科学家、学问家取得辉煌成就的奥秘之一。

清朝的大才子纪晓岚博学多才，以才思敏捷著称。他从小就勤奋好学，博览群书，加上他自己的聪颖禀赋，学问与日俱增。

纪晓岚入主翰林后，他的聪明才智得到了尽情发挥。有一年风调雨顺，乾隆帝率文武大臣到泰山封禅祭祀，纪晓岚亦在随行之列。到济南府后，皇上游兴很浓，便叫纪晓岚、和珅伴驾游湖。君臣三人乘小船到了湖心历下亭。这历下亭建于北魏，朱梁画栋，壮丽轩昂。忽然，皇上问道："这历下亭，历史悠久，风景佳绝，可曾有文人骚客所做诗文？"和珅想讨好皇上，却怎么也想不出有什么诗文。一旁的纪晓岚答道："臣早年读《杜工部诗集》，记得杜甫有诗题为《陪李北海宴历下亭》，其中有两句，曰：'海右此亭古，济南名士多。'"皇上连声称赞，和珅在旁羞得满脸通红。至东岳弥高岩前，乾隆帝又突然想起《论语》里的"仰之弥高"之句，欣然集成一幅颇难应对的上联："仰之弥高，钻之弥坚，可以弥上也。"让纪晓岚对下联，纪晓岚随口就念出了下联："出乎其类，拔乎其萃，宜若其天然。"也是出自《论语》，而且对得自然工巧，无懈可击。

纪晓岚看似是才思敏捷，但实际却是以其渊博的知识作为基础的。若是没有之前的知识积累，怎么会对答如流呢？所以说，临时抱佛脚是行不通的，只有"闲中不放过，静中不落空"，一点一滴地积累知识，才能够在关键时刻避免尴尬。

刘可，瘦小的身材，身着一套极普通的便装，脚上踏的是一双已难分辨出是什么牌子的旅游鞋，肩上背着一个大行囊，手里还提着一个印着某公司名称的重重的大纸袋。如果不理会她总是肩背手提的负重样子，单从她梳着的一条随意的"马尾刷"和那条总是带着两个笑窝的稚气的脸上，你可能会认为这是一个最多上高中的女孩子。

但是，你也许不相信，这个貌不惊人、谦和的女孩子竟然是一家较有名气的外资企业的总经理的秘书。更让人不能相信的是，这个只有高中文化水平的女孩子，竟然是两位不同国籍的老板（一位英国籍老板，一位法国籍老板）的秘书。她不仅让他们承认了她，而且有时还能听命于她的"发号施令"。

一年多前，她踏进了目前就职的这家公司。尽管好朋友曾劝告她，在外企就职，对于她这样一个只有高中文化水平的女孩子，本来就很艰难了，又要面对不同国籍、有着不同文化背景的外国老板，工作难度简直不敢想象。

刚进公司那段日子是最难熬的，总经理们只把她当成个干杂事的小职员，不停地派些零七八碎的事情让她做，同事们也当她是个毛孩子，刘可委屈得不知流了多少泪水。但她忍耐着，她不断地学习，以此寻找着让别人认识自己的机会。

除了把工作做得周到细致外，她还把自己所能见到的各种文件，全部都抢到自己的工作台上，只要有空就去认真翻阅琢磨，学习公司的业务。对于外文文件的文字障碍，就不厌其烦地去翻看她的那两本无声老师——英文字典，法文字典。时间久了，她对公司的业务可以说了如指掌，为自己进入通畅的良性工作循环状况做了坚实的准备。

外文水平在与日俱进，这种速度令她自己都吃惊不小——业务方面的外文文件看起来盲区少多了。两位老板对她刮目相看，不久就让她做了秘书。实际上，在这个公司，她相当于副总，公司的日常事务都由她来管。

作为一个大公司的职员，没有足够的现代知识武装头脑，失去生存机遇的可能性就是百分之百。所以，她给自己制订了严格的学习计划——学习外语，学习计算机。在她的时间表里，休息日的概念早已模糊。在正常的五天工作日，坚守工作岗位，而身为老板身边的工作人员，又需要她为老板的活动做好一切安排。她要把老总们所要做的一切安排得井井有条，以便老总们眼到明白，手到事情就能处理。为此，她常常都要加班，时间在她那儿已被挤压得没有什么空隙，经常是别人都快下课了，她才急匆匆地赶到，抱歉地向老师打个招呼，就全神贯注地进入了学习状况，有时又是留恋地不得已提前退出了课堂。就是这样，她还是风雨无阻地坚持着。她常说，等我有了钱，我会给自己营造一个安稳的、理想的学习环境。

时间是人生所拥有的最为昂贵的东西，它对于任何人都是公平的，对于任何人也都是相等的，但如何去管理和运用它，所表现出的事业成果则是不同的。即一个人生活和工作效率的高低取决于他对时间利用的好坏。有心做事的人，不会让时间在闲暇中轻易地流过，而会合理地计划利用。西方哲学家认为，不能管理时间，就不能管理一切。时间管理确实是人生管理、事业管理、自我管理的重大课题。

做事的计划性是很重要的，有些人喜欢临阵磨枪，其结果是手忙脚乱，毫无头绪。万事开头难，只有精心地把准备工作做好，工作的开展才会顺利进行；还要善于平衡和闲的关系，不要把事情集中在一起做，当日的事情当日做完，就可以做到忙中有闲，劳逸结合了。慎独的功夫是真功夫，像那些专门在阴暗角落里搞阴谋诡计的人，是见不得阳光的，只有坦坦荡荡，光明磊落，才能挺起胸膛做人。

**【当下启示】**

知识是一点一滴积累起来的，也许有些东西不是马上能用，但是利用闲暇的时间多读点书，总是没有坏处的。而且，有些在平时觉得最没有用的东西，在关键时刻很可能就会派上用场，这样还可以避免好多尴尬的场面。

# 学贵有恒——学习不可半途而废

**【原典重现】**

凭意兴作为者，随作则随止，岂是不退之轮？从情识解悟者，有悟则有迷，终非常明之灯。

**【译文释要】**

一个人只凭一时的意气、兴趣办事，情绪高的时候就去行动，冲动一过马上就停止，这哪是能坚持长久奋发上进的做法呢！从情感出发去领悟事理的人，有所领悟，也会有所迷惑，这样终究不是永保明亮的智慧之灯。

**【谈古说今】**

不退之轮，就是佛经里所说的法轮，如来说法时，经常运用佛法摧毁众生的执迷邪恶，使众生恍然大悟之后转成正果，这种道理很像车轮压过的地方一切邪恶都被摧毁。法轮有时也叫“不退转轮”，“不退之轮”，是说进德修业的心永不停止。

一时心血来潮去做一件事是容易的，但能够做完就不那么容易了。有些人，经常会头脑一热，没有估计到困难，等到困难一出现，就退缩了；而有的人头脑冷静一点，估计到了困难，可没有估计到困难有那么大，所以也退缩了。眼看就要成功了，也许只是一步之遥，可就是挺不住了，结果，前功尽弃。

孟子曰：“有为者譬若掘井，掘井九仞而不及泉，犹为弃井也。”意思是说，一个人的作为就像挖井一样，挖呀挖，没水，再挖呀挖，还是没有水。眼看就要见到水了，他却停了下来，再也不愿挖了。这不是井抛弃了他，而是他抛弃了井。不是他的力量不够，而是他的意志不坚定。

干事情，凭的是持之以恒、锲而不舍的勇气和毅力，有的人心血来潮就鼓足干劲，意兴阑珊时就洗手不干；或是，进展顺利就热情地干，一遇困难就此罢休。这都是不可取的。

清朝的康熙皇帝是一个十分好学的皇帝，他的御书房里，摆满了各种古今书籍，其中有不少还是他亲自主持编纂的，如《数理精蕴》、《康熙字典》、《律旨正义》，等等。正如他在《庭训格言》所言：“朕自幼好看书，今虽年高，犹手不释卷。诚天下事繁，日有万机，为君一身处九重之内，所知岂能尽乎！时常看书，知古人事，靡可以寡过。”身为一国之君，为求治国之道，使自己少犯过错，常以古今义理自悦，数十年如一日，不知疲倦。

在三藩动乱期间，康熙军政事务十分繁忙，累得生病吐血。在养病期间，他仍是手不释卷。辅导他学习的大臣们都劝他休息几天，康熙坚决不同意。他说：“读书就得吃苦，这是一种花苦功的事，只有功夫不断，学习方能长进。如果停学多日，必将荒废学业，前功尽弃。军务虽忙，总有空闲，可以挤时间进修。”

在战争年代如此，在和平时期更是孜孜不倦，惜时如金。1684年，康熙到南方巡视，船泊停在南京燕子矶。三更过后，船上依然灯火通明，他此时还在与高士奇兴致勃勃地谈经论文呢！高士奇怕皇上劳累过度，要起身告辞。康熙却笑说：“这个问题今天不弄明白，我也睡不着呀。我从五岁读书，每天睡晚一点已养成习惯。读书可以陶冶人的性情，增长知识，其乐无穷；就是稍有倦意，也被赶跑了。”

康熙的读书兴趣非常广泛，除经、史、子、集外，天文、地理、历法、数学、军事、美术无不涉及。如他主持编纂的《数理精蕴》就是在天文和数学方面，保持我国传统成果、吸收西洋精华的一本高水平学术著作。

康熙是我国历史上一位功业卓著的政治家，文韬武略，运筹帷幄。他的勤奋好学，持之以恒，不仅给了他文治武功的能力，而且陶冶了他的情操。

**【当下启示】**

从求学问道的角度来看，做学问的方法是多种多样的，也是无穷无尽的，但集中起来说都离不开“有恒”二字。若要持恒，就必然使学习时间长，就要处理好读书和做事的关系。能否完成并做到持恒的关键在于你是否善于挤时间学习。

# 意合神会——用心去领会书中的真意

**【原典重现】**

善读书者，要读到手舞足蹈处，方不落筌蹄；善观物者，要观到心融神洽时，方不泥迹象。

**【译文释要】**

真正善于读书的人，要读到心领神会的境界，才不会掉入文字的陷阱中；善于观察事物的人，要观察到与事物融为一体的境界，才不会停留于表面现象。

**【谈古说今】**

“善读书者，要读到手舞足蹈处，方不落筌蹄。”这是读书读出了至乐，读出了一种不陷入机械而意合神会的境界，读出了一种领悟精髓而意趣悠闲的清朗。

南宋理学家、文学家朱熹，读书最大的特点就是会意用心，和他同龄的孩子只满足于读书、识字、背诵，而他却用心去体会书中的道理，一旦领悟了书中的道理便会高兴得手舞足蹈。他认为，读书不明其意，就算读再多也白读。

他在《观书有感》一诗中写道：“半亩方塘一鉴开，天光云影共徘徊。问渠哪得清如许？为有源头活水来。”意思是：池塘清澈见底，宛如一面镜子；水底天中云彩飘忽。于是，诗人很羡慕池水能够这样清澈，原来是因为有源头的活水不断地流进来呀！

哲理性的诗句从诗人平时读书学习的体会中而生，从悟得精髓，心灵会意中一跃而出。其美其雅，自然见得。

有些人博览群书，学富五车，讲道一板一眼，可是，一到实践中，就会四处碰壁，头破血流，不懂运用和贯通，他们只能算是知识的奴隶。所以，学知识，一定要懂得融会贯通，不要只学表面、生搬硬套，不然就会画虎不成反类犬。

古人说："书中自有黄金屋，书中自有颜如玉。"在今天，这句话仍有一定的普遍意义，因为努力学习知识是永不过时的真理。一个人的能力是有限的，财富也是有价的，而只有知识是无限和无价的，正如高尔基所说："书籍是人类进步的阶梯。"

春秋时候，秦国有个叫孙阳的人，擅长相马，无论什么样的马，他一眼就能分出优劣。因而他常常被人请去识马、选马，人们都称他为伯乐。

当时有很多人不懂得辨识马的优劣，致使很多好马都被人们所忽视。为了帮助更多的人学习如何辨识好马，孙阳就根据他多年来的相马经验编写了一本《相马经》。

孙阳有个儿子，看了父亲写的《相马经》后，如获至宝，以为自己也会相马了，于是就拿着这本书到处去寻找好马。起初，他按照书上所绘的图形去找，却一无所获。于是又按照书中所写的特征去找。《相马经》上有"隆颡跌日，蹄如累麴"（千里马的额角高而丰满，眼睛闪闪发光，四个蹄子又大又端正）的描写，孙阳的儿子就按照这个特征寻找，最后他发现有一只癞蛤蟆很像书中所描写的千里马的特征，便高兴地把癞蛤蟆带回了家，高兴地对父亲说："我找到了一匹千里马，只是蹄子稍差些。"父亲一看，哭笑不得，没想到儿子竟会如此愚笨，便幽默地说："可惜这马太喜欢跳了，不能用来拉车。"接着感叹道："所谓按图索骥也。"

在学习和工作中，死背教条，生搬硬套，以致闹出笑话，招致损失的事，确实是经常见到的。前人传下来的书本知识，固然应该努力学习，虚心继承，但是，也一定要做到心领神会、融会贯通，而不能像故事中孙阳的儿子一样"按图索骥"。

【当下启示】

读书做学问，其心智需要既独立于身边的万物，又要使自己全身心地投入其中，并与自然万物及社会万事融为一体。不仅要领会其中的净胜，还要学以致用。观察事物也是如此，若是做到心神融洽不泥迹象，就会很快进入一个新的境界，不仅会得到妙悟，你的视野也会豁然开朗。

# 不可虚度——人生在世不可虚度时光

**【原典重现】**

天地有万古，此身不再得；人生只百年，此日最易过。幸生其间者，不可不知有生之乐，亦不可不怀虚生之忧。

**【译文释要】**

天地能够万古长存，可是人的生命却不可再次获得新生；人的一生只有百年光景，很容易就消逝了。有幸生活在世上，就不能不知道拥有生命的乐趣，也不能不提醒自己不要虚度时光。

**【谈古说今】**

“天地有万古，此身不再得；人生只百年，此日最易过。”寥寥20个字，真切地道出了人生短暂、光阴可贵。为此，珍惜时间，也就是意味着珍惜生命。

人的生命是短暂的，要珍惜生命，要掌握知识，要创造成功，要实现我们的人生理想、人生价值，就必须珍惜时间，并有效地科学地利用时间。

人生是无常的，也就是说人的生命是有限的，虽然生命存在于大自然之中，但是百年的时光对存在了亿万年的大自然来说，就如同一滴泉水一样，稍纵即逝。每个人都难逃一死，虽然人们心有不甘，但是这是不可改变的事实。然而人的生命虽然短暂，但是却是有价值的，这在于我们以什么样的理念来认识和对待人生。

既然我们来到了这个世界上，那说明我们是非常幸运的，我们在这个世界上走过，如果我们的人生是有意义的，那么也许我们会给后人留下什么。如果能够留下我们曾经走过的足迹，那么我们的人生，就是有价值的，这说明我们的精神世界是充实的，是无愧于自己的人生。同时，也说明了我们的人生并没有虚度，我们会给自己短暂的人生，画上一个比较完美的句号。

明朝的名医李时珍22岁开始给人看病，一面行医，一面研究药物。他发现以往的药物书中有不少的错误，如，许多有用的药物没有记载；有些药物只记了个名称，没有说明形状和生长情况；还有一些药物记错了药性和药效等。一旦病人吃错了药，很可能就会危及生命。于是李时珍决心重新编写一部完善的药物书。

为了写这部药物书，李时珍不但在治病的时候注意积累经验，还亲自到各地去采药。他既“搜罗百氏”，又“采访四方”，深入实际进行调查。他走了上万里路，拜访了千百个医生、老农、渔民和猎人，向他们学到了许多书本上没有的知识。他还亲口品尝了许多药材，判断药性和药效。

这样，李时珍经过长期的实地调查，搞清了药物的许多疑难问题，花了二十七年功夫，三易其稿，于万历戊寅年（1578年）完成了《本草纲目》的编写工作。全书约有200万字，52卷，载药1892种，其中有新增药物374种，载方11096多个，附图1000多幅，其中纠正前人错误甚多，并有很多重要发现和突破，是到16世纪为止我国最系统、最完整、最科学的一部医药学著作。达尔文称赞它是“中国古代的百科全书”。

李时珍最初只是一名普通的医生，但是他在自己几十年的生命里，花费了大量的时间和精力去研究药物，重新编写了一部当时最完整、最科学的医学著作，也因此让他在中国历史乃至世界上都声名显赫。他的一生是十分有价值的。

**【当下启示】**

虽然生命短暂，但是我们并不会因为生命时光的短促，而放弃对人生的追求。因此，我们在度过自己人生的旅程中，不仅要有追求，而且要追求高尚的生活情趣，这才说明一个人懂得自己人生的价值，不使自己虚度一生。

# 早秀晚成——少年得志不如大器晚成

**【原典重现】**

桃李虽艳，何如松苍柏翠之坚贞？梨杏虽甘，何如橙黄桔绿之馨冽？信乎，浓夭不及淡久，早秀不如晚成也。

**【译文释要】**

桃李的花朵虽然鲜艳夺目，但怎么比得上苍松翠柏的四季常青呢？梨和杏的果实虽然甘甜，但哪里能比得上黄橙绿桔散发的芬芳呢？确实如此，浓烈却消逝得快不如清淡而维持得长久，少年得志不如大器晚成。

**【谈古说今】**

春花秋容，尽管风姿绰约，香气浓郁，可由于经不住冬雪夏阳，只是季来随开，季去随隐，纵然浓香也是短暂，纵然惊艳也是瞬间，绝对比不上四季常青的松柏清淡隽永，意味绵长。而且，惊艳之美，虽美极一时，终不免有一种好景不长在的缺憾；而隽永之美，朴实淡雅、底蕴醇厚，却能生发着一种持久的魅力。由此，以物喻理，可以说，浓艳易逝，远不及清淡长久；少年得志，还不如大器晚成。

姜尚，本名吕尚，姜姓，字子牙，因是齐国始祖而称“太公望”，俗称姜太公。相传姜尚的先世在舜时为官，因功被封于吕(今河南南阳)，故为吕氏。后来家道中落，至姜尚时已沦为贫民。为维持生计，姜尚年轻时曾在商都朝歌宰牛卖肉，又到孟津做过卖酒生意。他虽贫寒，但胸怀大志，勤苦学习，始终不倦地研究、探讨治国兴邦之道，以期有朝一日能够大展宏图，为国效力。年过六十，满头白发，仍在寻机施展才能与抱负。后遇文王，佐周灭商，成就功业。

姜尚年过六十方大展宏图、成就功业，算得上是大器晚成了。“大器晚成”的原意是铸造越大个头的铸件（如鼎、钟）所需要的冷却凝固时间就越长，冷却时间足够长，铸件方能“成器”。现在多指能够担当重任的人物都要经过长期的锻炼，所以取得成就都较晚。

人就好比是一棵树，根深土厚，则茁壮茂盛，必将长成参天大树；根浅土薄，则生长无力，到老也只不过是又细又矮的小材料，只够做个扁担罢了。因此要想成为栋梁之材，必须进行艰苦持久的“培土固根”，大器之所以能够成为大器，很大一部分就是由于晚成，因其晚而准备充足，根基扎实。

孔子曰：“三年学，不至于谷，不易得也。”意思是说，一个数年发愤、勤奋苦读，而不想做官发财的人，是很难得的。清代刘宝楠则是另外一种说法：《周礼》中已规定官府三年选拔一次人才，但有不满于“小成”（即做小官）的，则可以继续读书，读满九年，达到大成。孔子因为读书人大都“躁于仕进，志在利禄，鲜有不安小成者”，所以才会发出“不易得”的感叹。至于“早秀不如晚成”的说法，可能是认为：因为少年得志易生骄狂，自我吹嘘而至堕落；而饱经忧患，历经沧桑，才体会出创业的艰难而安于守成。

清朝著名的语言文字学家、思想家戴震的祖父和父亲，都是大字不识几个的小贩，而且他们都是小本生意，赚的钱都难以养家糊口。戴震稍长时，在乡从塾师学习。有了学习机会，他十分珍惜，学习时十分刻苦，并且勤学好问，善于独立思考。

戴震青少年时，由于家庭生活困难，他不得不放弃上学，出外做些小买卖。但是在做小商贩的行途中，他一有机会就会拿起书本边走边看，边诵边记。往往出门做一回生意，他就要背诵数页书。就这样，他对《十三经注疏》了如指掌。

虽然戴震过着艰苦的生活，但仍然忘不了读书。二十岁时，他结识了当时著名的学者江永，即受学于江氏门下。戴震二十九岁始入学为秀才，到四十岁才乡试中举，以后六次入京会试不第，只好以教书为业。五十岁时曾主讲于浙东金华书院，被钱大昕称为“天下奇才”，推荐给尚书秦蕙田协助修《五经通考》。后会试不第，应直隶总督方观承之聘，修《直隶河渠志》。尔后又游山西，讲学于寿阳书院，修《汾州府志》和《汾阳县志》。乾隆三十八年(1773)，清政府开四库馆，由《四库全书》总编纪昀等人引荐，奉诏入四库馆为纂修官。乾隆四十年，戴震已五十三岁，奉命与当年贡士同赴殿试，赐同进士出身，授翰林院庶吉士。他在馆五年间，主要工作是校书，除《仪礼集释》、《大戴礼记》外，还校有《九章算术》、《海岛算经》、《孙子算经》、《五曹算经》、《夏侯阳算经》等，对于中国古算学的恢复与发展做出了贡献。五十五岁时，因积劳过度而病逝。

戴震是大器晚成的典型代表。他自小勤奋刻苦，但直到晚年才显露出才华，从而史册留名。他一生所取得的成就多是出自晚年，但只是在这短短的几年里就为后世留下了不尽的知识财富，这正是得益于他早年的积累。

**【当下启示】**

人到晚年固然有夕阳黄昏之叹，但"老当益壮"、"老骥伏枥"之雄心更显得辉煌。在人的一生当中，四五十岁才算得上是黄金时期，因为这个时期的人已经具有丰富的人生阅历和社会经验，对事物的看法也很成熟，做人做事都非常老练稳重，而不像年少时的似懂非懂，正是展现自己的大好时机。所以，千万不要为自己已经快老去而感到悲伤，要知道老当益壮、大器晚成。

# 直觅本来——读书贵在专心不二

【原典重现】

人心有一部真文章，都被残编断简封固了；有部真鼓吹，都被妖歌艳舞湮没了。学者须扫除外物，直觅本来，才有个真受用。

【译文释要】

人的心理原本都有一部纯美绝佳的文章，可是让人遗憾的是，这部文章往往会被后天的物欲杂念给封闭了；人的心里原本都有一曲真正绝美的乐章，可同样遗憾的是，有些人往往却被妖歌艳舞给迷惑了。所以说，学者求学问道，必须先扫除外界干扰，用智慧来寻求自己的天性，如此，才能获得宝贵的学问。

【谈古说今】

子曰："学而不思则罔，思而不学则殆。"只有兼顾学习与思考，才能悟出真理，两者是并行不悖、相辅相成的。心中灵巧，有一篇好文章；心内玲珑，有一部真鼓吹。事实上，每个人天生就都具备了聪明智慧，只是大多数人在受到外物的干扰和诱惑是被迷惑而封闭了。只有扫除一切外来和内在的诱惑，通过读书启发我们的这种智慧，才能使自己明心见性，从而取得心灵的升华。

蒲松龄在谈到治学经验时，十分强调学习要专心致志，他说："书痴者文必工，艺痴者技必良。"所谓"痴"，就是入迷，蒲松龄认为，读书时心静才能如痴如迷，才能写出好文章；学习本领时全神贯注，才能练就一身高超的技艺。蒲松龄的话道出了一条治学成功的可贵经验。

西汉时期的儒学大师董仲舒，自幼天资聪颖，酷爱学习，读起书来常常会忘记吃饭和睡觉。他的父亲董太公看在眼里急在心上，为了让孩子能歇歇，他决定在宅后修筑一个花园，让孩子在学习之余到花园里散散心歇歇脑子。

第一年，董太公一边派人到南方学习，看人家的花园是怎样建的，一边准备砖瓦木料。动工时，园里阳光明媚、绿草如茵、鸟语花香。董仲舒的姐姐多次邀请他到园中玩。但是他只是摇头，继续看竹简，学孔子的《春秋》，背诗经。

第二年，小花园建起了假山，邻居、亲戚的孩子都纷纷爬到假山上去玩。小伙伴们来叫他，他动也不动地低着头，在竹简上刻写诗文。

第三年，后花园建成了，亲戚朋友都携儿带女的前来观看，夸赞董家花园建得精致。父母叫仲舒去玩，他只是点点头，却仍旧埋头学习。中秋节晚上，董仲舒全家在花园中边吃月饼边赏月，可就是不见董仲舒的踪影。原来董仲舒趁家人在赏月之机，又找先生研讨诗文去了。

随着年龄的增长，董仲舒的求知欲愈见强烈，遍读了儒家、道家、阴阳家、法家等各家书籍，终于成为令人敬仰的儒学大师。

董仲舒一心向学，三年不窥园，不为外物所动，正是凭借这种精神才造就了后来人人敬仰的儒学大师。古往今来，凡是大学问家都具有一种“痴傻”的精神，也正是凭借着这股精神，才让他们不为外物所动，专心致志地学习，将全部精力都放在了自己钻研的学问上，也因此而有所成就。

下面这则有趣的故事，也颇能给人感悟：

法国大雕塑家罗丹，是一位很有成就的艺术家。一次，他邀请挚友奥地利作家斯蒂芬·茨威格到他家做客。饭后，罗丹带着客人参观他的工作室。他们走到一座刚刚完成的塑像前，罗丹掀开搭在上面的温布，一座仪态端庄的女像，矗立在他们面前。茨威格不禁拍手叫好，并向罗丹祝贺，祝贺大雕塑家的又一杰作诞生。可是，罗丹自己端详一阵雕像后，皱着眉说：“啊，不，还有毛病……左肩偏斜了一点，脸上……，对不起，你等我一会儿。”说完，他很快拿起抹刀，进行修改。

茨威格见罗丹修改的如此聚精会神，怕打扰他的工作，就知趣地悄悄站在一边。只见雕塑家一会儿上前，一会儿后退，嘴里有时叽里咕噜，像同最亲近的人密谈；有时眼里还闪着异样的神色，似乎又是在与人发生激烈的争吵；他的脚还不时地把地板踏得吱吱直响，手不时在空中乱舞……一刻钟、半小时过去了，罗丹的动作越来越有力——大约一个小时后。罗丹停顿下来，他对着那座女像发痴地微笑，然后，轻轻地叹了口气，把温布给塑像披上。

茨威格见罗丹工作完毕了，就走向前去，准备同罗丹交谈；不料，罗丹这时竟旁若无人地径直向门外走了，而且出门后还关上门，准备上锁。

茨威格莫名其妙，赶忙把罗丹叫住："喂！亲爱的朋友，你怎么啦？我还在屋子里呀！"罗丹这才猛然想起他的尊贵的客人，便很抱歉地对茨威格说："啊哟！你看我，简直把你忘记了，对不起，请不要见怪！"

也许有人会取笑罗丹这样情形像傻子，但这种傻气对于做学术研究的人来说，是太宝贵和太难得了。宝贵，在于这种傻，是一种境界、一种至性、一种高贵，许多杰出的科研成果正是在这极其高度的专注"傻"气中诞生的。难得，是在于具有这种高贵"傻"气，并能取得卓越成果的人又能有几个呢？可以说，正是一丝不苟、专心不二的精神，成就了罗丹非凡的艺术才能。

**【当下启示】**

求取学问是很严谨的事，来不得半点马虎。它需要的是集中精力，心神合一，不为外物所扰。心静方能入神，方能"意不随流水转，心不追彩云去"，这是一种稳定的心性，也是不为外物干扰而学道有成的宝贵所在。

# 张弛有变——学习要懂得劳逸结合

**【原典重现】**

学者有段兢业的心思，又要有段潇洒的趣味。若一味敛束清苦，是有秋杀无春生，何以发育万物？

**【译文释要】**

一个做学问的人，既要有埋头钻研、刻苦坚毅的精神，又要善于调剂和激发潇洒自如的情趣。如果一味地克制自己，过着极端单调而清苦的生活，则会毫无生机。试想，假如自然界只有肃杀的秋天，而没有盎然的春天，那么，万物又怎能成长和开花结果呢？

**【谈古说今】**

治学是为了求得高深的学问，这当然要有勤奋耕耘的苦读精神，但在埋头苦读的同时，善于调节身心也是非常必要的。有道是，良好的休息是为了更好地学习。

专心致志、奋发上进的精神固然很好，但也不可忽略了读书之外的“潇洒趣味”，即要善于调节，让德、智、体、能等全面发展。不要关起门来只知“面壁”，那种关起门来“只知读书、不会做事”的书呆子是不可取的。

当然，就当今而言，那种具有十足“书呆子”劲的人是极少见的，也是鲜有所闻的。比如就中学生、大学生来说吧，他们在求学问道的同时，大多是不乏“潇洒趣味”。稍有空，就上网转悠，天南海北地聊上一番，有的甚至迷上了网瘾，出现逃课现象。对这种“潇洒趣味”，还是宜敛束为好，它与洪应明先生所说的意思也是有本质的区别的。

总的来说，这段话着重强调的是学中有苦，学中有乐。学要学得坚韧、刻苦，

乐要乐得心灵舒畅、高雅。这就要求不失张弛之道，其目的是为了更好地学习，更好地获得成果。

在佛陀众多的弟子中，有一个人很有慧根，他认为自己一定很快就能开解，于是急着要在他人之前体悟正果。没想到，因为这个想法，使得他太过心急，导致烦恼随之增多，烦恼一多，内心就无法平静，修行毫无进展，因此他心里对自己很是失望。

又是三个月过去了，他的修行还是没有进展。他沮丧地认为自己不能修成罗汉果位了。还不如还俗，在家当居士，也一样能拥护佛法。

于是，他便去跟佛陀表明心意。佛陀听了以后，也没说什么话，只是问："我知道你很精通乐器，在多种乐器中，你对琴有兴趣吧？"

"嗯，我对琴比较擅长，以前常常抚琴作乐。"这个弟子恭敬地答道。

"那好。我想你应该清楚乐器的原理，琴是靠弦线的弹奏才有声音，那么现在我问你，如果把弦调得很紧，还能够弹得出声音吗？"

"弦线不能调太紧，太紧弹出来的声音不好听，而且很容易断。"

"嗯，你回答得很好。那么我再问你，若把琴弦调得很松，会出现什么后果？"

"若把琴弦调得很松，也是不合适的，因为那样就弹不出声音了！"

听到这里，佛陀微微一笑，继续说道："你说得很好。那我现在想表达的意思就是，你现在的心就像绷太紧的琴弦一样，弹不出好乐音而且又快断了一般。琴弦应调得松紧恰恰好，这和修行的心一样，若过度精进，心太急则容易有法的执著；而太过放松，就容易堕落。修行应该像调琴弦一样，既要精进，又要休息，将两者结合起来，才会烦恼不侵，从而修成正果。”

修行就如琴弦，绷得太紧则易断，若是太松又弹不出声音，只有松紧适度才能够弹出美妙的乐曲。学习也是如此，不能够一味地绷紧自己脑中的那根弦，而是应该有适当的休息。

**【当下启示】**

古人云：“一张一弛，文武之道。”人做什么事情都万不可懈怠，但又要把握好一个度。既要努力学习，又要适当放逸，学会劳逸结合，让自己处于一种自然的状态，才是最好的状态。无论做什么事情既要专注，也要保持一颗灵动之心。正如运动员上场对阵比赛一样，即使有好的技法，倘若缺乏好的心理素质，也难以收到好的成效。

# 第三章　言行分寸

每个人都想成为一个能说会道、做事漂亮的人，但却并不是每个人都能如愿以偿。这是因为是否能说会道、做事漂亮主要表现在能否把握说话尺度和办事分寸上。恰当的说话尺度和适度的办事分寸是一个人获得社会认同、上司赏识、下属拥戴、同事喜欢、朋友帮助的有效手段。

# 宁默毋躁——说话之前要三思

**【原典重现】**

十语九中，未必称奇，一语不中，则愆尤骈集；十谋九成，未必归功，一谋不成，则訾议丛兴。君子所以宁默毋躁，宁拙毋巧。

**【译文释要】**

十句话中有九句都说得很正确，人们未必会称赞你，但是如果有一句话说得不正确，就会受到很多人的指责；十个谋略有九次成功，人们不一定会赞扬你的成功，但是如果有一次失败了，埋怨和责难的话就会纷至沓来。这就是君子宁可保持沉默也不浮躁多言，宁可显得笨拙也不自作聪明的缘故。

**【谈古说今】**

《礼记》云："君子道人以言而禁人以行，故言必虑其所终，而行必稽其所敝，则民谨于言而慎于行。"这就是告诫人们，在某些特殊的场合或特殊的情形之下，说话一定要深思熟虑，如果考虑的不成熟，宁可沉默，也切不可随意而发。

明朝吕坤的《呻吟语》中写道："世间事各有恰好处，慎一分者得一分，忽一分者失一分，全慎全得，全忽全失。"便道出了人生立足于世，其慎言慎行是多么的宝贵。倘若不分场合，信口开河，出言无度，不仅会得罪别人，也会给自己增添麻烦，从而陷入难堪的地步。

小朱正在主持婚礼。按照家乡风俗，新婚那天，新郎新娘要入席吃菜用饭，然后分桌敬酒。新郎新娘在众人簇拥下入席，各位来宾也分别入席，第一盘盛满喜糖和糕点的金色塑料盘，由一个帮忙的伙计端了上来。可是就在伙计把盘子放在喜桌上的时候，只听"咔嚓"一声脆响，盘子破裂了。宾客们听到刺耳的声音，

目光全扫了过来。不料端盘子的伙计不假思索地却脱口说出：“怎么是个破货？”这句话就像一声惊雷，被在场的人真真切切地听到耳朵里去了，气氛一下子紧张了。主持人小朱见此情景灵机一动，高声说：“大喜、大喜，这叫做破旧立新，岁岁平安。”一句话使得十分紧张的空气顿时又欢腾起来。

众所周知，洞房花烛夜，金榜题名时，这是人生最得意的事，是喜庆吉祥的日子，然而由于伙计躁言而出，致使欢乐高兴的气氛一下子被弄得个紧张沉闷，后来要不是主持人及时圆场，给伙计找了个台阶，可以想象，场景会多么尴尬呢？

隋朝著名将领贺若弼的父亲贺敦，在北周担任金州总管。当时朝中有个大臣，叫宇文护，飞扬跋扈，目空一切。贺敦经常在众人面前指责他的不是，宇文护于是借机诬陷，将他判处了死刑。贺敦临刑前，招呼儿子贺若弼上前，告诉他说：“我惨遭横祸，都是因为祸从口出，你不可不牢记这个教训。”说完，拿起锥子就刺贺若弼的嘴，直到出血为止，借以告诫他以后说话要小心谨慎。贺若弼最初还能牢记父亲血的教训，几次躲过杀身之祸。后来，他的功劳越来越大，而得到的封赏却不如别人多，他就牢骚不断，说长道短；最终，因私下与人议论隋炀帝奢侈，在六十四岁时惨遭杀害。

《呻吟语》中又说：“到当说处，一句便有千钧之力，却又不激不疏，此是言之上乘。除外，虽十缄也不妨。”其意就是教人要宁可默然，不出躁语，切不可逞一时口舌之能。这对人生有利而无害。

为此，在一定的场合中，说话必须三思。须知，多一分思考，少一分粗莽；多一分慎重，少一分是非。这既是一个人的涵养，也对人生有很大益处。可以说，“宁默毋躁，宁拙毋行”，永远是为人立身处世的良好明训。

羊祜是魏末晋初时期的贤臣良将，西晋的开国元勋。

当时，曹魏统治阶级内部正进行着争夺最高权力的斗争，主要是在曹氏集团与司马氏集团之间展开的，羊祜由于与斗争的双方都有姻亲关系，处于夹缝之中。羊祜不愿意卷入到漩涡之中，所以就采取了回避态度。大将军曹爽和太尉司马懿争斗之时，羊祜与王沈一起被曹爽征辟，羊祜虽然年轻，但很有政治头脑，他判断曹爽终将不是司马懿的对手，因而拒绝。后来，在司马氏执政的西晋时期，他官居要职，掌握着机要之权，朝廷很多政治事件的斟酌损益，都要征询他的意见，但是他从不钻营谋求权势利禄，他的好多嘉谋谠议，草稿都焚毁了，因而世无知者。他所推举荐拔的人，连本人都不知是谁荐举的。羊祜曰："不能举贤取异，岂得不愧知人之难哉！且拜爵公朝，谢恩私门，吾所不取。"所以羊祜死后，普天皆哀，连晋武帝也亲着丧服痛哭。

羊祜很有头脑，因而在曹爽征召之时能够清醒认识到其不足而加以拒绝；对于朝廷大事，他谨之慎之，推荐人才也默居幕后，可谓是谨言慎行的典型代表。因此，终其一生都受到重用。所以说，谨言慎行，是安身立命之道。

**【当下启示】**

在纷繁复杂的社会中，种种关系扑朔迷离，种种现象错综多变，尤其在人际交往中，嫉贤妒能的情形并不在少数。当你所说的话中，十句对了九句，未必有人对你赞誉称奇，可是你说错了一句，往往会受到种种指责。所以，在某些特殊的场合或情形下，说话一定要深思熟虑，要像收紧的小口袋那样，将想表达的意思好好地组合成合适的语言，且用合适的语气表达出来，如果考虑的不成熟，宁可沉默，也切不可随意而发。

## 言简意赅——言多必失，说话要适度

**【原典重现】**

言语减，便寡愆尤；思虑减，则精神不耗；聪明减，则混沌可完。

【译文释要】

少说一些闲话，能避免很多口误；少去考虑一些不必要的问题，能避免精神的损耗；少卖弄一些小聪明，能保持纯真的本性。

**【谈古说今】**

俗话说，言多必失。闲话多，废话多，难免胡言乱语，由此，也必招人厌。一个人的良好心境在于不要去胡思乱想，不要为俗事的欲念丧失纯真的本性。聪明固然是造物者的一大恩赐，但是假如聪明过度，反而会危害自身，聪明反被聪明误说的便是这个意思。

顾及场合，就是有些话在彼处能说，在此处则不能说，违反这一原则，必然会在尊重上失去偏颇，让人产生不悦或恼怒，也会显出自身的低俗。古人说“买货看颜色，说话分场合”，讲的就是这个道理。比如关于个人之间的一些私事，就不宜在公众场合提及。

不管对方是你的新朋友还是老朋友，都应注意这一点，因为人多嘴杂，你提出私事可能不方便，也有可能不适时宜，也可能上不了台面，只有在私下说才合适。要知道，你在公众场合所提私事，别人也不好直接答复你，由此，也就成了闲话和废话了。

有些人在公众场合，不理解别人所处的境地，而只顾提自己的私事，有时不慎还会说出不应该说的话。这不仅不利于交友办事，还有可能产生不利的影响，甚至丢掉性命。

明太祖朱元璋出身寒微，做了皇帝以后自然少不了有昔日的穷哥儿们到京城找他。

有位朱元璋儿时的好友，千里迢迢从老家凤阳赶到南京，几经周折才进了皇宫。一见面，这位穷哥儿们便当着文武百官大声嚷起来：

“老四，你当了皇帝可真威风啊！还认得我吗？当年我们一块儿光着屁股玩耍，你干了坏事都是让我替你挨打。有一天我们在芦花荡里，把偷来的豆子放在罐里煮。还没等煮熟，大家就抢着吃，把罐子打破了，撒了一地的豆子，汤都泼在泥地里。你只顾从地上抓起豆子吃，却不小心把红草叶子也送进嘴里。还是我出的主意叫你吞下青菜叶，才把红草叶子带下肚子里去……”

这位穷哥儿们还在喋喋不休唠叨个没完，朱元璋再也坐不住了，下令把这个穷哥儿们杀了。

什么场合说什么样的话是非常重要的，所产生的效果也是不一样的。

同样，另一个和朱元璋在小时候玩耍，一起偷豆子煮着吃的人，不是在公众场合，而是私下拜见朱元璋，见面的时候，他说：

“我主万岁，当年微臣随驾为荡庐州府，打破罐州城，汤元帅在逃，拿住豆将军，红孩儿当关，多亏菜将军。”

朱元璋听他说得中听，心里很高兴。细想起来，隐约记得他的话里包含从前的事情，所以就封了个御林军总管。这位嘴乖心巧的昔日朋友用几句简明的话语就做起大官来。

什么场合说什么样的话是非常重要的，所产生的效果也是不一样的。两个人说的是同样一件事，一个人却因为自己言辞不当而惹怒了朱元璋，惨遭杀身之祸；另一个人却能够含蓄委婉的表达意思，即保住了朱元璋的颜面，又诉说清了当年的事迹，自然令朱元璋心中欢喜。由此可见，言简意赅，注重场合说话是多么重要。

文学大师高尔基曾说：“简约的语言中有着伟大的哲理。”闲话、废话多了，在任何时候任何地方都没什么好处。

小张是搞文学创作的，虽然本身的水平并不怎么样，但是他的那张嘴巴却是

许多朋友所公认的废话连篇的楷模。无论什么话只要一开了头，他便会给你来一番洋洋洒洒的长篇大论，别人根本插不上半句。于是朋友们一听到小张的声音便条件反射般地皱起眉头，最后给他送了个“大师”的绰号。在所有朋友们中间，小李算是比较有耐心的一个。

有一次“大师”的一个电话却让小李的耐心全失。其实所要说的事只要一两句话便可说明：他写了一篇稿子，小李看完后说不行，建议他再修改一下，可他没听，很自信地送到了杂志社，最后果然没发表。于是他骗小李，向他解释稿子没发表的原因。

“我的这篇稿子本来是要发表的，已经讲好了，可是情况突然有了改变，上午还说发的，到下午变了。主要是因为……”接着便是近十分钟的解释。小李开始还耐着性子听他的解释，虽然明知他的稿子之所以没发的真正原因，但是为了照顾朋友的面子，没有反驳他。但是眼看着时间在一分分地过，电话费也在三毛三毛地涨，最重要的还是小李的一个约会时间已到，于是小李再也忍耐不了了，只好打断他的话，急忙挂断了电话。

其实这件事根本不需要解释，即使解释也只不过是两句话的事：“因为情况有了变化。稿子没有发。”如此而已，一分钟内便可解决。可是小张竟用了十几分钟，最终仍没有将问题真正说清。就算是比小李更有耐心的人，也不会忍受得了的。

所以在应酬中，交谈的话宁简勿繁、宁精勿滥，特别是在电话应酬中，更应该注意掌握时间。掌握好交谈的时间，给对方留有余地，同时给对方以发言的机会，你便会在应酬中赢得主动。

时间对于现代人来说，真可谓是千金一刻，“时间就是金钱”的口号也早已为人们所接受。所以现代人对时间的重视，与对金钱的重视几乎可以划上等号。在现代应酬中，几乎没有人愿意听某一个人滔滔不绝地论东论西，口若悬河。但是交谈又是应酬中必不可少的一个重要部分，如果没有了交谈，也就不存在应酬了。人们正是通过交谈，才达到互相了解，互相亲近的。不过问题是，你将如何去把握交谈。

所谓把握交谈，一是指把握交谈的方式，二是把握交谈的时间。

把握交谈的方式，往往是应酬成功与否的关键。选择一个好的交谈方式，往往会让交谈双方都感到轻松愉快，于心情舒畅之中解决所要解决的问题。在把握好方式的同时，对交谈的时间的把握则尤为重要。每一次应酬之前，都必须对本次交谈做到心中有数，该谈哪些话，不该谈哪些话，心里要有一本账，不要坐下之后，一谈起来便滔滔不绝，没完没了，这样会使人对你生厌。柏拉图曾经告诫他的弟子说："拖泥带水的谈论，会让人对你产生厌倦。"这说明在应酬时，谈话应当以得体而简洁为好。一旦让人产生厌倦感，不仅不能达到应酬的目的，还很可能适得其反。

**【当下启示】**

虽然说话是人与人之间构建感情的纽带，架接事务的桥梁，但绝不能忘却"适度"二字。适度就是要求一个人说话要简洁，要中听，要顾及场合。简洁的语言，通俗明快，它能产生"片言以居要，一目能传神"的效果。正如语言大师们所说：言不在多，达意则灵。中听，就是说话要契合人的心意，倘若不是针锋相对的辩论，那些刺激话的语言，或者有损于对方自尊的话最好还是不要说。

# 守口应密——信口闲话不宜多说

【原典重现】

口乃心之门，守口不密，泄尽真机；意乃心之足，防意不严，走尽邪蹊。

【译文释要】

口是心灵的大门，假如大门防守不严，内中机密就会全部泄露；意志是心的双脚，意志不坚定，就可能会像跛脚一般走入邪路。

【谈古说今】

人际交往中不仅需要有守口如瓶的戒意，而且更要注意语言的艺术美。

人们要善于“守口”，而“守口”也是需要意志来磨炼的。所谓守口如瓶，就体现出一个人的控制能力。能够做到善于“守口”，想必也就能够做到该言则言，不该言的则绝不会乱说。

世上有许多事都隐含着机密，做不到守口如瓶，就难免招惹是非。即使有百分之百的把握，也不能在言谈或任何行动上表现出来。做事必须注意“隔墙有耳，守口如瓶”。守口是需要意志来磨炼的，因为用说话来表达思想、表现才能本是人的一种需求，由好说到守口如瓶，没有控制自己的坚强意志的能力很难做到。

公元 219 年，曹操出兵汉中进攻刘备，被困于斜谷界口，欲要进兵，被马超拒守，欲收兵回朝，却又恐被蜀兵耻笑，心中犹豫不决。正巧，厨师进鸡汤。曹操见碗中有鸡肋，因而有感于怀。正沉吟间，大将夏侯惇入帐，禀请夜间口号。曹操就随口答道：“鸡肋!鸡肋!”于是夏侯惇就传令众官，都称“鸡肋”。行军主簿杨修见传“鸡肋”二字，便教随行的军士收拾行装，准备归程。有人将此事报

知给了夏侯惇。夏侯惇大惊，赶紧将杨修请至帐中问道：“公何收拾行装?”杨修说：“从今夜的口号来看，便可以知道魏王不久就要退兵回国。鸡肋，吃起来没有肉，丢了又可惜（食之无味，弃之可惜）。现在，进兵不能胜利，退兵又恐人耻笑，在这里没有益处，还不如早日回去，来日魏王必然班师还朝。所以我先行收拾行装，免得到时慌乱。”夏侯惇说：“您真是明白魏王的心事啊!”就也收拾行装。于是军寨中的诸位将领都开始收拾行装，准备回去的事物。曹操得知之后，便传唤杨修问他，杨修用鸡肋的意义回答。曹操大怒道：“你怎敢造谣生事，乱我军心?!”便喝令刀斧手将杨修推出去斩了。

民谚说得好：一人不开口，神仙难下手。杨修自作聪明，口无遮拦，最终导致自己被曹操所杀。由此可见，“祸从口出”，古人诚不欺我！

**【当下启示】**

俗话说：“病从口入，祸从口出。”由此可见，嘴对于我们的身家性命是何等的重要。所以，古人才会有“守口如瓶”、“沉默是金”的说法。为人处世，信口闲话不宜多说，就算心中明白也不见得一定要说出来。

# 潜移默化——言语委婉更易为人所接受

**【原典重现】**

善启迪人心者，当因其所明而渐通之，勿强开其所闭；善移风化者，当因其所易而渐反之，勿轻矫其所难。

**【译文释要】**

善于启迪人心的人，应当借助人心中已经证明了的地方渐渐地启发开导他，不要生硬地打开心中一时还想不通的地方；善于改变世风的人，应该先从容易改变的着手逐步使它改变，不要轻易地改变其中难以改变的陋习。

**【谈古说今】**

说话的方式有多种，比如直言不讳、迂回曲折、正话反说、潜移默化、察言观色，等等。其目的只有一个，就是力求使自己表达的观点嵌入对方的心中，并为其接受。而不同的情形下，采取不同的说话方式所取得的效果是绝对不一样的。为此，说话应根据不同的情形，该直接时直接，该婉转时婉转。如果一味的直言就不可取了，因为不适当的直言如同反面说话一样，是一种消极和否定的语言暗示，不是使人低触反感，就是使人顾虑重重，增加心理压力。在很多情况下，潜移默化，婉转表达，不失为一种尊重之中便于接受的良法，它能使人回荡着春风宜人之感。

虽说是“忠言逆耳利于行”，但一般情况下人们大多是不喜欢听“逆耳”之言的，就是一些有理性认识的人，也往往会在“逆耳”中产生反感情绪。

可以说，就连再开明的领导其实在内心里也不会欢迎太直白的“逆耳”言词；即使你的意见非常中肯，他对这样的进言方式也会不满。为此，潜移默化不失为一种良好启迪的途径。

在第二次世界大战期间，斯大林在军事上最倚重的人有两个，一个是军事天才朱可夫，一个则是苏军大本营的总参谋长华西里耶夫斯基。

众所周知，斯大林在晚年逐渐变得独裁，“唯我独尊”的个性使他不允许世界上有人比他高明，更难以接受下属的不同意见。在“二战”期间，斯大林这种过于“自我尊严”曾使苏联红军大吃苦头，遭到本可避免的巨大损失和重创。一度提出正确建议的朱可夫曾被斯大林一怒之下赶出了大本营。但有一人例外，他就是华西里耶夫斯基，他往往能使斯大林在不知不觉中采纳他的正确的作战计划，从而发挥着杰出的作用。

华西里耶夫斯基的进言巧妙之一，便是潜移默化地在休息中施加影响。在斯大林的办公室里，华西里耶夫斯基喜欢同斯大林谈天说地的“闲聊”，并且往往“不经意”地“顺便”说说军事问题，既非郑重其事的大谈特谈，讲的内容也不是头头是道。但奇妙的是，等华西里耶夫斯基走后，斯大林往往会想到一个好计划。过不了多久，斯大林就会在军事会议上宣布这一计划。于是大家都纷纷称赞斯大林的深谋远虑，但只有斯大林和华西里耶夫斯基心里最清楚，谁是真正的发起者，谁是真正的思想来源。

斯大林晚年的独行专断可以说是达到了一定的程度，而华西里耶夫斯基之所以还能够不断地让斯大林接受自己正确的作战计划，就是因为他利用自己的特殊身份，不直接发表不同意见，而是在和斯大林的闲聊中“不经意”地流露出自己的一些“想法”，用这些想法潜移默化地影响斯大林的军事观念，使他在受到启发后自然而然地作出正确的决策。

**【当下启示】**

潜移默化是顾及对方自尊、避免对方逆反或引起冲突的良好方法，它能在不露痕迹中达到进言的目的。这对于帮助他人启迪心智和建立良好的人际关系，往往起着不可替代的作用。

# 不犯蜂虿——触犯小人，祸及自身

【原典重现】

士君子处权门要路，操履要严明，心气要和易，毋少随而近腥膻之党，亦毋过激而犯蜂虿之毒。

【译文释要】

有学识的人处于有权势的重要地位时，节操品德要刚正清明，心地气度要平易随和，不要放松自己的原则，与结党营私的奸邪之人接近，也不要过于激烈地触犯那些阴险之人而遭其谋害。

【谈古说今】

孔子曾说过："唯小人与女子难养也，近则不驯，远则怨。"意思就是说，对待小人，好与不好都不行，因为你对他好了，他就显得桀骜不驯；你疏远他了，他又会埋怨你。埋怨倒也罢了，不择手段地陷害你那才叫可怕呢！

司马光认为无才无德的愚人危害是有限的，而有才无德的小人就不同了："小人智足以遂其奸，勇足以决其暴，是虎而翼则也，其为害岂不多哉！"

小人行事既无道德可言，亦无底限可说。为了一己之私，小人可以践踏任何规则，逾越所有防线。说瞎话，进谗言，搞阴谋，不择手段才是他们的强项。君子斗不过小人，主要原因就是，君子在乎道德人格，而小人却是全然不顾的。

汉元帝懦弱无能，宠信宦官石显，一切唯石显是听。朝中有个郎官，名京房，字君明，东郡顿丘人。他精通易学，擅长以自然灾变附会人事兴衰。鉴于石显专权，吏治腐败，京房制订了一套考课吏法，以约束各级官吏。元帝对这套方法很欣赏，下令群臣与京房讨论实施办法。但朝廷内外多是石显羽翼下的贪官污吏，考核吏法，就是要惩治和约束这些人，他们怎能同意推行呢？京房心里明白，不除掉石显，腐败的吏治不能改变。于是他借一次元帝宴见的机会，向元帝一连提出七个问题，历举史实，提醒元帝认清石显的面目，除掉身边的奸贼。

可事与愿违，语重心长的劝谏并没有使元帝醒悟，丝毫没有动摇元帝对石显的信任。

既然考核吏法不能普遍推行，元帝就令京房推荐熟知此法的弟子作试点。京房推荐了中郎任良、姚平二人去任刺史，自己要求留在朝中坐镇，代为奏事，以防石显从中作梗。石显早就把京房视为眼中钉，正寻找机会将他赶出朝廷。于是，趁机提出让京房作郡守，以便推行考核吏法。元帝不知石显用心，任京房为魏郡太守，在那里试行考核吏法。郡守的官阶虽然高于刺史，但没有回朝奏事的权利，还要接受刺史监察。京房请魏郡太守不隶属刺史监察之下和回京奏事的特权，元帝应允。京房还是不放心，在赴任途中三上密章，提醒元帝辨明忠奸，揭露石显等人阴谋诡计，又一再请求回朝奏事。元帝还是听不进京房的苦心忠谏。一个多月后，石显诬告京房与其岳父张博通谋，诽谤朝政，归恶天子，并牵连诸侯王，京房无罪而被下狱处死。

京房死后，朝中能与石显抗衡的唯有前御史大夫陈万年之子陈咸。此时陈咸为御史中丞，总领州郡奏事，负责考核诸州官吏。他既是监察官，又是执法官，可谓大权在握。况且陈咸正年轻气盛，无所畏惧，才能超群，刚正不阿，曾多次上书揭露石显奸恶行为，石显及其党羽皆对他恨之入骨。在石显指使下，群奸到处寻找陈咸过失，要乘机除掉他。

陈咸有一好友朱云，是当世经学名流。有一次，石显同党少府五鹿设坛讲《易》，仗着元帝的宠信和尊显的地位，没有人敢与他抗衡。有人推荐朱云。朱云因此出名，被元帝召见，拜为博士，不久出任杜陵令，后又调任槐里令。他看到朝中石显专权，陈咸势孤，丞相韦玄成阿谀逢迎，但求自保。朱云便上书弹劾韦玄成懦怯无能，不胜任丞相之职。石显将此事告知韦玄成，从此韦与朱结下仇恨。后来官吏考察朱云时，有人告发他讥讽官吏，妄杀无辜。元帝询问丞相，韦玄成当即说朱云为政暴虐，毫无治绩。此时陈咸恰好在旁，便密告朱云，并代替他写好奏章，让朱云上书申诉，请求呈交御史中丞查办。

然而，石显及其党羽早已控制中书机构，朱云奏章被仇家看见并将其交给石显。石显批交丞相查办。丞相管辖的官吏定朱云杀人罪，并派官缉捕。陈咸闻知，又密告朱云。朱云逃到京师陈咸家中，与之商议脱险之计。石显密探查知，马上报告丞相。韦玄成便以执法犯法等罪名上奏元帝，终将陈、朱二人拘捕下狱，判处服苦役修城墙的刑罚，除掉了两个心腹大患。

京房、陈咸、朱云等人，虽刚正不阿，无所畏惧，但是却过于偏激，总想着能够将石显等人一网打尽，最终却被这些小人所害。若是他们能够明了“操履严明，亦毋偏激”的道理，就不会落得如此下场了。

【当下启示】

阴险小人，每个时代、每个地方都有，这种人常常是一个团体纷扰之所在，他们的造谣生事、挑拨离间、兴风作浪都很是令人讨厌，所以有些人对这种人不但敬而远之，甚至还抱着仇视的态度。仇视小人固然能表现出你的正义，但这并不是保身之道，反而凸显了你的正义的不切实际。

# 行事适宜——行事得当，不偏不过

**【原典重现】**

处世不宜与俗同，亦不宜与俗异；做事不宜令人厌，亦不宜令人喜。

**【译文释要】**

为人处事既不要同流合污陷于庸俗，也不故作清高、标新立异；做事情不应该使人产生厌恶，也不应该故意迎合讨人欢心。

**【谈古说今】**

每个人都是社会群体中的一分子，也是社会舞台上的一个角色。要使自身的角色能演绎得好，能较好地融注于这个舞台之上，就必须掌握一定的为人处世之准则。那么，这个为人处世的准则到底是什么呢？也就是《菜根谭》中所言“处世不宜与俗同，亦不宜与俗异；做事不宜令人厌，亦不宜令人喜。”也就是说，为人处世既不能盲目追随他人，同流合污，也不能故意标新立异，与众不同；又不能过分清高惹人讨厌，更不能媚态十足取悦他人。这实际上就是如何把握为人处世的尺度问题。

那么，在与人交往中，就需要注意言行，做到分寸有度、举止得体。尤其在他人眼皮之下，切不可为讨好某些权势之人而过于溜须拍马。因为有时过分的媚态和殷勤往往会让旁边的人下不了台，由此，在你得到宠幸的同时，也会在别人的心里埋下仇恨的种子。当情形发生一定变化时，很可能就是你厄运降临的时候了。

李斯在历史上似乎一直是正面人物，一是他在辅助秦始皇建立千古第一大帝国方面起了巨大作用，对秦王朝和整个历史而言，他是有功的；二是后来他一家人死于赵高之手，人们总是同情弱者的。但在大秦帝国的掘墓人中，赵高固然是始作俑者，李斯却也难逃干系。

李斯是楚国上蔡人，年轻时，托关系在郡里从事抄抄写写的工作。有一天，李斯蹲在厕所里方便，发现生活在厕所里的老鼠们只能吃粪便，而一旦有人来或狗进来，就吓得惊慌失措四处逃窜。一会儿他恰好到官仓办事，发现生活在官仓里的老鼠一个个悠然自在地吃着上等的粮食，既没有狗来咬它们，人来了也无动于衷。李斯因而感慨万分：大家都同为老鼠，只是由于所处的环境不一样，命运真是天壤之别呀。一个人成为别人羡慕的成功人士或是被人讥笑的失败者，也和老鼠们的境遇是一个道理。

这位年轻的后生决定要做一只官仓里的成功老鼠。他当即向长官辞职，因为他深知，在这种科员的位置上哪怕干上八辈子也是没有前途的。

李斯辞职后，投奔了当时全中国最有名气的大学者荀子，学习帝王治国之术。

学成之后，李斯审时度势地看到，楚国虽是自己的父母之邦，却早已江河日下，其他几个国家也不足与之为谋，唯有西边的秦国正如日中天，于是打起背包就投到了秦相吕不韦门下。

在秦国，李斯果然一步一个脚印，慢慢就从吕不韦门下混碗稀饭的舍人，混到了最高法院大法官(廷尉)。随着东方六国一个个烟消云散，李斯也升到了一人之下万人之上的地位——首相(丞相)。

秦始皇在旅行途中突然去世，这是帝国最大的变故和最重要的机密。李斯以行政第一长官的身份认为，现在车驾还在回咸阳的途中，皇上已去世，太子却没有即位，如果一旦将这个消息散发出去必然会引起一小撮别有用心的人的骚动。于是，秦始皇去世的消息只限于包括李斯、赵高和胡亥等五六个人知道的范围内。

秦始皇的尸体被放置在他一直乘坐的温凉车上，为了掩盖尸体可能发出的臭味，秦始皇的坐驾后面紧跟了一辆装满咸带鱼和鲍鱼之类水产的车。秦始皇每天要吃的饭，也照常由侍者送入车内，再由胡亥等人趁人不注意时拿出来倒掉。文武百官要上奏的，照例由李斯在一旁代为处理。

赵高在说动了胡亥动手政变后，下一个必须说服的人就是李斯。没有李斯的

援手，一切都只是镜中花水中月。

赵高真不愧是一流的鼓动家，天生就具有煽动性。他对李斯说：“您知道，皇上去世了，写了一封遗书给长子扶苏，要他回咸阳主持丧事，继位为君。但这封信还没有送走，皇上就去世了，除了我以外，还没有任何人知道这件事情。现在，这封信和皇上的印章都在我手里，让谁当太子继承皇位，也就是你我二人的事了。您觉得我们该怎么办呢？”

李斯政治觉悟还是有一些的，不然也不可能爬到那么高的位置。他当即正色道：“你哪里来的这种亡国之言？这种事是我们当臣子的人可以讨论的吗？”

赵高这位演说家和鼓动家，最善于干的事就是捏住别人的软肋做思想工作，他不慌不忙地向李斯说：“丞相啊，你还是自我掂量一下吧。论才能，你能与蒙恬相提并论吗？论功劳，你能与蒙恬不分高下吗？论谋略，你能与蒙恬一比高低吗？论人心，你能与蒙恬并驾齐驱吗？论和即将继位的扶苏的关系，你能赶得上蒙恬吗？”

这五个问题也是李斯经常为之苦恼的，蒙恬作为名将和皇长子扶苏的心腹的存在，必定是他心中难以抹掉的阴影。李斯回答：“这五者我都不如蒙恬。”

赵高进一步说：“我在内宫之中管事二十多年了，从没见到过有哪位丞相级别的高级官员得到过善终，一朝天子一朝臣，都没有能经历过两代的。皇上有二十多个儿子，长子扶苏为人刚毅正直，深得人心，一旦他真的成为天子，肯定会启用和他私交甚好关系很铁的蒙恬代替你。你只能告老还乡，郁郁而终罢了。而皇上幼子胡亥是我的学生，此人礼贤下士，轻财重义，完全有人君的风范，要是你肯在关键时刻帮他一把，他难道不知恩图报？”

李斯虽然内心有着太多的阴影，毕竟还是一位恪尽职守的好公仆，可能此前从来就没有想到过要背弃秦始皇遗诏另立新君。他引述历史，想反过来说服赵高：“我听说晋国因废立太子之故，造成国家三代不得安宁；齐桓公兄弟争夺继承权，闹得祸起萧墙；商纣王杀兄屠叔，弄得国破家亡。这三者都是前车之鉴，我李某如何敢违背先帝的旨意，参与这种非人臣所为之事呢？”

赵高可不吃这一套以古喻今的说法，他厉声道：“当今的大权即将操作在胡亥手里，你如果识时务的话，自然免不了继续荣华富贵，泽被子孙；反之，完全可能落个家破人亡的结局。”

李斯知道赵高的这番话可不是威胁，呆了，“仰天而叹，垂泪叹息”，说：“天啊，我李斯生逢乱世，既然不能以死来报答先帝，我的命运又将托付到哪里呢?”

其实，在李斯这声愧对先帝的叹息中，他已经与赵高和幕后的胡亥同流合污，一同结成了秦帝国的掘墓同盟。而大秦帝国的朗朗乾坤，也蒙上了越积越重的阴霾。

虽然历史上对李斯本人的评价多为正面，但不可否认的是，他虽助秦始皇统一了天下，但却也因为赵高的威逼利诱而与其同流合污，最后使得秦国走上了灭亡的道路。所以说，处世一定要把握行事的尺度，不能与小人同流合污，但同时，也要凭借自己的经验和智慧尽量避免小人的打击排挤和威逼利诱。

【当下启示】

把握处世行事的尺度是很难的，因为这既需要良好的道德水准，还要有丰富的人生历练经验作为基础。不同流合污是对的，但还要尽量避免小人的打击排挤和威逼利诱。不与小人同流合污，就像是浪和水的关系，同是一个性质，但表现形态不同，在相容的情况下，保持各自的样子。

## 忧勤勿过——尽心尽力但不要太过操劳

**【原典重现】**

忧勤是美德，太苦则无以适性怡情；澹泊是高风，太枯则无以济人利物。

**【译文释要】**

尽心尽力地做事是一种美好的德行，但太过于劳苦就不能使性情得到欢愉和快乐；恬静无为是一种清高的情操，但不近人情就不能有助于人、有利于物。

**【谈古说今】**

在禅宗六祖慧能的公案中，有一首非常有名的偈子：“菩提本无树，明镜亦非台，本来无此物，何处惹尘埃。”人们对于自己的分内之事，当然必须全力以赴地区完成，但是对于自己的天赋本真，也必须加以保全，如果“太苦”或“太枯”，反而没有什么旨趣可言。

勤于做事，忙于事业是美德，是一种敬业的精神，但如果陷于事务圈中而不能自拔，因无谓的忙碌而心力交瘁失去自我就不足取了。人们对于任何事物，都不应该过分执著，执一己的偏见或过于热情都是不当的，而应以淡泊的态度减免自身的私欲。人假如能有淡泊名利的思想，自然心境也就自然平静清凉，无忧无虑、飘逸潇洒。但也不要走极端，若是过分轻视世间的功名利禄，而忘记自己对社会的责任，忘记人间冷暖以至于自我封闭，就会被人误认为缺乏匡世救人的精神，甚者演变为不管旁人而自私自利，就会被人视为没有公德没有责任感甚至有害于社会，因而被社会大众所唾弃。

诸葛亮是三国时期蜀国的丞相，观他一生，可谓一完人、奇人。诸葛亮出仕为臣，对刘备父子忠贞不贰，治国治军兢兢业业、呕心沥血；涉猎广泛，博学多才，不论政治、军事、文化还是阴阳五行、天文地理，他简直无所不知无所不晓。但是，诸葛亮虽有智慧，但却喜欢事无巨细、事必躬亲。

陈寿在《三国志·诸葛亮传》中对诸葛亮的评价中有一句话说诸葛亮“事无巨细，亮皆专之”。《三国志·诸葛亮传》中说：“建兴元年，封亮武乡侯，开府治事。倾之，又领益州牧。事无巨细，咸决于亮。”《魏略》里还说：“亮亦以禅未闲于政，遂总内外。”是说，诸葛亮以为刘禅不熟悉治理国家，所以内外之事都承揽了下来。

凡有重大军事行动，诸葛亮无不率军亲征，直至其身死五丈原。建兴三年，诸葛亮率众南征孟获时，丞相长史平阳侯王连就劝诸葛亮不要亲征，虽然诸葛亮有所犹豫，但最后还是率军亲往。建兴五年，率军北驻汉中，开始长达十二年的伐魏战争。此期间，大小战事，诸葛亮无不亲自谋划、亲自指挥，胜负之间，殚精竭虑，既展现了诸葛亮的雄心大志、耿耿忠心，又说明了诸葛亮的事无巨细，事必躬亲。

据《魏氏春秋》记载，建兴十二年春，诸葛亮率军由斜谷出，占据五丈原，与司马懿对垒。相持百余日，双方有使者来往。一次，诸葛亮使者至，司马懿问其诸葛亮的起居及其管多少事多大的事。使者回答说：“诸葛公夙兴夜寐，罚二十以上，皆亲揽焉；所啖食不至数升。”司马懿说道：“食少事烦，其能久乎?”果然，八月，诸葛亮就病故于五丈原。

蜀汉刘关张先后去世，余下老的老小的小，诸葛面对“蜀中无大将，廖化作先锋”的局面也只能如此。其实诸葛亮早就该将他的工作重点放在后续人才的培养方面，除了培养姜维那样的战略接班人，更重点培养一批能够做执行工作的高素质人才，纵然“亮之器能政理，抑亦管、萧之亚匹也”又如何呢？你不能自以为普天之下舍我其谁！江山代有人才出，各领风骚数百年。

诸葛亮感激刘备对自己的识遇之恩，忠心耿耿、兢兢业业，虽然是好的，但是他毕竟不是神，“事无巨细、事必躬亲”，间接导致他身死五丈原。所以说，“忧勤勿过”是有道理的。

**【当下启示】**

凡事尽心尽力固然是好的，但若是过于操劳、事必躬亲，就会令自己身心疲惫；清静无为故固然是一种清高，但若是因此而不近人情，那么既对他人无所帮助，又对事物没有好处。这两者都是“太过”，不宜为之。

# 化诲其顽——批而不露，婉转点击

**【原典重现】**

人之短处，要曲为弥缝，如暴而扬之，是以短攻短；人有顽固，要善为化诲，如忿而疾之，是以顽济顽。

**【译文释要】**

对于他人的不足之处，要想办法为人家掩弥短处，故意暴露宣扬，那就是用自己的毛病去攻击人家的毛病；对于别人的执拗，要善于诱导教诲劝解，因为他的固执而愤怒或讨厌他，不仅不能使他改变固执，还等于用自己的固执来强化别人的固执。

**【谈古说今】**

世界上绝对完美的人是没有的，绝对不犯错误的人也是没有的。错误有大有小，有轻有重，终难避免。这就要求人们应正确地认识自身与他人。一旦发现别人某些缺点，不可当作新闻到处宣扬。须知，有意识地宣扬别人的缺点，这种行为本身就是一大缺点。假如对他人的缺点，四处宣扬，唯恐无人不知，不仅是对他人自尊的伤害，也绝对意味着自身的浅薄。当然这并不是说对别人的缺点要视若不见，一味隐瞒，而是应该本着帮助他人的善意心理，加以规劝，婉转点击。原典中的“曲”，指婉转，含蓄；“弥缝”，弥补，掩饰；“暴”，暴露，揭发之意。

“人之短处，要曲为弥缝”，“人有顽固，要善为化诲”，就是要求我们针对别人无意中所犯的错误，要掌握艺术的处理方法，其中说话的艺术便是关键。它既显出一个人的能力和修养，也往往决定着转化他人缺点的良好效果。尤其当领导的对此应更为注重。

战国时期，梁国与楚国交界，两国在边境上都各设界亭，亭卒们也都在各自的地界里种了西瓜。

梁亭的亭卒勤劳，锄草浇水，瓜秧长势极好，而楚亭的亭卒懒惰，不事瓜事，瓜秧又瘦又蔫。与对面瓜田的长势简直不能相比。楚亭的人觉得失了面子，有一天乘夜无月色，偷跑过去把梁亭的瓜秧全给扯断了。梁亭的人第二天发现后，气愤难平，报告给边县的县令宋就，说："我们也过去把他们的瓜秧扯断好了！"宋就回答说："楚国人这样做当然是很卑鄙的，可是，我们明明不愿他们扯断我们的瓜秧，那么为什么再反过去扯断人家的瓜秧？别人不对，我们再跟着学，那就太狭隘了。你们听我的话，从今天起，每天晚上给他们的瓜秧浇水，让他们的瓜秧长得好，而且，你们这样做，一定不可以让他们知道。"梁亭的人听了宋就的话后觉得有道理，于是就照办了。楚亭的人发现自己的瓜秧长势一天好似一天，仔细观察，发现每天早上地都被人浇过了，而且是梁亭的人在黑夜里悄悄为他们浇的。楚国的边县县令听到亭卒们的报告后，感到十分惭愧又十分敬佩，于是把这件事报告了楚王。楚王听说后，也感于梁国人修睦边邻的诚心，特备重礼送梁王，既示自责，亦以示酬谢，结果这一对敌国成了友好的邻邦。

从这个故事可以看出，"弥缝人短，化诲其顽"的核心是用以己度人、推己及人的方式处理问题。这样可以造成重大局、尚信义、不计前嫌、不报私仇的氛围，以及双方宽广而又仁爱的胸怀。

**【当下启示】**

在当今社会中，我们不妨按照"弥缝人短，化诲其顽"的原则，反求诸己，推己及人，这样往往会有皆大欢喜的结果。反求诸己，易入情，由情入理，自然生羞恶之心而知义，辞让之心而知礼，是非之心而知耻。有些人不懂推己及人的道理，往往毫无顾忌地把苦恼转嫁到旁人身上。以这种方式处世，走到哪里，被人骂到哪，真正是既损人又损己。

# 多栽桃李——良言一句三冬暖

【原典重现】

多栽桃李少栽荆，便是开条福路；不积诗书偏积玉，还如筑个祸基。

【译文释要】

多培养桃李少栽种荆棘，这是开辟一条通往幸福的道路，不重视知识的积累，却一心贪念于玉器珠宝，这如同埋下了灾祸的根基。

【谈古说今】

人们需要赞美犹如种子需要阳光，一句简单的赞美之言，即可以给他人以振奋鼓舞，也可以更好地融合人与人之间的情感。“多栽桃李少栽荆”，从一定角度来说，就是劝导我们要善于赞美，多说一些表扬激励的话，少说一些讽刺挖苦的话。每一个懂得艺术赞美的人都会意识到赞美对于给予者与接受者会有同样的快乐，就如画家、音乐家以给人创造美感为快乐一般，它给人温暖，令这个纷繁的世界充满了欢乐。

“不积诗书偏积玉，还如筑个祸基”，是说知识是十分宝贵的，一个人如果不懂得用知识来充实自己，而一心贪财念物，势必浅薄虚浮，缺乏发展远景，这就如同埋下了隐患。须知，知识是人的宝贵财富，文化是人的精神脊梁，只有知识的不断积累、进步、才能不断开阔人们的视野，并有力地推动一个人开拓更绚丽多彩的人生。

无论在什么情况下，良言美语都是令人愉快，并能使自己摆脱窘境的一种绝妙的方法。其功效有时还足以让蛮横骄纵者退让三分。

《南亭笔记》中有这样一个故事：

有一次，权重显赫的彭宫保路过一条偏僻小巷，一个女子正用竹竿在巷里晒衣服，一失手竹竿滑落下来，正好击中彭宫保的头，彭大怒，厉声狂吼斥骂。那女子一看，原来是彭老爷，内心十分害怕，躲也不是跑也不是，慌乱中她急中生智，说道：“你这副腔调像是行伍里的人，所以这样蛮横无理。你可知道彭宫保就在这里！他清廉正直，假如我去告诉他老人家，怕要砍了你的脑袋呢！”彭听后，难以发作，转怒为喜，心平气和地走了。

这位聪明的女子明知面对的就是彭宫保，却假装不知，迂回赞美彭宫保，既避了直言赞美的恭维之嫌，又使自己得到解脱，化险为夷。从中既可见女子的灵巧，也可见赞美之功效。

我国素称礼仪之邦，古往今来，和气待人，和颜悦色，被视为一种美德。《礼记·仪礼·少礼》说：“言语之美，穆穆皇皇。”“穆穆”指恭敬，“皇皇”指正大。汉代刘向在《说苑》中云：“辞不可不修，说不可不善。”社会发展到今天，溢美之言已成为做人的基本要求，它足以消除误会和扫平人际间的障碍。

当然，需要注意的是并非所有的赞美之方都讨人喜欢与接受，那种过分的喋喋不休，明显的吹牛拍马之词往往使人生厌。而从实际出发，因人而异，恰如其分的赞美，才能更好地引起人们心灵上的共鸣，由此，最为人们所欢迎。

**【当下启示】**

在现实中，人与人之间的和谐交往，是在相互尊重中实现的。这样尊重包含着多方面的内容，其中“多栽桃李少栽荆”，便是很重要的一条。赞美别人的实质，就是对别人的尊重与评价，也是送给别人的最好礼物和报酬。同时，也是博得他人好感，获得他人赞同的一把金钥匙。

# 攻勿太严——言辞过烈，适得其反

【原典重现】

攻人之恶毋太严，要思其堪受；教人以善毋过高，当使其可从。

【译文释要】

批评别人的缺点不要太严厉，要想想别人是否能够承受；教别人做善事，也不要要求太高，要考虑到别人是否能够做到。

【谈古说今】

儒家在人际关系上最讲究一个“恕”字，就是宽恕和原谅。在现实中，有些人责备别人的过失唯恐不全面，一旦抓住别人的缺点，就当作把柄，处理起来不讲方法不讲效果而只图一时之快，这是不对的。爱默生说：“批评不应该是一味抱怨，全盘贬斥，或者全是无情攻击与彻底否定，而应该具有指导性、建设性和鼓励性。”在批评别人的时候，讲究适度的批评方法是一个重要的原则，如果你言词激烈，恶意相向，既会冲淡主题，也是对当事人不尊重的表现，如此，好的效果无从而来，甚至还会恶化结果。

林肯年轻时喜欢评论是非，还常写信写诗讽刺和挖苦别人，常把写好的信丢在乡间路上，故意使当事人容易发现。后来发生的一件事使他彻底改掉了这种坏习惯。

1842 年秋天，林肯在报纸上发表了一篇讽刺一位政客的文章。文章登出后，那位政客怒不可遏，他向林肯下战书，要求与其决斗。林肯本不喜欢决斗，但迫于情势和为了维护名誉，只好接受挑战。到了约定日期，两人在河边见面，一场你死我活的决斗就要进行。幸好在最后一刻有人阻止，使得这场悲剧才未发生。

这对林肯来说是一生中最为深刻的一次教训，让他懂是了抨击他人会带来怎样的后果。从此，他学会了在与人相处时不再为任何事而轻易攻击他人。

过于严厉地批评他人，使对方产生怨恨，这就是自己的一大过错。不随便谈论别人的是非是远离怨恨的方法。检讨一下我们自己，我们是不是也有这种喜欢攻击别人的毛病？布置下去的一项工作没有做好，我们很可能不是积极地去与下属寻找原因，研究对策，而是批评下属："你怎么搞的？怎么这么笨？"这时，你有没有想过下属会有什么反应？他可能什么也不说，但在内心肯定会觉得你不近人情，从而怨恨你，这样，你今后就很可能在与他共事时，总感到疙疙瘩瘩……

有一个比较极端的例子，说的是《三国演义》里的故事：



三国时期，蜀国的大将张飞脾气暴躁。建安二十四年（公元219年），关羽败走麦城，为吴将截获，被斩于临沮。张飞得知二哥关羽被害，旦夕号泣，血泪衣襟。诸位将领以酒劝解，张飞酒醉后，怒气更大。帐上帐下，只要稍有过失的，就会遭到鞭打，以至于多有被鞭打至死的。刘备知道后，就劝他，你鞭打士兵，还让这些士兵随你左右，早晚都要被祸的，对待士兵，平常应该宽容。张飞不肯听劝，依然暴打士兵。后来，张飞下令军中，限三日内制办白旗白甲，三军挂孝伐吴。次日，其帐下两员末将范疆、张达，入帐告诉张飞："白旗白甲，一时无可措置，须宽限才可以。"这本是实情，理应宽限，不料张飞根本不顾及他二人的难处，竟大怒喝道："我急着为兄长报仇，恨不得明日便能到达逆贼之境，你们怎么敢违抗我作为将帅的命令！"

于是张飞命武士把二人绑在树上，每人各鞭打五十下，打得二人满口出血。打完之后，用手指着二人说："明天一定要全部完备！如果违了期限，就杀你们两个人示众！"范疆、张达二人回到营中商议，范疆说："今日受了刑责，让我们怎么能够筹办？这个人性暴如火，如果明天置办不齐，你我都会被杀啊！"张达说："比如他杀我，不如我杀他！"范疆说："只是没有办法走近他。"张达说："我两个如果不应当死，那么他就醉在床上，如果应当死，那么他就不醉好了。"二人商议停当。张飞这天夜里又喝得大醉，卧在帐中。范、张二人探知消息，初更时分，各怀利刀密入帐中，以短刀刺入张飞腹中。张飞大叫一声而亡。当夜，拿着张飞的首级，逃到东吴去了。

从张飞的悲剧中我们可以看出，粗鲁野蛮，不讲情理的对待别人，也会把自己推向绝境。卡耐基指出：尖锐的批评和攻击，所得的效果往往是零。这也正是对"攻人之恶毋太严，要思其堪受"的经典诠释。

【当下启示】

人人都不愿受到别人的责备或批评。然而，人非圣贤，孰能无过？生活中也少不了责备或批评，通过批评可以改正错误。但是，批评也是一门艺术，是不可随意为之的，否则，对方不仅不会接受，还会产生怨恨。至于教人为善，不要论调过高，不要尽讲一些空洞的道理，而应考虑他的能力是否可能达到，只有鼓励对方法完成力所能及的目标，才能增强其自信心，从而从才达到有效诲人的目的。

# 躁急无成——欲速则不达

【原典重现】

性躁心粗者，一事无成；心和气平者，百福自集。

【译文释要】

性情急躁、粗心大意的人，没有一件事情能够做得成功；心地平静、性情温和的人，往往各种福分都会降临到他的头上。

【谈古说今】

性躁心粗者大多没有足够的耐心，也没有责任心，细心就更加谈不上了。因而这种人做事常常都急于求成，只追求数量上的增加，而不注重质量；喜欢敷衍了事，得过且过。所以，等待他们的就只能是一事无成。而心平气和者则恰好相反，由于他们心地平静、性情温和，因而总是会获得各种福分。

在现实生活中，有很多人都脾气急躁。多数都是不甘于平淡，急功近利，急于取得成绩，结果却因为心急而失败。这种急躁性格的坏处显而易见，但是，有一些人却不仅不正视，还美其名曰是“作风果断”、“雷厉风行”。这就是错上加错了。

从前有一个小孩，看见一只破裂的蛹，里面的蝴蝶挣扎着想要从蛹壳中飞出。小孩看蝴蝶在蛹里辛苦地挣扎，有些不忍，便拿起剪刀将蛹剪开，蝴蝶破蛹而出。但没想到，蝴蝶挣脱蛹以后，因为翅膀不够有力，根本飞不起来，不久就痛苦地死去。

小孩虽是出于好意，但却主观地求急图快，违背了客观规律，后果只能是欲速则不达。

多一点耐心，少几分浮躁，那么成功的几率就会增加；多一些深思熟虑，少一些异想天开，事情的进展就会变得更加顺利。

《孟子·公孙丑上》中记载了一则揠苗助长的故事：

古时候，宋国有一个农夫，春天的时候在自己的地里面种上了稻种，种完之后，他盼望着自己的禾苗快快长高，于是就每天都到田里面去看，但是却发现禾苗长得实在是太慢了，按这个速度下去，自己什么时候才能够有收成啊？

于是，农夫就开始想怎样才能让自己的禾苗长得更快、更高，比别人家更早成熟。但是始终没有什么好的办法。一天，他下田除草，一边拔草一边还在想着这个问题，忽然，他灵机一动，想到了一个好办法：只要自己把每株稻苗都拔高几分，自然就比别人家的高了。想到就做，农夫马上开始行动，经过一整天的辛苦，终于将所有的秧苗都拔高了一截，农夫看着自家高高的秧苗，高兴地扛着锄头回家了。

回到家中，农夫兴奋地对家里人说："今天可把我累坏了，我帮咱家的庄稼苗长高了一大截！"他儿子听说后，忙问怎么回事，问清之后就急忙跑到地里去看苗，发现所有的苗都枯萎了。

孟子说："天下不希望自己禾苗长得快一些的人很少啊！妄自帮助它生长的人，就像拔苗助长的人，不但没有好处，反而害了它。"所以说，做什么事都不能够急于求成，否则就会一事无成。

**【当下启示】**

俗话说："欲速则不达。"心浮气躁的人往往都急于求成，而急于求成就常常会导致粗心大意，粗心大意的结果就是功败垂成。所以，在做任何事情的时候，都要保持冷静的头脑和平和的心态，只有这样才能做到临危不乱、善始善终。

# 第四章　处世方圆

为人处世，方和圆缺一不可，但是有一个“度”的限制，过刚易折，过柔则卑，所以做人的制高点是外圆内方，就是行欲方而智欲圆。解开方圆做人的天机，要想圆满做事，必先学会处世于方圆之间。这样才能在纷繁复杂的人际关系中周旋有术，游刃有余。

# 方圆并用——做事要方，做人要圆

**【原典重现】**

处治世宜方，处乱世当圆，处叔季之世当方圆并用。待善人宜宽，待恶人当严，待庸众之人宜宽严互存。

**【译文释要】**

生活在太平盛世，为人处世应当严正刚直；生活在动荡不安的时代，为人处世应当圆滑婉转；生活在衰乱将亡的末世，为人处世就要方圆并济交相使用。对待心地善良的人要宽厚；对待邪恶的人要严厉；对待那些庸碌平凡的人，则应当根据具体情况，宽容和严厉互用。

**【谈古说今】**

“方”是做人之本，是堂堂正正做人的脊梁。人仅仅依靠“方”是不够的，还需要有“圆”的包裹，无论是在商界、官场，还是交友、爱情、谋职等，都需要掌握“方圆”的技巧，这样才能无往不利。

人际关系好坏直接关系到一个人生活和事业的成败。而要想打造一种良好的人际关系，就必须学会圆融的处世艺术；要想营造一个和谐的交往环境，就必须具备灵活的社交本领。所以，在这个熙来攘往的社会上，只有学会圆融，你才能在与他人的交往中获得左右逢源的生存空间。

汉代的朱博是一介武生，后来调任地方文官，利用宽严互存的手段，顺利地制服了地方上的恶势力，被人们传为美谈。在长陵一带，有个大户人家出身名叫尚方禁的人，年轻时曾强奸邻人家的妻子，被人用刀砍伤了面颊。如此恶棍，本应重重惩治，只因他贿赂了官府的功曹而没有被革职查办，最后还被调升为负责治安的守尉。

朱博上任后，有人向他告发了此事。朱博觉得真是岂有此理！就马上把尚方禁找来。尚方禁心中七上八下，硬着头皮来见朱博。朱博仔细看了看尚方禁的脸，果然发现有疤痕。就将左右退开，假装十分关心地询问究竟。

尚方禁做贼心虚，知道朱博已经了解了他的情况，就像小鸡啄米似的接连给朱博叩头，如实地讲了事情的经过。头也不敢抬，只是一个劲地哀求道：“请大人恕罪，小人今后再也不干那种伤天害理的事了。”

“哈哈哈……”没想到朱博突然大笑道：“男子汉大丈夫，难免会发生这种事情的。本官想为你雪耻，给你个立功的机会，你能好好干吗?”这时的尚方禁哪里还敢说半个不字。

于是，朱博就命令尚方禁不得向任何人泄露今天的谈话情况，要他有机会就记录一些其他官员的言论及行为，并且及时向朱博报告。听到这里，尚方禁心里的石头才算落了地，他赶紧表态说一定好好干。从此之后尚方禁便成了朱博的亲信和耳目。

自从被朱博宽释重用之后，尚方禁对朱博的大恩大德时刻铭记在心，所以干起事来就特别地卖命，不久就破获了许多盗窃、杀人、强奸等犯罪活动，使地方治安情况大为改观。朱博遂提升他为连守县县令。

又过了相当一段时期，朱博突然召见那个当年受了尚方禁贿赂的功曹，对他单独进行了严厉训斥，并拿出纸和笔，要那位功曹把自己受贿一文钱以上的事统统写下来，不能有丝毫隐瞒。

那位功曹早已吓得筛糠一般，只好提起笔，写下自己的斑斑劣迹。由于朱博早已从尚方禁那里知道了这位功曹贪污受贿、为奸为贼的事，所以，看了功曹写的交代材料，觉得大致不差，就对他说：“你先回去好好反省反省，听候本官裁决。从今以后，一定要改过自新，不许再胡作非为！”说完就拔出刀来。

那功曹一见朱博拔刀，立时吓得两腿发软跪在地上，嘴里不住地喊：“大人饶命！大人饶命！”只见朱博将刀晃了一下，一把抓起那位功曹写下的罪状材料，三两下，就将其撕成纸屑，扔到纸篓里去了。自此以后，那位功曹整天如履薄冰、战战兢兢，做起事来尽心尽责，不敢有丝毫懈怠。

朱博利用宽严互存的手段，顺利地制服了地方上的恶势力，正是因其体悟了“方圆”之道。

【当下启示】

无规矩，不成方圆，为人处世，当宽则宽，当严则严，这才合乎做人的本性。同样，对于一个将军来说，“哀兵必胜”和“慈不掌兵”同样重要。在工作时是上下级领导关系，在平时则是同志、战友关系。“团结紧张，严肃活泼”，强调了军队中恩威并施、宽严并用的统领之道。真正的“方圆”之人是大智慧与大容忍的结合体，有勇猛斗士的武力，有沉静蕴慧的平和；能对大喜悦与大悲哀泰然不惊；行动时干练、迅速，不为感情所左右。

# 退步处世——想走到高处，先学会低头

【原典重现】

立身不高一步立，如尘里振衣，泥中濯足，如何超达？处世不退一步处，如飞蛾投烛，羝羊触藩，如何安乐？

【译文释要】

立身如果不能站在更高的境界，就如同在灰尘中抖衣服，在泥水中洗脚一样，怎么能够做到超凡脱俗呢？为人处世如果不退一步着想，就像飞蛾投入烛火中，公羊用角去抵藩篱一样，怎么会有安乐的生活呢？

【谈古说今】

有些人看上去平平常常，甚至还给人“窝囊”不中用的弱者感觉，但这样的人并不可小看。有时候，越是这样的人，越是在胸中隐藏着高远的志向抱负，而他这种表面“无能”，正是他心高气不傲、富有忍耐力和成大事讲策略的表现。这种人往往能高能低、能上能下，具有一般人所没有的远见卓识和深厚城府。

越是有涵养、稳重的成功人士，态度越谦虚。“和光同尘”毫无棱角，言语发此，行动亦然，个个深藏不露，好像他们都是庸才，谁知他们的才，颇有位于你上者；好像个个都很讷言，谁知其中颇有善辩者；好像个个都无大志，谁知是颇有雄才大略而愿久居人下者。但是他们却不肯在言语上露锋芒，在行动上露锋芒。因为他们有所顾忌，言语带锋，便要得罪人，被得罪了的人便成为你的阻力，成为你的破坏者；行动带锋，便要惹旁人的妒忌，旁人妒忌也会成为你的阻力，便也成为你的破坏者。你的四周，都是你的阻力或你的破坏者，在这种情形下，你的立足点都没有了，哪里还能实现扬名立身的目的？

卓茂是西汉时宛县人，他的祖父和父亲都当过郡守一级的地方官，他自幼就生活在书香门第中。汉元帝时，卓茂来到首都长安求学，拜在朝廷任博士的江生为师。在老师指点下，他熟读《诗经》、《礼记》和各种历法、数学著作，对人文、地理、天文、历算都很精通。此后，他又对老师江生的思想细加揣摩，在微言大义上下苦功，终于成为一位儒雅的学者。在他所熟悉的师友学弟中，他的性情仁厚是出了名的。他对师长礼让恭谦；对同乡、同窗好友，不论其品行能力如何，都能和睦相处，敬待如宾。

卓茂的学识和人品备受称赞，丞相府得知后，特来征召，让他侍奉身居高位的孔光，可见其影响之大。

有一次卓茂赶马出门，迎面走来一人，那人指着卓茂的马说，这就是他丢失的。卓茂问道："你的马是何时丢失的？"那人答道："有一个多月了。"卓茂心想，这马跟着我已好几年了，那人一定搞错了。尽管如此，卓茂还是笑着解开缰绳把马给了那人，自己拉着车走了。走了几步，又回头对那人说："如果这不是你的马，希望到丞相府把马还给我。"

过了几天，那人从别的地方找到了他丢失的马，便到丞相府，把卓茂的马还给了他，并叩头道歉。

一个人要做到像卓茂那样的确不容易。这种胸怀不是一时一事造就的，而是在长期的熏陶、磨炼中逐渐形成的。俗话说，退一步不为低，能够退得起的人，才能做到不计个人得失，才能站在更高的境界，才能与人和睦相处。

**【当下启示】**

谦虚不仅是一种美德，更是一种人生的智慧。你可能也会有这样一种体会：越是谦逊的人，你越是喜欢找出他的优点；越是把自己看得了不起，孤傲自大的人，你越会瞧不起他，喜欢找出他的缺点。这就是谦逊的效能。所以，平时你要谦逊地对待别人，这样才能博得他的支持，为你的事业奠定基础。当你以谦逊的态度来表达自己的观点或做事时，就能减少一些冲突，还容易被他人接受。即使你发现自己有错时，也很少会出现难堪的局面。

# 知退懂让——知退一步，须让三分

**【原典重现】**

人情反覆，世路崎岖。行不去处，须知退一步之法；行得去处，务加让三分之功。

**【译文释要】**

人世间的人情冷暖反复无常，人生的道路是崎岖不平的。在人生之路走不通的地方，要知道退让一步的道理；在走得过去的地方，也一定要给予人家三分的便利，这样才能逢凶化吉，一帆风顺。

**【谈古说今】**

“知退一步，须让三分”其实是在教诲人们做事不要草莽义气、少了谋划。回想自己的人生经历，这样的举止，大多出现在二十至三十多岁这个年龄段。那个时候，争强好胜、无所顾忌，总认为自己输得起，也总在这样的心境下勇往直前、不计后果。

以让步开始，以胜利告终，是人情关系学中不可多得的一条锦囊妙计。你先表现得以他人利益为重，实际上是在为自己的利益开辟道路。在做有风险的事情时，冷静沉着地让一步，尤能取得绝佳效果。

明朝年间，江苏长州地方有一位姓尤的老翁开了个当铺，好多年了，生意一直不错。某年年关将近，有一天尤翁忽然听见铺堂上人声嘈杂，走出来一看，原来是站柜台的伙计同一个邻居吵了起来。伙计连忙上前对尤翁说：“这人前些时典当了些东西，今天空手来取典当之物，不给就破口大骂，一点道理都不讲。”那人见了尤翁，仍然骂骂咧咧，不认情面。尤翁却笑脸相迎，好言好语地对他说：

“我晓得你的意思，不过是为了度过年关。街坊邻居，区区小事，还用得着争吵吗?”于是叫伙计找出他典当的东西，共有四五件。尤翁指着棉袄说：“这是过冬不可少的衣服。”又指着长袍说：“这件给你拜年用。其他东西现在不急用，不如暂放这里，棉袄、长袍先拿回去穿吧!”

那人拿了两件衣服，一声不响地走了。当天夜里，他竟突然死在另一人家里。为此，死者的亲属同那人打了一年多官司，害得别人花了不少冤枉钱。

这个邻人欠了人家很多债，无法偿还，走投无路，事先已经服毒，知道尤家殷实，想用死来敲诈一笔钱财，结果只得了两件衣服。他只好到另一家去扯皮，那家人不肯相让，结果就死在那里了。

后来有人问尤翁说：“你怎么能有先见之明，容忍这种人呢?”尤翁回答说：“凡是蛮横无理来挑衅的人，他一定是有所恃而来的。如果在小事上不稍加退让，那么灾祸就可能接踵而至。”人们听了这一席话，无不佩服尤翁的见识。

中国有句格言：“忍一时风平浪静，退一步海阔天空。”不少人将它抄下来贴在墙上，奉为处世的座右铭。这句话与当今商品经济下的竞争观念似乎不大合拍，事实上，“争”与“让”并非总是不相容，反倒经常互补。

**【当下启示】**

“知退一步，须让三分”是一种修为，做起来尽管很难，但在谋事为人时须记得第一次大口吃鱼时鱼刺鲠喉的尴尬，只有这样，才有可能使自己的人生潇洒的择畔吟诗、抚壁问天！ 在生意场上也好，在外交场合也好，在个人之间、集团之间，不是要一个劲“争”到底，退让、妥协、牺牲有时也很必要。而作为个人修养和处世之道，“让”则不仅是一种美好的德性，而且也是一种宝贵的智慧。

# 面前放宽——不斤斤计较就是一种豁达

**【原典重现】**

面前的田地要放得宽，使人无不平之叹；身后的惠泽要流得长，使人有不匮之思。

**【译文释要】**

一个人待人处事的心胸要宽厚，只有这样别人对你才不致有不平的牢骚；死后留给子孙与后人的恩泽要流长放远，才会使别人永远怀念。

**【谈古说今】**

不斤斤计较是一种明智，一辈子不吃亏的人是没有的。人们之间你来我往，无法做到绝对公平，总是要有人承受不公平，要吃亏。倘若人们强求世上任何事物都公平合理，那么，所有生物链一天都无法生存——鸟儿就不能吃虫子，虫子就不能吃树叶……

既然吃亏有时是无法避免的，那又何必去计较不休、自我折磨呢？事实上，人与人之间总是有所不同的。别人的境遇如果比你好，你无论怎样抱怨也无济于事。最明智的态度就是避免提及别人，避免与人比较这比较那。而你应该将注意力放在自己身上，“他能做，我也可以做”，以这种宽容的姿态去看待所谓的“不公平”，你就会有一种好的心境，好心境也是生产力，是创造未来的一个重要保证。

东汉时，班超一行在西域联络了很多国家与汉朝和好，但龟兹恃强不从。班超便去结交乌孙国。乌孙国王派使者到长安来访问，受到汉朝的友好接待。使者告别返回，汉帝派卫侯李邑携带不少礼品同行护送。

李邑等人经天山南麓来到于阗，传来龟兹攻打疏勒的消息。李邑害怕，不敢前进，于是上书朝廷，中伤班超只顾在外享福，拥妻抱子，不思中原，还说班超联络乌孙，牵制龟兹的计划根本行不通。

班超知道了李邑从中作梗，叹息说：“我不是曾参，被人家说了坏话，恐怕难免见疑。”他便给朝廷上书申明情由。

汉章帝相信班超的忠诚，下诏责备李邑说：“即使班超拥妻抱子，不思中原，难道跟随他的一千多人都不想回家吗？”诏书命令李邑与班超会合，并受班超的节制。汉章帝又诏令班超收留李邑，与他共事。

李邑接到诏书，无可奈何地去疏勒见了班超。

班超不计前嫌，很好地接待李邑。他改派别人护送乌孙的使者回国，还劝乌孙王派王子去洛阳朝见汉帝。乌孙国王子启程时，班超打算派李邑陪同前往。

有人对班超说：“过去李邑毁谤将军，破坏将军的名誉，这时正可以奉诏把他留下，另派别人执行护送任务，您怎么反倒放他回去呢？”

班超说：“如果把李邑扣下的话，那就气量太小了。正因为他曾经说过我的坏话，所以让他回去。只要一心为朝廷出力，就不怕人说坏话。如果为了自己一时痛快，公报私仇，把他扣留，那就不是忠臣的行为。”

李邑知道后，对班超十分感激，从此再也不诽谤他人。

班超不计前嫌，令李邑心存感激，再也不说他的坏话，这正是“面前的田地要放得宽，使人无不平之叹”的最好写照。

人生在世究竟该怎样做人？从古至今都是人们争论的一个话题。是“争一世而不争一时”，还是“争一时也要争千秋”？是只顾个人私利不管他人“瓦上霜”，还是为人类多做些有益的事？这实际上是两种世界观的较量。

有时候，退一步海阔天空，换个思维想一想，一切问题都迎刃而解了。所以，凡事总能找到解决的途径，只要你肯动脑筋。对于一些无关紧要的小事，你真的不必太过计较。人生苦短，多留些快乐的日子给自己吧！

**【当下启示】**

生活中，心胸狭窄的人凡事都跟人斤斤计较，如此必然招致他人的不满。人在世时宽以待人，善以待人，多做好事，遗爱人间，必为后人怀念。而恩泽要遗惠长远，则应该多做在人心和社会上能长久留存的善举。只有为别人多想，心底无私，眼界才会广阔，胸怀才能宽厚。

# 退步宽平——不争实为大争

**【原典重现】**

争先的径路窄，退后一步自宽平一步；浓艳的滋味短，清淡一分自悠长一分。

**【译文释要】**

人人竞相争先的道路最为狭窄，如果能够退后一步，道路自然就会宽广一步；追求浓艳华丽，那么享受到的滋味就会缩短，如果清淡一些，趣味反而更加悠久。

**【谈古说今】**

与人无争，就能亲近于人；与物无争，就能育抚万物；与名无争，名就自动到来；与利无争，利就聚集而来。祸患的到来，可能就是争的结果。而无争，也就无灾祸。

做人贵在自然，做事不可强求，在大是大非面前，在天下兴亡的大义面前，不争何待？在名利场中，在富贵乡中，在人际是非面前，退一步让一下有何不好？

战国时，齐国有三个大力士，一个叫公孙捷，一个叫田开疆，一个叫古冶子，号称“齐国三杰”。他们因为勇猛异常，被齐景公宠爱，相国晏子遇到这三个人总是恭恭敬敬地快步走过去。可是这三个人每当见晏子走过来，坐在那里连站都不站起来，根本不把晏子放在眼里，仗着齐景公的宠爱，为所欲为。

晏子很想把他们除掉，又怕国君不听，反倒坏了事。于是心里暗暗拿定了主意：用计谋除掉他们。

一天，鲁昭公来齐国访问。齐景公设宴款待他们，鲁国是叔孙诺执行礼仪，齐国是晏子执行礼仪。君臣四人坐在堂上，“三杰”佩剑立于堂下，态度十分傲慢。正当两位国君喝得半醉的时候，晏子说：“园中的金桃已经熟了，摘几个来

请二位国君尝尝鲜吧！”齐景公传令派人去摘。

晏子说：“金桃很难得，我应当亲自去摘。”不一会儿，晏子领着园吏，端着玉盘献上六枚桃子。景公问：“就结这几个吗？”晏子说：“还有几个，没太熟，只摘了这六个。”说完就恭恭敬敬地献给鲁昭公、齐景公每人一个金桃。鲁昭公边吃边夸金桃味道甘美。

齐景公说：“这金桃不易得到，叔孙大夫天下闻名，应该吃一个。”叔孙诺说：“我哪里赶得上晏相国呢！这个桃应当请相国吃。”齐景公说：“既然叔孙大夫推让相国，就请你们二位每人吃一个金桃吧！”两位大臣谢过景公。晏子说：“盘中还剩下两个金桃，请君王传令各位臣子，让他们都说一说自己的功劳，谁功劳大，就赏给谁吃。”齐景公说：“这样很好。”便传下令去。

话音未落，公孙捷走了过来，得意洋洋地说：“我曾跟着主公上山打猎，忽然一只吊睛大虎向主公扑来，我用尽全力将老虎打死，救了主公性命，如此大功，还不该吃个桃吗？”晏子说：“冒死救主，功比泰山，应该吃一个桃。”公孙捷接过桃子就走。

古冶子喊道：“打死一只虎有什么稀奇！我护送主公过黄河的时候，有一只鼋咬住了主公的马腿，一下子就把马拖到急流中去了。我跳到河里把鼋杀死了，救了主公。像这样大的功劳，该不该吃个桃？”景公说：“那时候黄河波涛汹涌，要不是将军除鼋斩怪，我的命就保不住了。这是盖世奇功，理应吃个桃。”晏子急忙送给古冶子一个金桃。

田开疆眼看金桃分完了，急得跳起来大喊：“我曾奉命讨伐徐国，杀了他们的主将，抓了五百多俘虏，吓得徐国国君称臣纳贡，临近几个小国也纷纷归附咱们齐国。这样的大功，难道就不能吃个桃子吗？”晏子忙说：“田将军的功劳比公孙将军和古冶将军大十倍，可是金桃已经分完，请喝一杯酒吧！等树上的金桃熟了，先请您吃。”齐景公也说：“你的功劳最大，可惜说晚了。”

田开疆手按剑把，气呼呼地说：“杀鼋打虎有什么了不起！我跋涉千里，出生入死，反而吃不到桃，在两国君主面前受到这样的羞辱，我还有什么脸活着呢？”说着竟挥剑自刎了。公孙捷大吃一惊，拔出剑来说：“我的功小而吃桃子，真没脸活了。”说完也自杀了。此时古冶子沉不住气了说：“我们三人是兄弟之交，他们都死了，我怎能一个人活着？”说完也拔剑自刎了。人们要阻止已经来不及了。

鲁昭公看到这个场面无限惋惜地说："我听说三位将军都有万夫不当之勇，可惜为了一个桃子都死了。"

三个人因两个桃子而送掉了自己的性命，可见名利之害，若是他们能够抱有"退后一步，清淡一分"的态度，那么就不会有这么多的纠纷了。俗话说，好胜之心人皆有之。但这也应该存在一个适时的问题，在一些条件下应该争胜，在一些情况下就应该退让。

老子说："只有无争，才能无忧。"利人就会得人，利物就会得物，利天下就能得天下。从来没有听说过，独恃私利的人，能得大利的。所以善利万民的人，如同水滋润万物而与万物无争，不求所得。所以不争的争，才是上争的策略。庸人不知，所以乐与相安；明白人知道，却也不怎么样。所以老子说："只有不争，所以天下无有能与他相争的了。"这就是虚己无我的作用。

**【当下启示】**

假如世人都能抱有这种"退步宽平，清淡悠久"的人生观，人与人之间就不会有这么多纠纷了。但事实上很难，因为好胜之心人皆有之。这就存在一个适时的问题，即在什么样的条件下应该争胜，什么样的情况下应该退让。

# 才华须韫——不做别人的眼中刺

**【原典重现】**

君子宅心似天青日白，不可使人不知；君子之才华玉韫珠藏，不可使人易知。

**【译文释要】**

一个有高深修养的君子，他的心地像青天白日一样光明，没有什么不可告人的事；君子的才华应像珍藏的珠宝一样，不应该轻易炫耀让别人知道。

**【谈古说今】**

“心事宜明”是做人的准则，“才华须蕴”是做事的准则。君子之心应该是坦荡的，不应有不可告人的欲念、邪念乃至恶念。至于个人才能的发挥，应该是合乎自然的，切忌好大喜功的炫耀，否则，必然招致旁人的嫉恨，自身的才华必然会变得飘飘荡荡的，终身不得其果，甚至会招致杀身之祸。

一个人自恃才能过人，总是表现过多，锋芒太露，就会给对手带来压力和不快，他就会感觉到你气势太盛，不可一世，压得他喘不过气来，将你视作眼中钉肉中刺，尤其是当你的傲然之气表现出来的时候，他甚至会怒火中烧，不择手段地对你施以明枪暗箭。所以，欲成大事者必须学会自敛锋芒、韬光养晦。

三国时期的杨修，在曹营内任行军主簿，思维敏捷，甚有才名。有一次建造相府里的一所花园，才造好大门的构架，曹操前来察看之后，不置可否，一句话不说，只提笔在门上写了一个“活”字就走了，手下人都不解其意，杨修说：“‘门’内添‘活’字，乃‘阔’字也。丞相嫌园门阔耳。”于是再筑围墙，改造完毕又请曹操前往观看。曹操大喜，问是谁解此意，左右回答是杨修，曹操嘴上虽赞美几句，心里却很不舒服。又有一次，塞北送来一盒酥，曹操在盒子上写了“一盒酥”三字。正巧杨修进来，看了盒子上的字，竟不待曹操说话自取来汤匙与众人分而食之。曹操问是何故，杨修说：“盒上明书一人一口酥，岂敢违丞相之命乎？”曹操听了，虽然面带笑容，可心里十分厌恶。

杨修这个人，最大的毛病就是不看场合，不分析别人的好恶，只管卖弄自己的小聪明。当然，如果事情仅仅到此为止的话，也还不会有太大的问题，谁想杨修后来竟然渐渐地搅和到曹操的家事里去，这就犯了曹操的大忌。

在封建时代，统治者为自己选择接班人是一件极为严肃的问题，每一个有希望接班的人，不管是兄弟还是叔侄，可说是个个都红了眼，所以这种斗争往往是最凶残、最激烈的。但是，杨修却偏偏在如此重大的问题上不识时务，又犯了卖弄自己小聪明的老毛病。

曹操的长子曹丕、三子曹植，都是曹操准备选择做继承人的对象。曹植能诗赋，善应对，很得曹操欢心。曹操想立他为太子。曹丕知道后，就秘密地请歌长(官名)吴质到府中来商议对策，但害怕曹操知道，就把吴质藏在大竹片箱内抬进府来，对外只说抬的是绸缎布匹。这事被杨修察觉，他不加思考，就直接去向曹操报告，于是曹操派人到曹丕府进行盘查。曹丕闻知后十分惊慌，赶紧派人报告吴质，并请他快想办法。吴质听后很冷静，让来人转告曹丕说：“没关系，明天你只要用大竹片箱装上绸缎布匹抬进府里去就行了。”结果可想而知，曹操因此怀疑杨修想帮助曹植来陷害曹丕，十分气愤，就更加讨厌杨修了。

还有，曹操经常要试探曹丕和曹植的才干，每次都拿军国大事来征询两人的意见，杨修就替曹植写了十多条答案，曹操一有问题，曹植就根据条文来回答，因为杨修是相府主簿，深知军国内情，曹植按他写的回答当然事事中的，曹操心中难免又产生怀疑。后来，曹丕买通曹植的亲信随从，把杨修写的答案呈送给曹操，曹操当时气得两眼冒火，愤愤地说：“匹夫安敢欺我耶！”

又有一次，曹操让曹丕、曹植出邺城的城门，却又暗地里告诉门官不要放他们出去。曹丕第一个碰了钉子，只好乖乖回去，曹植闻知后，又向他的智囊杨修问计，杨修很干脆地告诉他：“你是奉魏王之命出城的，谁敢拦阻，杀掉就行了。”曹植领计而去，果然杀了门官，走出城去，曹操知道以后，先是惊奇，后来得知事情真相，愈加气恼。

曹操性格多疑，深怕有人暗中谋害自己，谎称自己在梦中好杀人，告诫侍从在他睡着时切勿靠近他，并因此而故意杀死了一个替他拾被子的侍从。可是当埋葬这个侍者时，杨修喟然叹道：“丞相非在梦中，君乃在梦中耳！”曹操听了之后，心里愈加厌恶杨修，于是开始找岔子要除掉这个不知趣的家伙了。

不久，机会终于来了！建安24年(公元219年)，刘备进军定军山，老将黄忠

斩杀了曹操的亲信大将夏侯渊，曹操率自大军迎战刘备于汉中。谁知战事进展很不顺利，双方在汉水一带形成对峙状态，使曹操进退两难，要前进害怕刘备，要撤退又怕遭人耻笑。一天晚上，心情烦闷的曹操正在大帐内想心事，此时恰逢厨子端来一碗鸡汤，曹操见碗中有根鸡肋，心中感慨万千。这时夏侯蔼入帐内禀请夜间号令，曹操随口说到："鸡肋！鸡肋！"于是人们便把这句话当作号令传了出去。行军主簿杨修即叫随军收拾行装，准备归程。

夏侯蔼见了便惊恐万分，把杨修叫到帐内询问详情。杨修解释道："鸡肋鸡肋，弃之可惜，食之无味。今进不能胜，退恐人笑，在此何益？来日魏王必班师矣。"夏侯蔼听了非常佩服他说的话，营中各位将士便都打点起行装。曹操得知这种情况，差点气坏心肝肺，大怒道："匹夫怎敢造谣乱我军心！"于是，喝令刀斧手，将杨修推出斩首，并把首级挂在辕门之外，以为不听军令者戒。

曹操的"鸡肋"、"一盒酥"及门中的"活"字等都是一种普通的智力测验，是一种文字游戏。他的出发点并不是真为了给大家出题测试，而是为了卖弄自己的超人才智，因此，他主观上并不希望有谁能够点破，只想等人来请教。在这种情况下，哪怕你猜着了，也只能含而不露，甚至还要以某种意义上的"愚笨"去衬托上司的"才智"。但是，杨修却毫不隐讳地屡屡点破了曹操的迷局。

在待人处世中，下属千万不可以处处一味表现自己，放任自己，无视上司的自尊心和心理承受能力，锋芒毕露，咄咄逼人，必然会招来上司的嫉恨，引火烧身。

巧妙的掩饰之所以是赢得赞扬的最佳途径，是因为人们对不了解的事物抱有好奇心，不要一下子展现你所有的本事，一步一步来，才能获得扎实的成功。倘若你处处卖弄，趾高气扬，目空一切，不可一世，不被别人当靶子打才怪呢!所以无论你有如何出众的才智或高远的志向，都要时刻谨记：心高不可气傲，不要把自己看得太了不起，不要把自己看得太重要，必须审时度势，尽量收敛起锋芒，以免惹火烧身，影响前程甚至危及生命。

**【当下启示】**

作为一个人，尤其是一个自认为有才华有前程的人，要做到心高气不傲，既能有效地保护自己，又能充分发挥自己的才华，就要战胜盲目自大、盛气凌人的心理和作风，凡事不要太张狂太咄咄逼人。并且还应当养成谦虚让人的美德。这不仅是有修养的表现，也是生存发展的策略。

# 宁虚勿溢——做一个适度的妥协主义者

**【原典重现】**

敧器以满覆，扑满以空全。故君子宁居无不居有，宁居缺不处完。

**【译文释要】**

敧器因为装满了水才会倾覆，扑满因为空无一物才得以保全。所以正人君子宁可无所作为而不愿有所争夺，宁可有些欠缺而不十分完满。

**【谈古说今】**

酒足饭饱时，再美味的饭肴也引不起食欲；自满之心，朴实的真理也难以打动。耶稣也说过："心贫者有福。"

每个人身上都有或多或少的缺点，勇敢的人往往缺少智慧，聪明的人往往缺少勇气；豪爽的人往往心思过疏，谨慎的人往往怀疑过头，等等。一种阳光性格的另一面必然是阴影，所以，我们应做一个适度的妥协主义者。

在我们的周围，有这样一些人，他们的智力很高，才智过人，工作能力也很不错，而且又非常勤奋，一工作起来常常什么都有可能忘了。但是，他们就是出不了什么成果，眼看着比他们在各方面都差一些的人成果都十分显著了，而他们却依旧默默无闻。

一般来讲，这种人都是"完美主义者"。

你可能要问："完美主义"不好吗？回答是：不好。如前所说，这些人之所以不能取得成绩，不能取得人生的成功，不是他们缺少能力，而是他们在做任何事情之前，都不能克服自己追求完美的痴情与冲动。

他们想把事情做到尽善尽美，这当然是可取的，但他们在做一件事情之前，总是想使客观条件和自己的能力也达到尽善尽美的完美程度，然后才会去做。因

而，这些人的人生始终处于一种等待的状态。他们没有做成一件事情，不是他们不想去做，而是他们一直等待所有的条件成熟，于是，他们就在等待完美中度过了自己不够完美的人生。

张明是一个追求完美的人。一天，他想写一篇某一方面的论文，在开始写论文之前，他尝试了几种、十几种乃至几十种方案之后才动手去写那篇论文。这么做当然是好的，因为他可能在比较之中找到一种最佳的方案。但是，在开始写的时候，他又发现他所选择的那种方案依然有些地方不够完美，多多少少还存在着一些错误和缺点。于是，他又将这种方案重新搁置起来，继续去寻找他认为的“绝对完美”的新方案，或者，将这一论文的选题又放下，去想别的事情。最终，那篇论文也没能完成。

实际上，天下没有什么东西是“绝对完美”的，张明要寻找这种东西是不可能的。这种人总是不愿出现任何一种失误，担心因此而损害自己的名誉。所以，他的一生都在寻找的烦恼中度过，结果什么事情也没能做成。

如果你不相信这一点，你可以从你的人生档案中找出自己拖延着没有做的事情、没有完成的项目或者课题查一查。这样的事情你可能也会找出一大堆：搬了新家窗帘还没有装，所以没有请朋友来家里玩；这只现价三十元的股票原想等掉到五块钱再买，但它一直掉不到五块钱，等等。

归纳一下你会发现，你一直在等待所谓的条件完全具备，你好将它做得尽善尽美。可是，你会发现社会上同样的事情有些人的方案或者条件还不如你的成熟，但他们的成果已经问世，或者已经赚了一大笔钱，而造成这种状况的原因就是你也患上了“完美主义”的毛病。

这就可以解释，为什么会有那么多表面看起来相当精明能干的人，到头来却一事无成，在人生的道路上坎坷颇多，进退维谷。

**【当下启示】**

在人生中，无论是对待工作、事业，还是对待自己、他人，我们不妨做一个适度的妥协主义者，而不要做一个完美主义者。因为完美主义者有可能什么事情也没有做成，而妥协者却会多多少少有些进展。

# 去杀远祸——仁爱与真诚使你赢得友谊远离祸患

**【原典重现】**

福不可徼，养喜神，以为召福之本而已；祸不可避，去杀机，以为远祸之方而已。

**【译文释要】**

福分不可强求，只有保持愉快的心境，才是追求人生幸福的根本态度，祸患不可逃避，只有排除怨恨的心绪，才是作为远离祸患的办法。

**【谈古说今】**

拥有真诚和仁爱气质的人，具有一种以明智与系统的方式去发现和整理必要的生活原则的能力，他们从不表现任何愤怒或其他的激情，避免了因激情而带来的负面因素，同时又温柔宽厚，能够表示嘉许而毫不□唆，拥有渊博知识而毫不矜夸。

不论是哪个朝代，哪个国家，人们对奉行仁义的人都充满了敬仰和爱戴。因此，在古代就出现了诸如“仁义大侠”、“仁义之师”之类的称呼。

武力可以使人屈服，却难以使人心服。所以，高明的做法，就是与人为善，以自己的仁心去换取别人的真心。

1754年，美国独立之前的一次弗吉尼亚殖民地议会选举决定在亚历山大里亚举行。之后成为美国总统的华盛顿上校作为亚历山大里亚的驻军长官也参加了此次选举。

最终，选举活动集中在两个候选人之间。大部分人都赞成华盛顿推举的候选人，但有一个名叫威廉·宾的人则坚决不同意。为此，他与华盛顿发生了激烈的争吵。在争吵过程中，华盛顿失言说了一句冒犯宾的话，这无异于火上浇油，一向

脾气暴躁的宾怒不可遏，举起拳头把华盛顿打倒在地。

此时，华盛顿的朋友都走了过来，大声叫喊着要揍威廉·宾。驻守在亚历山大里亚的华盛顿的部下听说自己的司令官被辱，也当即带枪赶了过来，气氛相当紧张。

此时此刻，只要华盛顿一声令下，威廉·宾就会被打成肉酱。然而，华盛顿是一个头脑冷静的人，他仅说了一句："这不关你们的事情。"就这样，事态才没有扩大。

次日，威廉·宾收到了华盛顿派人送来的一张便条，要他立即到当地的一家小酒店去。威廉·宾马上意识到，这一定是华盛顿约他决斗。于是，富有骑士精神的宾毫不畏惧地拿了一把手枪，独身前往。

在去的路上，威廉·宾一直都在想着怎样去对付身为上校的华盛顿。但当他到达那家小酒店时却大出意料之外，他看到了华盛顿的一张真诚的笑脸和一桌丰盛的酒菜。

"宾先生，请坐，"华盛顿真诚地说，"犯错误乃是人之常情，纠正错误则是一件很光荣的事情。我认为我昨天是不对的，你在某种程度上也得到了满足。假如你认为到此可以和解的话，那么请握住我的手，让我们交个朋友吧！"

威廉·宾被华盛顿的真诚感动了，他把手伸向华盛顿："华盛顿先生，请你原谅我昨天的鲁莽与无礼。"

之后，威廉·宾便成为华盛顿坚定的拥护者。

换作任何一个人被打倒在地时，是很容易失去理智的，甚至还会做出一些悔恨终身的事情。可贵的是华盛顿当时能保持镇静，以一种宅心仁厚的姿态去面对自己的竞争对手，最终赢得了竞争对手的心。

"乘风破浪会有时，直挂云帆济沧海。"只要我们拥有一颗仁义之心，终有一天可以得偿所愿。所谓"千里黄云白日曛，北风吹雁雪纷纷。莫愁前路无知己，天下谁人不识君"，同样的，只要我们拥有一颗仁义之心，便能"知交遍天下"。

仁爱和真诚是最可靠的办法，仁爱之中有伟大，伟大之中有真诚。人就要以仁爱和真诚昭示天下。

做什么事，都要心怀仁爱；说什么话，都要有诚意。当你心存仁爱和真诚时，四周将环绕着光明；当你用仁爱和真诚去做事时，每一句话都含有欢乐的气氛。

当你拥有仁爱与真诚的心去生活时，时光将轻缓、甜蜜地流逝。用仁爱和真诚的眼神看待万物、用仁爱和真诚的口舌随喜赞叹、用仁爱和真诚的双手常做善事，我们将得到永久的祝福。

用仁爱的气质和包容的态度对待每一个人，避免挑剔或苛求在表达上有毛病的人，可以通过其他的比较委婉而又不伤害对方的方式或是恰当的提示来引出应当正确的表达，这样既避免了尴尬，又委婉提出了错误。

用真诚的心去对待身边的每一位朋友，即使是在他发牢骚的时候，也要认真去聆听，并努力让他冷静下来，然后和他一起对事情进行分析，作出正确地判断。

把真诚和仁爱的想法时刻铭记在心里，为自己想要的去付出努力。仁爱与真诚的心对每一个人而言是无价之宝，透过仁爱与真诚，我们可以给予需要爱的人温暖。仁爱与真诚的人，比远离仁爱与真诚的人幸福。我们付出越多的仁爱与真诚，就会得到越多爱的回报，这是永恒的因果关系。

同时，仁爱与真诚还能够帮助人们远离祸患。

战国时，魏国人范雎，早年有意效力于魏王，但由于出身贫贱，无缘直达魏王，便投靠在中大夫须贾的门下。

一次，他随须贾出使齐国，齐襄王知范雎之贤，馈以重金及牛酒等物，范雎辞谢没有接受。须贾得知此事后，任为范雎一定是向齐国泄露了魏国的秘密，因此回国以后，便将此事报告了相国魏齐。魏齐不问青红皂白，令人将范雎一阵毒打，范雎无法，只得装死，被人用破席卷裹丢弃在茅厕中，好不容易才逃了出来。

范雎历经千辛万苦来到了秦国，并改名为张禄。他几经周折，终于见到了秦昭王。范雎以其出色的辩才、超人的谋略向昭王指出秦国内政外交政策的失误及秦昭王的处境，并提出了自己的见解。秦昭王深为信服，遂拜范雎为相。

范雎提出了一条外交政策，就是闻名于后世的“远交近攻”，而他所要进攻的第一个目标，便是魏国。

秦要攻魏，令魏王大恐，忙派须贾去秦国求和。范雎得知须贾来秦，便换了一身破旧衣服，独自一人来到须贾的住处。须贾以为范雎早已死去，这时一见，十分吃惊，问道：“范先生固无恙乎？我以为先生被魏相打死，何以得命在此？”范雎答道：“当年被弃尸荒郊，幸得苏醒，为一过客所救，亡命于秦，为人打工糊口，聊以为生。”须贾不觉动了哀怜之情，便留下范雎吃饭。时值隆冬，范雎衣

薄而破，战栗不已，须贾见状叹道：“范叔一寒如此!”便命人拿出一件缯袍披在范睢的身上。接着问道：“当今秦国丞相张禄，权势盛大，我欲拜见他，可是无人引见。先生在秦日久，有什么办法吗?”范睢谎说自己的主人与张丞相关系甚好，自己也常出入相府，可以为其引见，并同意为须贾借得大车驷马，供其驱使。

第二天，范睢赶来一辆驷马大车，并亲自当驭手，将须贾送往相国府。进入相府时，所有的人都避开，须贾觉得十分奇怪。到了相府大堂前，范睢说：“你等一下，我先进去替你通报一声。”

须贾在门外等了好久，也不见有人出来，便向守门人道：“这位范先生怎么这么半天也不出来?”守门人说：“没有什么范先生。”须贾说：“就是刚才拉我进来的那个人呀!”守门人答道：“那是张相国。”

须贾大惊失色，于是脱衣袒背，一副罪人的打扮，请守门人带他进去请罪。范睢雄踞堂上，身旁侍从如云。须贾膝行至范睢座前，叩头道：“小人没能料到大人能致身于如此的高位，小人从此再也不敢称自己是读书有识之士，再也不敢与闻天下之事。小人有必死之罪，请将我放逐到荒远之地，是死是活都由大人安排!”范睢问：“你有几罪?”须贾说：“小人之罪多于小人之发。”范睢历数他三大罪状，然后说道：“你今至此，本该断头沥血，以酬前恨。然而考虑到你还念旧情，以缯袍相赠，所以苟全了你的性命。我可以放你回去，不过你替我转告魏王，赶快将魏齐的脑袋送来!要不然，我就要发兵血洗魏都大梁城!”

此时的秦国，威行天下，无人敢与争锋；此时的范睢，位高权重，言出令随。魏齐吓得仓皇出逃至他国，可赵、楚等国畏于秦国的兵威，谁也不敢收留他，魏齐终于被迫自杀。

须贾因自己的对范雎顾念旧情而得以保全性命，正应了那句“祸不可避，去杀机，以为远祸之方而已。

**【当下启示】**

人生在世，应该多朋友少树敌。常言道：“冤家宜解不宜结。”多个朋友就多一条路，少了一个仇人便少了一堵墙。得罪一个人，就为自己堵住了条去路，而得罪了一个小人，可能就为自己埋下了颗不定时的炸弹。尤其是在权力场中，最忌四面树敌，无端惹是生非。纵是仇家，为避祸计，也该主动认错示好，免其陷害。要知时势有变化，宦海有沉浮，少一个对头，便多一份平安。

# 养德远害——做个有德之人

**【原典重现】**

不责人小过，不发人阴私，不念人旧恶。三者可以养德可以远害。

**【译文释要】**

做人的基本原则，就是不要责难别人轻微的过错；不要随便揭发个人生活中的隐私；更不可对他人过去的坏处耿耿于怀久久不肯忘掉。做到这三点，不但可以培养自己的品德，也可能避免遭受意外灾祸。

**【谈古说今】**

人际交往中，一个人道德品质和修养的高下，是决定与他人相处得好与坏的重要因素。道德品质高尚，个人修养好，就容易赢得他人的信任与友谊；如果不注重个人道德品质修养，就难以处理好与他人的关系，交不到真心朋友。

一个人如果自己只对自己好，自己美自己的，那么必将故步自封，最后必成孤家寡人。这样的人，不会有人愿意和他在一起。

对人不要求全责备，至清的水不生鱼鳖，求全的人没有朋友。所以，做人应该眼睛明亮但又有所不见，耳朵聪敏而又有所不闻，看重别人的大功德，原谅别人的小过错，不要求一个人尽善尽美。

西汉初年，天下已定，各位功臣翘首以待，总希望能有个好结果，有的已等待不及，早就在那儿争论功劳大小了。刘邦觉得，也该到了封赏之时了。

封赏结果，文臣优于武将。那些功臣多为武将，武将对此颇为不服，其中尤其对萧何封侯地位最高、食邑最多，最为不满。于是，他们不约而同，找到刘邦对此提出质疑："臣等披坚执锐，亲临战场，多则百余战，少则数十战，九死一生，才得受赏赐。而萧何并无汗马功劳，徒刑文墨，安坐议论，为何还封赏最多?”

刘邦作了个形象的比喻，说：“诸位总知道打猎吧！追杀猎物，要靠猎狗，给狗下指示的是猎人。诸位攻城克敌，却与猎狗相似，萧何却能给猎狗发指示，正与猎人相当。更何况萧何是整个家族都跟我起兵，诸位跟从我的能有几个族人？所以我要重赏萧何，诸位不要再疑神疑鬼。”

众功臣私下的议论当然免不了，但毕竟与萧何无仇，对此事再不满也就算了。

一天，刘邦在洛阳南宫边走边观望，只见一群人在宫内不远的水池边，有的坐着，有的站着，一个个看去都是武将打扮，在交头接耳，像是在议论着什么。刘邦好生奇怪，便把张良找来问道：“你知道他们在干什么?”

张良毫不迟疑地答道：“这是要聚众谋反呢!”

刘邦一惊：“为何要谋反?”

张良却很平静：“陛下从一个布衣百姓起兵，与众将共取天下，现在所封的都是以前的老朋友和自家的亲族，所诛杀的是平生自己最恨的人，这怎么不令人望而生畏呢？今日不得受封，以后难免被杀，朝不保夕，患得患失，当然要头脑发热，聚众谋反了。”

刘邦紧张起来：“那怎么办呢?”

张良想了半晌，才提出一个问题：“陛下平日在众将中有没有造成过对谁最恨的印象呢?”

刘邦说：“我最恨的就是雍齿。我起兵时，他无故降魏，以后又自魏降赵，再自赵降张耳。张耳投我时，才收容了他。现在灭楚不久，我又不便无故杀他，想来实在可恨。”

张良一听，立即说：“好！立即把他封为侯，才可解除眼下的人心浮动。”

刘邦对张良是极端信任的，他对张良的话没有提出任何疑义，他相信张良的话是有道理的。

几天后，刘邦在南宫设酒宴招待群臣。在宴席快散时，传出诏令：“封雍齿为什邡侯。”雍齿真不敢相信自己的耳朵。当他确信无疑真有其事后，才上前拜谢。雍齿封为侯，非同小可。那些未被封侯的将吏和雍齿一样高兴，一个个都喜出望外："雍齿都能封侯，我们还有什么可顾虑的呢？"

事情真被张良言中了，矛盾也就这么化解了。

做人应当宽宏大量，不要紧紧抓住别人的错误或缺点不放，那样，不但证明自己人品的卑劣，而且也体现了自己狭隘的胸襟。能宽容待人，能容许人家犯错误，同样能造福于自己和别人，从而避免祸害。

**【当下启示】**

天下最让人喜欢的人，就是有德之人。他们总是按照良心法则去做人做事，从而能赢得人心。一个人能够赢得人心，就会在周围有一大批朋友。朋友是帮助你走向成功的资本。有德之人朋友遍天下，无论走到哪里都有一碗饭吃。中国有句俗话："在家靠父母，出门靠朋友。"这话的确是一句大实话。这里所说的"靠"，不是依靠，而是大家靠在一起，不把自己孤立封闭。这样，才能风调雨顺，马到成功。有德之人具有极大的感应力与亲和力，根本无需去刻意寻找，自然就会有人来找你，来帮助你！

## 外圆内方——真诚为人，圆转涉世

**【原典重现】**

作人无点真恳念头，便成个花子，事事皆虚；涉世无段圆活机趣，便是个木人，处处有碍。

**【译文释要】**

做人如果没有一点真诚恳切的心意，那就成了一个华而不实的人，做什么事情都不实在；处世如果没有一些灵活的技巧，那么就成了一个木头人，时时处处都会受到阻碍。

**【谈古说今】**

这里的“圆活机趣”，并非指一切事情都要讲求圆滑，而是应该在生活中增加一点圆通灵活和随机应变的情趣，在处事中重视人情味和幽默感，要考虑到具体的事物应有相应的变通之法。

西汉到东汉四百年内，五铢钱一统天下。五铢钱是我国钱币史上使用时间最长的货币，奠定了中国铜钱圆形方孔的传统。为人处世，应像铜钱一样，当外圆内方。这就是古人所谓的“铜钱哲学”。

所谓外圆，就是在与人相处时，要有随和幽默的情趣，要有变通之法、机动灵活，化解尴尬；所谓内方，就是上文所说的“真恳念头”。这就是古人所谓的“铜钱哲学”，是做人的基本准则，不可马虎。所以说，人活在世，不能太过虚浮，也不能太过刻板。太虚浮，可能会感到无所适从；太刻板，那么生活的情趣就荡然无存了。

战国时期，商鞅应秦孝公求贤令入秦，说服秦孝公变法图强。

起初，商鞅将变法的法令全部准备就绪，但并没有立刻公布。因为他担心百姓不相信自己，从而在执行力度上会大打折扣。为了让百姓知道他商鞅是一个说话算话的人，于是，他想出了一个办法。

一天，商鞅带着手下在国都集市的南门外竖起了一根三尺高的木头，并在旁边贴上告示说：谁能够把这根木头搬到集市的北门去，就奖赏给他十金。起初，百姓们都只是好奇围观，却没有人敢来搬动，因为他们不相信这么容易就能得到这么多钱。商鞅只好又出示布告说：谁能够搬动这根木头就奖赏他五十金。百姓们一见赏金居然提高到了五十金，都有些心动了，终于，有一个人壮着胆子走了出来，把木头从集市南门搬到了集市北门，商鞅见了立刻就令人给了他五十金，以表明他说到做到。后来，百姓之间就传扬开了，都说商鞅大人是个信守承诺的人。紧接着，商鞅就下令变法，由于他之前说到做到的行为，使得新法很快在全国推广开来。

移动一根木头并非什么难事，关键是因此而树立的千金难买的诚信，而诚信则是人与人之间最宝贵的东西。商鞅想要树立自己诚信的形象，但他没有直接向人们强调，而是采取了移木赏金的办法，间接地告诉人们他说到做到，也因此在人们心目中树立了令出必信，法出必行的印象，使得新法能够很快的推行开来。他既讲求诚信，同时又能够灵活变通，采用适当的方法。

【当下启示】

真心待人，诚恳做事，是一个人为人处世应该具备的基本品质。一个人如果对待周围的朋友同事态度不诚恳踏实，人们就会认为他滑头滑脑、华而不实，从而不敢跟他合作共事，更何谈与他成为知心朋友了。而过于顽固的人，毫无圆转滑脱的通融机趣，常会被人看作是一个不通人情的木头人，因而很容易受到冷遇，可能事事都办不成。所以，处世过于虚伪会得不到别人的信任，但处世过于呆板也一定不受人欢迎。凡事都有变通之法。我们在为人处事时，应当随方就圆，机动灵活，不妨幽默一点，有利于化解尴尬。

# 清浊并包——持身不可太皎洁

**【原典重现】**

持身不可太皎洁，一切污辱垢秽要茹纳得；与人不可太分明，一切善恶贤愚要包容得。

**【译文释要】**

立身处世不能过分洁身自好，对于一些污名秽语，羞辱委屈要能适应容纳；与人相处不可把善恶分得太清，不管是好人还是坏人，都要在一定程度上习惯包容。

**【谈古说今】**

社会是一个大舞台，在这个舞台上，容纳着缤纷多姿，形形色色的人，并且不同的人扮演着不同的角色。其中，有君子、有小人、有善良、有丑恶等。这种真实的存在和自然的现象，我们必须客观地正视和面对。正如性格研究专家就人与人之间不同的性格比喻而言："世界上没有两片相同的树叶。"

由于每个人所处的生活背景、教育状况，社会阅历及其自身性格等原因，所形成的差异是必然的。一个人如果要求与他交往的人都像天使一样纯洁、美丽，是极不现实的。句子中"皎洁"，指洁白明亮。"茹纳得"，即容忍得下之意。茹，含也。范成大《相州》诗有："茹痛含辛说乱华"之语。

简要来讲，这段话的核心，就是说一个人不能容不下一点污名秽语，也不要把善恶分得太清。水至清则无鱼，持身太洁，不讲包容，将是很难与人相处的。

宋太宗时期，宰相吕蒙正说过："水若过清则鱼不留，人若过严则人心背"。吕蒙正素以不与人计较而出名。他刚任宰相时，有一位官员在帘子后面指着他对别人说："这小子也配当宰相吗？"吕蒙正假装没听见，大步走了过去。

其他官员为他深感不平，准备将此人查问出来，吕蒙正知道后，急忙阻止了他们。

散朝后，那些官员还是愤愤不满。吕蒙正却对他们说：“人无完人，他们说我一些不好的话，也没什么，谁能保证自己就没过失呢？或许我的确有哪儿做得不好。再说，如果知道了他的姓名，一辈子都得耿耿于怀，多不好啊！所以千万不要再去查问了。况且，说这几句对我并没有什么损失呀。”人们都佩服他气量大。

可以说，持身不可太皎洁，是宜群合众；污辱垢秽要茹纳得，是谦恭适应；善恶贤愚要包容得，是雅量高风。只有宜群合众，才能和谐共处，只有谦恭适应，才能赢得尊敬，只有包容善恶，才能化解仇恨，这是修身的真经也是立世的良方。如此，可以使我们生活得更美好。

**【当下启示】**

生活的空间里圣洁与污浊并存，善良与丑恶同在。要想做德才兼备，成就大事的真正君子，就必须有清浊并容的雅量和气度，宽宏大量，善于同形形色色的人交往，取其长处，避其之短，不可对别人苛刻或有过高的要求。

# 和气致祥——得饶人处且饶人

**【原典重现】**

疾风怒雨，禽鸟戚戚；霁日风光，草木欣欣。可见天地不可一日无和气，人心不可一日无喜神。

**【译文释要】**

在狂风暴雨中，飞禽会感到哀伤忧虑惶惶不安；晴空万里的日子，草木茂盛欣欣向荣。由此可见，天地之间不可以一天没有祥和之气，而人的心中则不可以一天没有喜悦的神思。

**【谈古说今】**

古人云："二虎相争，必有一伤。"若是为了一些小事而争斗不休，谁都不好看。若是因为各自的思想方法不同，性格上的差异，甚至微不足道的小过节而互相诋毁，互相仇视，互相看不起，那么不仅自己和对方不愉快，还会给他人和社会带来一些损失。天底下有能耐的好人本就不多，所以就更应该想着同心协力为社会多做贡献。所以要记住，抬头不见低头见，得饶人处且饶人。

宋朝的王安石和司马光十分有缘，年轻时，都曾在同一机构担任完全一样的职务。两人互相倾慕，司马光仰慕王安石的绝世文才，王安石尊重司马光的谦虚人品，在同僚们中间，他们俩的友谊简直就是某种典范。

但是后来，王安石和司马光的官愈做愈大，因王安石主张变法，而司马光反对，这对本来相互唱和、互相赞美的老朋友竟好像有了解不开的深仇大恨，争斗不休。两位智者名人，仿佛变成了两只好斗的公鸡，都不甘示弱。

一次，洛阳牡丹花开，包拯邀集全体僚属饮酒赏花。席中包拯敬酒，官员们个个善饮，自然毫不推让，只有王安石和司马光酒量极差，待酒杯举到司马光面前时，司马光眉头一皱，仰着脖子把酒喝了，轮到王安石，却执意不喝，全场哗然，酒兴顿扫。司马光大有上当受骗、被人小看的感觉，于是喋喋不休地骂起王安石来。王安石也不甘示弱，以牙还牙，痛骂司马光。王安石得了一个“拗相公”的称号，而司马光也落了个“司马牛”的绰号。

自此两人结怨更深，矛盾愈发激化。后来，司马光又是上书，又是面陈，告了王安石的御状。直到把王安石搞下了台，司马光才罢休。他们早年的理想，终于成为一个泡影。

到了晚年，王安石和司马光对他们早年的行为都有所悔悟。大概是人到老年，与世无争，心境平和，世事洞明，可以消除一切的拗性与牛脾气了。王安石曾对侄子说，以前交的许多朋友，都得罪了，其实司马光这个人是个忠厚长者。司马光也称赞王安石，夸他文章好，品德高，功劳大于过错。

王安石与司马光虽然晚年又重修旧好，但毕竟能够做事的人生黄金时光已逝。在那时他们没有团结合作，同心协力地为国为民出力谋划，反而把原本可以成为伙伴的人变成了阻力强大的对手，这不但在他们心中留下了遗憾，也令后人为之叹惋。若是两人都能和气一点，双方合作，肯定会有更大的成就。

**【当下启示】**

朋友之间相处，更是需要用“和气”来化解彼此之间的矛盾。人与人之间毕竟都是不同的，对于各人的性格、见解、习惯等方面都存在着一定的相异，因而与朋友相处要以和为贵，否则就很容易会影响到朋友之间的关系，甚至导致友谊破裂，反目成仇；而若和气面对彼此的不同，进而欣赏对方的优点，则对方也会对你加以赞美。这样一来，你们的“祥”和“瑞”也就更多了。

# 藏巧于拙——潜藏自己的锋芒

**【原典重现】**

藏巧于拙，用晦而明，寓清于浊，以屈为伸，真涉世之一窟、藏身之三窟也。

**【译文释要】**

一个人再聪明也不宜锋芒毕露，不妨装得笨拙一点；即使非常清楚明白也不宜过于表现，宁可用谦虚来收敛自己。志节很高也不要孤芳自赏，宁可随和一点；在有能力时也不宜过于激进，宁可以退为进，这才是真正安身立命、高枕无忧的处世法宝。

**【谈古说今】**

不要锋芒太露，并不是在教人伪装自己，而是要分清主次轻重，办事要讲究方法。常言道：“大智若愚”，就是说一个人平时不咄咄逼人，到紧要关头自然会发生功效。

只有碌碌无为的人才会在世人面前夸耀自己的才华。一个人要想拥有足以藏身的三窟以求平安，第一宜藏巧于拙锋芒不露；第二要韬光养晦不使人轻易了解自己的才华，第三要能屈能伸知进懂退。

东汉末年，刘备投奔了曹操，却又害怕遭到曹操的猜忌而加以谋害，就在后园辟出了一块土地种菜，并亲自播种、浇灌、施肥。想要让曹操放下对自己的猜忌。

一天，刘备正在浇菜，曹操派人来请刘备，刘备只得前往入府见曹操。曹操一见刘备，劈头就说：“你在家做的好事！”刘备吓得面如土色。接着曹操拉着着刘备的手走到后院，说：“玄德学圃不易。”刘备这才放下心来。二人对饮，酒至半酣，突然阴云密布，大雨将至。曹操指天为题，以龙的变化、升隐来暗指英雄的行为，并问刘备谁是天下英雄，刘备假装糊涂，处处设防，用一些其他人物来搪塞，如袁绍、袁术、刘表、孙策、刘璋等。而这些搪塞之语都被曹操寥寥简略的评价一一驳回，针针见血。刘备只好说道：“除此之外，我实在是不知道了呀。”

曹操此时正想试探刘备，看他是否想称雄于世，于是说道：“夫英雄者，胸怀大志，腹有良谋，有包藏宇宙之机，吞吐天下之志者也。”刘备继续装傻，问：“谁能当之？”曹操单刀直入地说：“今天下英雄，唯使君与操耳！”刘备一听，吃了一惊，手中拿的筷子，也不知不觉地掉下地下。正巧此时雷声大作，刘备灵机一动，从容地低下身拾起筷子，说：“一震之威，乃至于此。”曹操见刘备如此胆小怯懦，遂不再怀疑他。刘备经过这样的掩饰，终于瞒过了曹操，躲过了一劫。

凡能成就大事业者，无不深谙不露锋芒藏、藏巧于拙的伸屈之道，刘备也是如此，他通过糊涂装傻瞒过曹操，使自己得保平安。

**【当下启示】**

做人不必过于暴露锋芒，要善于潜藏，要善于韬光养晦，男子汉大丈夫能屈能伸，方能成就大业。以守为攻，以退为进，同样能把主动权掌握在手里，胜券在握，潜藏不露才是人生的真正智慧。

# 第五章　待人之法

人们几乎每天都是在和人接触中度过的，和人接触就要会待人，待人有待人的方法。待人严苛、冷漠，或是待人无情无义、自私自利，都不会获得别人的欢喜。我们待人，要凡事替别人着想，要乐于助人，和气待人才能获得人和。

# 热心助人——和善宽厚的人更有力量

**【原典重现】**

天地之气，暖则生，寒则杀。故性气清冷者，受享亦凉薄。惟和气热心之人，其福亦厚，其泽亦长。

**【译文释要】**

自然界的气候规律是，气候温暖的时候就会催发万物生长，气候寒冷的时候就会使万物萧条沉寂。所以一个人如果心气孤傲冷漠，只会受到同样冷漠的回报。只有那些充满生命热情而又乐于助人的人，他所得到的回报才会深厚，福祉也才会绵长久远。

**【谈古说今】**

对待别人是冷淡还是热情，这对一个人的将来是有很大的影响的。在现实社会中，古道热肠的人一般都让人愿意接受，而和和气气更是持家立业的根本。一个人性情过于冷酷，就会如寒冬一般，使万物丧失生机，因而很难得到他人的协助。从做事方面来讲，一个人的力量毕竟是有限的，人们只有互助合作才会有更大力量。假如一个人整天板着一张脸，自以为清高，那有什么人会愿意和他精诚合作共同开创事业呢？这种人最终只能在离群独居、孤立无援的情况下度过自己寂寞的一生。

胡雪岩，名光墉，字雪岩。1823 年出生于徽州绩溪。徽州多商，徽商遍布各地。受经商之风的影响，胡雪岩 12 岁那年，便告别寡母，只身去杭州信和钱庄当起了学徒。

开始时，胡雪岩和其他伙计一样在店里站柜台，后来东家和“大伙”都觉得这个小伙计顺眼，就派他出去收账，胡雪岩认真操办，从来不曾出过纰漏，深得东家赏识。

有年夏天，胡雪岩在一家名叫“梅花碑”的茶店里跟一个叫王有龄的攀谈，知道他是一名候补盐吏，打算北上“投供”加捐。

清代捐官不外乎两种，一种是做生意发了财，富而不贵，美中不足，捐个功名好提高身价，像扬州的盐商，个个都是花几千两银子捐来的道台，那一来便可以与地方官称兄道弟，平起平坐，否则就不算“缙绅先生”，有事上公堂，要跪着回话。再有一种，本是官员家的子弟，书也读得不错，就是运气不好，三年大比，次次名落孙山，年纪大了，家计也艰窘了，总得想个谋生之道，走的就是“做官”的这条路，改行也无从改起，只好卖田卖地，托亲拜友，凑一笔钱去捐个官做。

王有龄就是属于后者，他的父亲是候补道，没有奉诿过什么好差事，分发浙江，在杭州一住数年。老病侵夺，心情抑郁，死在异乡。身后没有留下多少钱，运灵柩回福州，要很大一笔盘缠，而且家乡也没有什么可以投靠的亲友，王有龄就只好奉母寄居在异地了。

境况不好，且又举目无亲，王有龄穷困潦倒，每天在茶馆里穷泡，消磨时光。虽然捐了官却无钱去“投供”。

在清代，捐官只是捐了一个虚衔，凭一张吏部所发的“执照”。取得某一类官员的资格，如果要想补缺，必得到吏部报到，称为“投供”，然后抽签分发到某一省候补。王有龄尚未“投供”，更谈不上补缺了。

胡雪岩认定眼前这个落拓潦倒的王有龄必定会翻转过来，大富大贵，只是火候未到，还缺一位帮他的贵人罢了。胡雪岩年龄尚轻，20 岁出头，正处于多梦时代，他想象自己正是刚肠侠胆、救人危难的豪爽之士，虽算不上“贵人”，但手里尚握重金——那五百两未交给老板的银子，亦是助人成就大业的本钱。

王有龄却不知胡雪岩的心思，他心不在焉地呷口茶，冲胡雪岩拱拱手，然后起身告退。

“老哥不忙走，请看一样东西，”胡雪岩从衣兜里掏出布包，一层层理开，露出一张 500 两的银票，原来老板当初交办胡雪岩去讨一笔倒账，并无十分把握，即使讨不回来，也并不怪罪他。故而胡雪岩未把银票交回钱庄，他寻思把这钱作本钱，做一桩大生意的投资，如今瞅准了王有龄，正好在他身上下工夫。胡雪岩见识高明，他认定以钱赚钱算不得本事，以人赚钱才是真功夫，倘若选人得当，大树底下好乘凉，今生发迹才有靠山。这思想一直左右胡雪岩终生，使他成为一代大贾巨富。

当时，王有龄一下惊呆了，盯住银票入定一般，半天回不过神来。当他听胡

雪岩说这些银票要送给他进京“投供”时，他双手乱摇不肯接受。这么大一笔钱，没有人敢替他作保，他实在还不起！

然而当他感知胡雪岩是真心实意，绝非儿戏时，顿时又感动万分，热泪滚滚，倒头便要下拜。胡雪岩慌忙扶住他，两人互换帖子，结拜为弟兄。胡雪岩重又唤来酒菜，举杯庆贺，预祝王有龄马到成功、衣锦荣归。两人如同亲弟兄一般，说不完的知心话，道不尽的手足情。

第二天，王有龄买舟启程北上，胡雪岩到码头相送，两人依依惜别。秋风鼓动白帆，客船飞快远去，运河水面百舸争流，千帆竞发。胡雪岩站在码头上，望着此情景，忽然生出念头：运河犹如大赌局，不知王有龄能赢否？

但有一点胡雪岩不会怀疑，那就是王有龄一旦发迹是绝不会忘记他的。

胡雪岩资助王有龄的这笔款子原是吃了“倒账”的，就钱庄而言，已经作为收不上来的“死账”处理了，如果能够收到，完全是意外收入。

欠债的人背后有个绿营的营官撑腰，钱庄怕麻烦，也知惹不起他，只好自认倒霉。但巧的是此人偏偏跟胡雪岩有缘，两人很谈得来。他欠的债别人收不来，可胡雪岩一开口就另当别论了。而此人最近又发了财，当胡雪岩登门说明来意后，他二话没说，把钱如数交到了胡雪岩手中。

胡雪岩当时心想，反正这笔款子钱庄已当无法收回处理，转借给困境中的王有龄，将来能还更好，万一不能还，钱庄也没有损失。

如果胡雪岩把这事悄悄办了也不会出问题，可事情坏就坏在他把事情和盘托出了，而且自己写了一张王有龄的借据送到总管店务的“大伙”手里。

钱庄老板震怒于胡雪岩的自作主张，把店里的钱拿去做人情，不仅给钱庄带来了经济损失，而且在店员中树起了一个恶例。尽管胡雪岩坦言相告，但并不能保证其他店员不跟胡雪岩学这类似的转手把戏，长此下去，还不把钱庄给砸了？

同行和熟人那里，也有人私下议论，绝不相信以胡雪岩的精明，会做出损己利人的事。所以对胡雪岩的坦言不但不信，而且觉得大可从这种交代上怀疑开去。保不准是狂嫖滥赌，欠下一屁股债，现在没办法了，就挪用款项，然后编造出一个“英雄赠金”的故事来。

归在一起，就是不能用这种人了。不但原店不能用，而且同行也不能用，同业中虽都知他是一把好手，但恶名一传，别人想用也不敢用。胡雪岩在杭州无法立足，最后只好离开杭州，流落到上海。

胡雪岩到上海后，生计窘迫，只好去做苦力，每日以烧饼白开水充饥，艰难时只得把自己的袍子也送进了当铺。

他一度求职无门，最后回到杭州托人介绍他到妓院去给别人扫地挑水。

这是一段茫无尽头的苦日子。因为胡雪岩只是把钱赠给了王有龄，但是王有龄是否能捐官成功，何时能捐官成功，他心里都没有底儿。他只能在心里默默念叨："王有龄啊王有龄，但愿你一帆风顺，如愿以偿，我胡雪岩才有出头之日！"

王有龄花银子加捐为候补州县，分发浙江，拿了一张簇新的"部照"和交银收据，打点回程，到杭州候补。

没几天，被委为浙江海运局坐办，主管海上运粮事宜，是个很有油水的差事。

王有龄到"海运局"上任后的第一件事就是帮胡雪岩重新把丢了的饭碗找回来。

王有龄有意到钱庄摆一摆官派头，替胡雪岩出一口恶气，但胡雪岩不同意这么做，不同意让钱庄的"大伙"难为情。胡雪岩很细心地考虑到他那些昔日老同事的关系、境遇、爱好，花了整整一上午的时间，替每人备了一份礼，然后雇了一个挑夫，担着这一担礼物跟着他去了钱庄。

钱庄上下人等都知道以前错怪了胡雪岩，现在胡雪岩有王大人撑腰，这次胡雪岩重回钱庄他们准没好果子吃，大家惴惴不安地等着胡雪岩的到来。

可他们万万没想到胡雪岩满脸微笑，好像从前的事从没发生过似的，更让钱庄伙计们想不到的是胡雪岩竟还给每个人备了份礼。众人收下礼物后在背后不住地摇头叹息："嗨！咱当初是怎么对待人家的呀，这……嗨！"

就这一下子，胡雪岩就把众人给收服了。人人都有这样一个感觉：胡雪岩倒霉时，不会找朋友的麻烦，他得意时，一定会照应朋友。

胡雪岩的所作所为，让王有龄大加赞叹，对他这位莫逆之交愈发敬重，大事小事总要先向胡雪岩请教之后才去办理。

胡雪岩有了王有龄这个靠山，从此才得以出人头地，平步青云。

胡雪岩的"好运自然来"，说到底是他乐于助人的结果。若是没有他热心帮助王有龄，那他也不会这么快的发展起来。

**【当下启示】**

对待别人就应当像春天一样热情，而不应当像秋风扫落叶一样无情。和气待人、予人帮助，给困难之人以援手，历来都是中国人所尊崇的。待人热情，首先就不孤独，乐于助人，显然能得到人们的帮助，渡过生活的难关。

# 量宽福厚——做待人宽厚的仁者

**【原典重现】**

仁人心地宽舒，便福厚而庆长，事事成个宽舒气象；鄙夫念头迫促，便禄薄而泽短，事事成个迫促规模。

**【译文释要】**

仁慈博爱的人心胸宽阔坦荡，所以能够福禄丰厚而长久，事事都能表现出宽宏大度的气概；浅薄无知的人心胸狭窄，所以福禄微薄而短暂，凡事都表现出目光短小狭隘局促的心态。

**【谈古说今】**

人，由于胸怀宽广舒坦，就能享受厚福而且长久，于是形成事事都有宽宏大度的样子；反之，心胸狭窄的人，由于眼光短浅思维狭隘，所得到的利禄都是短暂的，形成只顾到眼前而临事紧迫的局面。

庞涓与孙膑同在鬼谷子门下学兵法。庞涓自以为学得差不多了，又听说魏国正在厚币招贤，访求将相。于是辞别了鬼谷子，投奔魏相国王错，王错将他推荐给魏惠王。魏王见他兵法精熟，便任他为元帅，兼军师。

孙膑却仍然留下潜心学习。鬼谷子见孙膑为人忠厚，便将自己注解的《孙武兵法》传授给了他。并要求孙膑三日内尽行记下，然后便索还原书。

魏惠王从墨翟口中得知鬼谷子门下还有一孙膑，好生了得，于是便派使臣迎至魏国。魏惠王问庞涓，孙膑才能如何，庞涓说在己之上，要魏惠王任他为客卿。客卿地位虽高，但不掌握军权。孙膑在惠王面前演习兵阵，庞涓预先请教孙膑，然后在惠王面前一一指出阵名，惠王便以为庞涓胜于孙膑。

庞涓既害怕孙膑分宠，又想得到《孙武兵法》真传。于是他设计陷害孙膑。由于孙膑是齐国人，庞涓便叫人假造了一封信，由手下人扮作齐使者，将信交给孙膑，说是齐国他哥哥来的信，请他回去祭扫祖坟。孙膑回信谢绝，庞涓得信后，加进了孙膑想效忠齐王的内容，连夜送给魏王看。后又假装探望孙膑，唆使孙膑第二天上书请假，惠王便真的以为孙膑不忠，想出卖自己，于是把他交给庞涓处理。庞涓当着孙膑的面，说是要去见惠王救孙膑，实则在惠王跟前请求对孙膑用刖刑(即锯去膝盖骨)。回来后说自己只救得他不死，假表歉意后，便叫手下人对孙膑用刖刑。

后来，孙膑从庞涓的下人那里听说，庞涓想在兵法到手后便弄死他，情急生计，便装癫佯狂。齐国得知后，借口其他事派使臣至魏，将孙膑偷带至齐国。

孙膑到齐后，做了田忌的军师。后庞涓率兵攻打赵国都城邯郸，赵求救于齐。田忌用孙膑“围魏救赵”计，就近进攻魏国的襄陵。庞涓果然回兵，结果在桂陵中了孙膑预设的埋伏，大败。

后来，庞涓又率兵攻韩。韩向齐求救。齐国待魏兵与韩兵交战了很久之后才出兵。这次又采用孙膑“围点打援”之计，直逼魏都大梁。庞涓火速回兵，孙膑又用减灶之法迷惑敌人，使庞涓误以为齐兵大多逃亡，不堪一战，于是全力追赶。追至马陵道时，又中了孙膑的埋伏，全军覆灭。不仁不义的庞涓被万箭穿心。

庞涓本和孙膑有同窗之谊，但庞涓命薄福浅，无幸获得鬼谷子的《孙武兵法》，这使他迁怒于孙膑并加害于他。但孙膑最终还是逃脱了庞涓的魔掌，在战场上惩处了不仁不义的庞涓。庞涓咎由自取，罪有应得。

**【当下启示】**

念头少，伪装少，争得就少，心情舒畅，平日就少有忧虑烦恼。有些人聪明过了头，用尽心机，烦恼接踵。而那些污秽贪婪的小人，心地狡诈行为奸伪，凡事只讲利益不顾道义，这种人的行为更不足取。仁人待人之所以宽厚，在于诚善，在于忘我。所以，待人应有些肚量，少为私心杂念打主意。不强取不属于自己的东西，烦恼何来？做人要充分反省自己才是。

# 胸能容物——胸怀宽广，容人之过

【原典重现】

地之秽者多生物，水之清者常无鱼，故君子当存含垢纳污之量，不可持好洁独行之操。

【译文释要】

污物的地方往往滋生众多生物，而极为清澈的水中反而没有鱼儿生长。所以真正有修养的君子有容忍庸俗的气度和宽宏他人的雅量，绝对不可孤芳自赏自命清高不跟任何人来往，而陷入孤立无援的状态。

【谈古说今】

金无足赤，人无完人。用人不必求全责备，也不必均是贤才。很多人只能看到别人的缺点而无法赏识别人的长处，如果这样的话，就很难成就什么大事业了。

曹操用人的一大特点是大度用人，能够容人之错。他冲破了固有的迂腐标准的禁锢，具有创新的见地，他认为“人无完人，慎无苛求，才重一技，用其所长”。

东汉建安四年，曹操与实力最为强大的北方军阀袁绍相持于官渡，袁绍拥兵十万，兵精粮足，而曹操兵力只及袁绍的十分之一，又缺粮，明显处于劣势，当时很多人都认为曹操这一次是必败无疑了。曹操的部将以及留守在后方根据地许都的好多大臣，都纷纷暗中给袁绍写信，准备一旦曹操失败以后便归顺袁绍。

官渡之战曹操采用了许攸的奇计，袭击袁绍的粮仓，一举扭转了战局，打败了袁绍。曹操打扫战场时，从袁绍的书文案卷中拣出一束书信，都是曹营里的人暗中写给袁绍的投降书信。

当时有人向曹操建议，要严肃追查这件事，对凡是写了投降信的人，统统抓起来治罪。然而曹操的看法与众不同，他说：“当时袁绍强盛，我都担心能不能自保，何况别人呢？”于是，他连看也不看，下令把这些密信全都付之一炬，一概不予追查。这么一来，那些怀有过二心的人便全都放心了，并对曹操心存感激，军心、臣心稳定，使处于弱势的曹操集团迅速巩固了胜利的战局。

曹操大度能容，对于犯错的手下能够不予计较。古今中外，大凡善用人者必有宽容之心，容人之度，容人之错，可以宽其心，去其疑，进而尽心竭力。

李斯在《谏逐客书》中说：“泰山不让土壤，故能成其大；江海不择细流，故能就其深；王者不却众庶，故能明其德。”这是一种可贵的容量，是一种王者气象。也是古代贤人传给我们的穿越千年沧桑时空的宝贵智慧。

其实生活也是如此，在为人处世中做人固然不可以玩世不恭或者游戏人生，不过也无须事事太较真，认死理。太认真了，就会对什么都看不惯，连一个朋友都容不下，把自己同社会隔绝开。镜子很平，但在高倍放大镜下，就成凹凸不平的“山峦”；肉眼看很干净的东西，拿到显微镜下，满目都是细菌。试想，如果我们“戴”着放大镜、显微镜生活，恐怕喘气都会紧张。

所以，在处理与周围的人的关系的时候，要互相谅解，求大同，存小异，有肚量，能容人，如此，你就会拥有一个和谐的网络平台，且左右逢源，诸事遂愿。相反，“明察秋毫”，眼里容不得半粒沙子，过分挑剔，什么鸡毛蒜皮的小事都要论个是非曲直，有理不饶人，无理撑三分，人家肯定会躲得你远远的。最后，你只能成为孤立的异己，成为使人避之唯恐不及之徒。

**【当下启示】**

生活的空间里污洁并存，良莠混杂，善恶交错，要想成就一番事业必须有清浊并容的雅量，宽恕为怀，善于与不同的人与不同的环境打交道，这是我们立身处世的基本态度，也是一个人事业成功所必须具备的心理素质。

## 念恩忘怨——念过不念功，记恩不记怨

**【原典重现】**

我有功于人不可念，而过则不可不念；人有恩于我不可忘，而怨则不可不忘。

**【译文释要】**

自己帮助或救助过别人的恩惠，不要常常挂在嘴上或记在心头，但是对不起别人的地方却不可不经常反省；别人曾经对我有过恩惠不可以轻易忘怀，别人做了对不起我的地方不可不忘掉。

**【谈古说今】**

待人有功，不必张扬炫耀；但如有过错，则应当严加自责。人家有恩于我，虽滴水之恩，也当涌泉相报；而人家得罪于我，冒犯于我，则应当宽以释怀。这是一种超越自我、完善自我的态度。

帮助与被帮助是人与人之间相处所经常发生的事，也是显出朋友情感义气的宝贵所在。深情由于加厚，感动由此而生。但要保持友谊之树常青不老，并展现更宽广的心胸，还必经注重“念过不念功，记恩不记怨”之观念。即一方面对于自己给予过别人的恩惠，不要念叨不完，甚至在等待回报，对于某些地方做了对不起人的事情，则应该多多反省，不能千方百计地找出种种借口来开脱责任。另一方面，对于别人给予自己的帮助或好处，不能过眼云烟，很快忘却，甚至视而不见，而对别人不小心得罪了自己的地方，却记恨于心，耿耿于怀。句子中的“功”，指对他人有恩或帮助之意。“念”，指记挂，念叨。“过”，对他人愧歉或冒犯的意思。“怨”，即怨恨。

心里老是记着自己的功劳，就会滋生骄狂，不时时反思自己的过错，就会铸成大错。

魏信陵君杀了晋鄙（魏国带兵官），击破秦军，解除邯郸被围困的危机，救了赵国，赵王亲自出郊外迎接。唐雎对信陵君说："我听人说：'有些事无法得知，但有些事不可不知，有些事不能忘，但有些事不能不忘。'"信陵君说："怎么说呢？"唐雎说："有人恨我，我无法得知，但我恨人，却不可不知，别人有恩于我，不能忘记，但有恩于人，就不能不忘。先生杀了晋鄙解除邯郸受困的危机，救了赵国，这是大恩，希望你能忘记对赵国的恩惠。心里老是记着对别人的恩德，势必带来恩大仇大；对别人的怨恨不能及时化解，只能给自己带来更多的烦恼。"

在现实生活中，一般人总是容易记仇而不善于怀恩，容易记得自己哪怕对于别人一丁点儿的好处，却淡忘别人对自己的帮助。这既有违良心，也不利于长久的交往相处。

而只有如洪应明所说，对自己忘功不忘过，对别人忘怨不忘恩，才能体现出一种高尚的情怀，一种真善美的精神。

著名作家阿里和吉伯、马沙两位朋友一起旅行。三人行至一个山谷时，马沙失足滑落，幸而吉伯拼命拉他，才将他救起。马沙就在附近的大石头上刻下了："某年某月某日，吉伯救了马沙一命。"三人继续走了几天，来到一处河边，吉伯与马沙为了一件小事吵了起来，吉伯一气之下打了马沙一耳光。"马沙就在沙滩上写下："某年某月某日，吉伯打了马沙一耳光。"当他们旅游回来之后，阿里好奇地问马沙：为什么要把吉伯救他的事刻在石头上，将吉伯打他的事写在沙滩上？马沙说："永远都感激吉伯救我。至于他打我的事，随着沙滩上的字迹的消失，我会忘得一干二净。"

这则故事中，马沙的言行颇能给人

感想与深思。让我们共同记住这句“人有恩于我不可忘，而怨则不可不忘”的至善名言吧。

古训曰：“施惠无念，受恩莫忘。”多铭记别人所给的一分恩惠，多洗刷对别人的一分怨恨，必将会使友谊之花开放得灿烂美丽。

【当下启示】

一个有修养的人不同于一般人的地方，首先在于其待人的恩怨观是以恕人克己为前提的。一般人总是容易记仇而不善于怀恩，因此有“忘恩负义”、“恩将仇报”、“过河拆桥”等说法，而古之君子却有“以德报怨”、“涌泉相报”、“一饭之恩终身不忘”的美德。为人不可斤斤计较，少想别人的不足、别人待我的不是；别人于我有恩有劳应牢记于心。人人都这样想，人际关系就和谐了，世界就太平了。用现在的话讲，多看别人的长处，多记别人的好处，矛盾就容易化解。

# 责人责己——宽以待人，严于律己

**【原典重现】**

人者，原元过于有过之中，则情平；责己者，求有过于元过宅内，则德进。

**【译文释要】**

对待别人应该宽容，要善于原谅别人的过失，把有过错当作无过错，这样相处就能平心静气；对待自己应该严格，在自己没有过错时要能找到自己的缺点，这样品德就会不断增进。

**【谈古说今】**

有一句话，叫做“从自己做起”，从自己做起，就是对自己严格要求，事事走在前面，以行动作示范。这样自然有力量。相反，自己做不到的，却要求人家做到，自己费好多努力才终于做到的，也要求人家做到，这首先就使人家不佩服，哪能有力量呢？所以终于把一句很有实际意义的话弄成了举着好看的口号。

俗话说：“见人之过易，见己过难。”责备别人不可太刻薄，但是反求诸己则必须严格要求，如此一来自己的德性也就随之而进步了。

上帝给人创造了两只眼睛，一只是让你观察别人，一只是让你观察自己，不论观察别人，还是观察自己，都必须抱着“宽以待人，严以律己”的态度。

春秋时期，齐国丧君，大臣们都纷纷开始策划拥立新君。齐国正卿与公子小白非常要好，便暗中派人去莒国召小白回国即位。同时，也有人准备接年长一些的公子纠回国为君，而鲁国此时也正准备护送公子纠回齐，并派管仲带兵在途中拦截回国的小白。

双方相遇，小白被管仲一箭射中身上铜制的衣带钩，险些丧命。为了迷惑对

方，小白佯装自己中箭而死，然后乘一辆轻便小车，昼夜兼程向齐都驶去。公子纠及鲁军都以为小白已死，稳操胜券，便放慢了速度，等到他们赶到的时候，小白早已被拥立为齐君，就是历史上赫赫有名的齐桓公。

齐桓公做了国君之后，心中一直记着管仲的一箭之仇，想要杀死管仲。但是鲍叔牙却对桓公说："如果大王只是想管理好齐国的话，那么有高傒和我就够了；您如想要称霸，则非有管仲不可!"桓公胸怀大度，便放弃前嫌，当即接受了鲍叔牙的意见，并派他亲自前往迎接管仲，厚礼相待，委以重任。管仲在桓公的大力支持下，大刀阔斧地进行了改革。

使得齐国很快就国富兵强，实力雄厚，在诸侯林立的春秋福年的政治舞台上担任了主要角色，齐桓公也成为了春秋五霸之首。

齐桓公能够放下仇恨，不计前嫌，不仅不杀管仲还拜他为相，足见其心胸之宽广，也因而才能在管仲的帮助下成就了自己的霸业。

【当下启示】

在与人相处时要随时体谅他人，在温和且不伤害他人的前提下，适宜地帮助别人。孔子也说过："严以律已，宽以待人。"以严厉的态度对待别人，容易遭到相反的结果，如此一来反而无法达到目的。若要避免遭受无益的困扰，关键在于宽容他人。但是，此种态度只适于对待他人，却不能自我宽容，在律己方面应该时刻以严格的态度自我反省。太过于放纵自己不仅没有好处，反而会阻碍自己身心的发展。

# 施不求报——施恩不图报答

**【原典重现】**

谨德须谨于至微之事，施恩务施于不报之人。

**【译文释要】**

人要加强品德修养，须在最细微的地方下功夫，施予别人恩惠应该施予那些根本无法回报你的人。

**【谈古说今】**

品德的修养不是一朝一夕就能够完成的，而是要从至小至微处着手，日积月累。因其小，才能显其真；唯其微，才能显其诚。

一个人如果想要加强自身的品德修养，就必须做到“谨慎至微”，不放过任何一个小事。

施恩不图报答，恩情才显得可贵。给人恩惠不论大小多少，重要的是，不是为了索取。若是给了他人一点恩惠，就天天惦记着他人什么时候感自己的恩，就不禁令人怀疑施恩者是别有用心的。

“勿以善小而不为，勿以恶小而为之”，就拿简单的扶老人过马路来说，这本就是举手之劳，但若是不做，就只能说明其“非不能也，乃不为也”；施恩图报并不是真正的施恩，而是有功利目的的一种交易，所以看一个人是不是真有善心和爱心，主要看他是不是肯施恩于无法回报自己之人。

杨震是东汉名臣，以清正廉洁、正直无私、疾恶如仇、敢于直谏而闻名。杨震多次升迁，官职到了荆州刺史、东莱太守的地位。在他赴任的途中，经过昌邑，他昌邑县令王密是杨震从前举荐的荆州秀才，为了感谢他的知遇之恩，王密夜里

前来拜见杨震，并从怀中拿出十斤黄金来想要送给杨震。杨震当即拒绝，说："君子施恩于不报之人，我之所以举荐你，是因为你有才华，能堪当此任，并不是求取报答的。"又说："我了解你，你却不了解我，为什么呢？"王密说："夜里没有人知道的。"杨震说："上天知道，神明知道，我知道，你知道。怎么说没有人知道呢（天知，地知，我知，子知，何谓无知）！"王密拿着黄金羞愧地出去了。后来，人们就称杨震为"四知先生"。他也因此而闻名天下。

杨震举荐王密并不是为了他的回报，只是为国家着想；而对于王密这可以说是名正言顺的礼金，杨震毫不犹豫的拒绝了，并说有"四知"，可见其德行之高。看似一件小事，却反映出了杨震的品格如何，所以说"谨德须谨于至微之事，施恩务施于不报之人"。

曾国藩曾经说过："作善岂非好事，然一有好名之心，即招谤招祸也。"施恩莫望报是自古就有的，一方面是教育人们不要把做好事当成一种获得回报的交易，以避免有目的的施恩行为，另一方面它也是在告诫人们不要对于受惠之人报有太高的期待。

【当下启示】

施恩不图报是一种美德，受恩不忘报也是一种美德。但是施恩与回报是不能够简单的等同于一种交易的。施恩者不图回报，是施恩者自身的美德，会让受恩者心存感激；受恩者不忘回报，是受恩者自身的美德，有了机会就会回报施恩者。我们在对别人微笑时，不会期盼别人会回以笑脸；在有所付出时，不去在意别人是否会有感恩的回报。但是，在受人恩惠时，要怀有感恩之心，知恩图报。

# 信人者诚——巧诈不如拙诚

**【原典重现】**

信人者，人未必尽诚，己则独诚矣；疑人者，人未必皆诈，己则先诈矣。

**【译文释要】**

一个能信任别人的人，也许别人并不十分诚实，但他自己却是诚实的；一个怀疑别人的人，别人也许并不都狡诈，但他自己却已经是狡诈的了。

**【谈古说今】**

现实生活中有两种人，一种是“以君子之心度小人之腹”的人，一种是“以小人之心度君子之腹”的人。在前者的眼中，世上人人都可信；在后者眼里，则恰恰相反，人人可疑。

诚是天地的大道，它作为人性中的第一美德，把它扩充开来，可以配合天地而参化育。故有言：“国有诚信必兴，家有诚信必和，人有诚信必贤。”

古人云：“以信接人，天下信之；不以信接人，妻子疑之。”疑神疑鬼，不信任别人的人是成不了气候的。尤其是一个有创造大业雄心的人，在待人接物上必须出自真诚，注意疑人莫用，用人莫疑，使大家精诚合作。诚信是传统的原则之一，真诚待人终究会感动别人。但是真诚待人不是见什么人都把自己和盘托出，就是见了作奸犯科的歹徒也去真诚相待，期望以此感化他。为人当以诚为本，这样不仅自己活得踏实，也可以诚感动他人，让世界变得更加美好。

公元前109年，陈涉揭竿起义，一个群雄争霸的时代来临了。就在这时，阳武县户牖乡一个叫陈平的年轻人，前去投奔魏王咎，被任命为太仆，替魏王执掌乘舆和马政。

陈平非常聪明，很小的时候，就树立了远大的志向，且勤于读书。他来投奔魏王，本来想有一番作为，但他多次献策不仅未被采纳，反而遭人诋毁。陈平认识到魏王是一个平庸之辈，于是毅然出走，投奔到项羽麾下。项羽赐给他卿一级的爵位，但这种职位徒具虚名，并没有实权。

公元前206年4月，爆发了著名的楚汉战争。殷王司马昂背楚降汉。项羽大怒，于是封陈平为信武君，率领魏王留在楚国的部下进击殷王，收降司马昂。陈平取胜后因功被拜为都尉。过了不久，汉王刘邦又率部攻占了殷地，司马昂被迫投降。项羽对司马昂的反复无常极为恼怒，因此而迁怒陈平，要尽斩以前参加平定殷地的全体将士。陈平害怕被杀，又看到项羽无道乏能，难成大气候，便弃官逃走了。后来，他通过汉军将领魏无知见到了刘邦。刘邦问陈平：“你在楚军里担任什么官职？”

陈平回答说：“担任都尉。”当日刘邦就任命陈平担任都尉，让他当自己的参谋，主管监督联络各部将的事。

此事传出，刘邦手下将领不禁哗然，纷纷向刘邦进谏：“大王得到楚军一个逃兵，还不知道他本领有多大，就同他坐一辆车子，反倒来监督我们这些老将。”刘邦听到这些议论后，反而更加亲近陈平，同他一道东伐项王。这样一来，将领们越发不服气。过了一段时间，他们推举周勃、灌婴晋见刘邦说：“陈平虽然看起来是一表人才，恐怕是虚有其表，我们听说他在家时就德行不佳，与嫂子通奸，而且反复无常，事奉魏王不能容身，逃出来归顺楚王，归顺楚王不行又来投奔汉王，如今大王器重他，给予他高官，他就利用职权接受将领的贿赂。这样的人，汉王怎么能加以重用呢？”

俗话说众口铄金，刘邦也不能不怀疑陈平起来，他把推荐人魏无知叫来训斥了一番。魏无知根据刘邦豁达大度、不拘小节的特点，以及求贤若渴、争夺人才的特殊形势，回答得非常精彩。他说：“我所说的是才能，陛下所问的是品行。这两者在夺天下的过程中，哪一点最重要呢？我推荐奇谋之士，是为了有利于国家，哪里还管他是偷情还是接受贿赂呢？”

如此一说刘邦也没有什么好说的。

后来，刘邦跟陈平论天下大事，谈得非常融洽。到这时，陈平才说出他的计谋来：“项王身边就那么几个刚直之臣，如范增、钟离昧、龙且、周殷之辈。大王只要花几万金，可以行使反间计，离间他们君臣关系，使之上下离心。项王本来爱猜忌，容易听信谗言，这样，必定会引起内讧和残杀，到那时，我军再趁机进攻，一定会获胜。”

刘邦听完陈平的分析点头称是，于是拿出4万斤黄金给陈平，让陈平去安排这件事。

于是，陈平向楚军派遣大量间谍，用很多黄金收买楚军中的将士，让他们散布谣言说：“钟离昧等人身为楚军大将，战功卓著然而却不能裂地封王，因此想同汉军结成联盟，消灭项王，瓜分楚国的土地，各自称王。”

项羽本来生性多疑，果然心生不安，就派使者探汉军虚实。陈平让侍者准备最高规格的菜肴，叫人端去，但一见楚使，故作吃惊地说：“我还以为是亚父的使者呢，原来是项王的使者。”于是就把端上来的菜端走，上另一份制作粗劣的食物。使者见此情景，极为生气。

回去后就把自己看到的和听到的如实告诉了项王。项王于是怀疑起范增来，当时范增建议项羽迅速攻下荥阳城，但项羽就是不采纳，气得范增发怒说：“天下大事大体上定局了，大王你自己干吧！请求赐还我这把老骨头，退归乡里。”不料，项王准其所请。范增在回家途中，因背上毒疮发作，猝然而死。陈平略施小计，竟使项羽失去第一谋士。以后，大将周殷在英布引诱下叛楚，钟离昧也因遭猜忌而得不到重用。

刘邦能够用人不疑，对手下的人才给予充分的信任，故而最终取得天下；项羽却是疑人而不用，对有才能之人心中猜疑而弃之不用终遭失败。“信人”与“疑人”的高下立见。所以，想要成就大事，就要能够“信人”，用人不疑。

**【当下启示】**

一个人在为人处世中最值得人们肯定和最能赢得人们青睐的当为“诚信”二字。诚信是一种人格的体现，是人类社会平稳存在、和谐与共的基础，也是人性中立身处世的最高尚品质与情操。为此，在与人相处中，首先应做到自己诚信，倘若自己都不诚信了，那还如何要求别人去恪守诚信呢？有不少人都相信欺骗、说谎是一种占尽便宜的手段，在这种观念的引诱而陷于误区之中。

# 忍让为高——君子以让人为上策

【原典重现】

处世让一步为高，退步即进步的张本；待人宽一分是福，利人实利己的根基。

【译文释要】

为人处世能够做到忍让是很高明的方法，因为退让一步往往是更好地进步的阶梯；对待他人宽容大度就是有福之人，因为在便利别人的同时也为方便自己奠定了基础。

【谈古说今】

与人相处，有一分退让，就受一分益；吃一分亏，就积一分福。相反，存一分骄横，就多一分屈辱，占一分便宜，就招一次亏欠。所以说：君子以让人为上策。

让人不是怯懦，不是软弱，而是为人处世的高明方法，因为退让往往能够更好地向前。宽人是气量，是大度，所谓宽人是福，道出了在便利别人的同时也能更好地方便自己。

战国时齐国的相国田婴门下有个食客叫齐貌辨，他生活不拘细节，我行我素，常常犯些小毛病。门客中有个士尉劝田婴不要与这样的人打交道，田婴不听，那士尉便辞别田婴另投他处了。

为这事门客们愤愤不平，田婴却不以为然。田婴的儿子孟尝君便私下里劝父亲说："齐貌辨实在讨厌，你不赶他走，倒让士尉走了，大家对此都议论纷纷。"

田婴一听，大发雷霆，吼道："我看我们家里没有谁比得上齐貌辨。"这一吼，吓得孟尝君和门客们再也不敢吱声了。而田婴对齐貌辨却更客气了，住处吃用都是上等的，并派长子侍奉他，给他以特别的款待。

过了几年，齐威王去世了，齐宣王继位。宣王喜欢事必躬亲，觉得田婴管得太多，权势太重，怕他对自己的王位有威胁，因而不喜欢他。田婴被迫离开国都，回到了自己的封地薛(今山东省滕县南)。其他门客见田婴没有了权势，都离开他，只有齐貌辩跟他一起回到了薛地。回来后没过多久，齐貌辩要到国都去拜见宣王。田婴劝阻他说：“现在宣王很不喜欢我，你这一去，不是去找死吗?”

齐貌辩说：“我本来就没想要活着回来，您就让我去吧！”

田婴无奈，只好由他了。

齐宣王听说齐貌辩要见他，憋了一肚子气等着他。一见齐貌辩就说：“你不就是田婴很信从、很喜欢的齐貌辩吗?”

“我是齐貌辩。”齐貌辩回答说，“靖郭君(田婴)喜欢我倒是真的，说他信从我的话，可没这回事。当大王您还是太子的时候，我曾劝过靖郭君，说：‘太子的长相不好，不是什么尊贵高雅的面目。像这种脸相的人是不讲情义、不讲道理的，不如废掉太子，另立卫姬的儿子郊师为太子。’可靖郭君听了，却说：‘这不行，我不忍心这样做。’如果他当时听了我的话，就不会像今天这样被赶出国都了。”“还有，靖郭君回到薛地后，楚国相国曾要求用大几倍的地盘来换薛这块地方。我劝靖郭君答应，而他却说：‘我接受了先王的封地，虽然现在大王对我不好，可我这样做对不起先王呀！更何况，先王的宗庙就在薛地，我怎能为了多得些地方而把先王的宗庙给楚国呢?’他不听我的劝告，至今守着那一小块地方。就凭这些，大王您看靖郭君是不是信从我呢?”

宣王听了，很受感动，叹了口气说：“靖郭君待我如此忠诚，我年轻，丝毫不了解这些情况。你愿意替我去把他请来吗?我马上任命田婴为相国。”

对于齐貌辩的我行我素、小错不断，田婴没有与其计较，而是用自己豁达的胸怀宽容他，并依旧待他如上宾，最终，当别人都离他而去时，正是这个齐貌辨不离不弃，并最终帮助他恢复相位。由此可见，待人宽厚，实在“利人实利己的根基”。

**【当下启示】**

为人处世，忍让为本。要做到忍让，就必须具有豁达的胸怀，在为人处世、待人接物时，不能对他人要求过于苛刻，应学会宽容、谅解别人的缺点和过失。为人在世，谁也保证不了不犯错误，谁也难免得罪人，但能得到人家的宽容，你自然会感激无尽。当然，人家也会冲撞于你，冒犯于你，若你能宽容待之，人家就会认为你坦诚无私，胸襟广阔，人格高尚。要做到这一点，就要有气量，不能心胸狭窄，而应宽宏大度。特别是在小事上，如果宽大为怀，尽量表现得“糊涂”一些，便容易使人感到你通达世事人情。

# 杯弓蛇影——天下本无事，庸人自扰之

**【原典重现】**

机动的，弓影疑为蛇蝎，寝石视为伏虎，此中浑是杀气；念息的，石虎可作海鸥，蛙声可当鼓吹，触处俱见真机。

**【译文释要】**

多虑的人，会怀疑杯中的弓影是毒蛇，将草中的石头当作蹲着的老虎，内心中充满了杀气；意念平和的，把凶恶的石虎当作温顺的海鸥，把聒噪的蛙声当作吹奏的乐曲，眼中所见到的都是真正的机趣。

**【谈古说今】**

胸怀坦荡的人不会去管身边的是是非非，志向远大的人无暇思琐屑小之事。唯小人与小人在一起便常生是非，相互猜忌，推波助澜，弄得周围的气氛紧张起来。

《晋书·乐广传》中记载：

有一个叫乐广的人有一位朋友，很久没来家中，乐广问其不来的原因时，友人回答说："前些日子到你家做客，正端起酒杯要喝的时候，看见杯中有一条蛇，喝了那杯酒后，就身得重病。"当时，墙壁上挂着一张角弓，用漆在弓上画了蛇。乐广猜想杯中的蛇就是角弓的影子了。于是，他在原来的地方再次请那位朋友饮酒。对朋友说道："酒杯中是否又看见了什么东西？"朋友回答说："所看到的跟上次一样。"乐广告诉他其中的原因，客人心情突然开朗，毛病顿时治好了。

乐广的朋友被假象所迷，疑神疑鬼，差点儿送命。乐广注重调查研究，揭开了"杯弓蛇影"的谜。这个成语比喻疑神疑鬼，自相惊扰，虚惊一场。

假如一个人居心坦荡，对周围事物不存疑心，才能显露人们本性中的真迹。信任对方，必然会得到对方真诚的信任。

桓伊是东晋孝武帝时期最出色的音乐家，他尤其擅长演奏竹笛，被称为“江南第一竹笛演奏家”。

当时，宰相谢安由于功劳和名声都特别大，引起了朝廷中一些小人的妒忌。他们恶意造谣中伤，在皇帝面前说谢安的坏话。于是，孝武帝与谢安之间便产生了矛盾。

一天，孝武帝邀请桓伊参加一个宴会，谢安也陪同。桓伊想利用这个机会调解他们的矛盾。因为皇帝和宰相之间不和，对国家和人民是大为不利的，何况，孝武帝是受了坏人的挑拨和蒙蔽，更不应该冤枉了德才兼备、忠心耿耿的谢安。

孝武帝命令桓伊吹笛子，他吹奏一曲之后，便放下竹笛说：“我对筝的演奏虽然比不上吹笛子，但还勉强可以边弹边唱，我想为大家演唱一曲助助兴，还想请一个会吹笛子的人来帮我伴奏。”

孝武帝便命令宫廷中的一名乐妓为桓伊伴奏。桓伊又说：“宫廷中的乐师与我可能配合不好，我有一个奴仆，很会与我配合，”孝武帝便同意了桓伊的要求。

那位奴仆吹笛、桓伊便一边弹筝一边唱道：“当皇帝真不容易，当臣子也很难，忠诚老实的没好处，反而有被怀疑的祸患，周公旦一心辅助周文王和周武王，管叔和蔡叔反而对他散布流言蜚语，”桓伊唱得声情并茂，真挚诚恳，谢安听着听着，禁不住泪如雨下，沾湿了衣袖。一曲唱完，谢安离开座位来到桓伊身边，抚摸着他的胡须说：“您太出色了！”孝武帝听了这首歌曲之后，也显露出十分有愧的神色。后来，君臣之间便消除了误会，两人和好如初。

桓伊在适当的场合，运用自己的音乐特长来劝谏皇帝，不愧为高明之举。他深知对于一个国家来讲，君臣不睦，尤其是君臣相互猜疑，那国家的灾难也就要来临了。要治理好一个国家，君臣各方面都要不疑神疑鬼，尤其是为人君者，更应不受蒙蔽，要心中有数，善于用人才行。

**【当下启示】**

古人有云：“天下本无事，庸人自扰之。”一个人假如凡事都疑神疑鬼，就会造成俗话所说的“疑心生暗鬼”，本来毫无疑问的事也会弄出风波来。反之假如你居心坦荡对周围事物不存疑心，才能显露人类本性中的真迹。从这个意义来说，天地万物是善是恶，存乎我们的一念之间，一个人总是杯弓蛇影，杞人忧天地生活，哪还有人生的乐趣可言。故“一念”可以豁达开朗，也可能狭隘善妒，从中足见一个人修养的高低。

# 第六章　明辨是非

一个人要想立足于社会，需要有一双看清人情世故的火眼金睛。所谓的人情世故，关键因素则是人，人的性格、品质、说话做事的方式等千差万别，且常常会以一种与事实不一样的面目出现，只有具备一双火眼金睛，才能够看得清，认得明，才能交对朋友做对事。

# 毋形人短——切不可偏听偏信

**【原典重现】**

毋偏信而为奸所欺，毋自任而为气所使；毋以己之长而形人之短，毋因己之拙而忌人之能。

**【译文释要】**

不要盲目听信他人的言辞而被那些奸邪小人所欺骗，也不要自以为绝对正确而被一时的意气所驱使；不要用自己的长处来比较人家的短处，也不要因为自己的笨拙而嫉妒人家的才能。

**【谈古说今】**

人可以有自信，但是决不可自负。以己之长比他人之短，或因己无能而嫉妒他人，都是愚蠢的做法。人过于自信就容易偏信，傲以待人便目中无人，这样意气用事，被人利用，妒人之能却难自知。古人认为，一个修养好的人具备公正、无私、诚恳、同情的品性，而偏袒、自私、欺骗、嫉妒则往往在修养较差的人身上表现出来。人有本领、能力强是好事，但如果由此而层出许多恶习，便变成了坏事。“偏信”和“自任”最大限度只是自己吃点亏，还可能收到“吃一堑，长一智”的功效。而“忌人之能”却是不仅伤害自己而且还会伤及别人，乃至无辜。

三国初期，盘踞汉中地区的汉宁太守张鲁打算夺取西川，扩大势力，好登上“汉中王”的宝座。益州牧刘璋急派别驾张松到许都向曹操求援。张松走时，除携带一批准备献给曹操的金银珍宝以外，还暗地藏了一幅西川的地形详图。由于刘璋糊涂而又懦弱，当时川中的有识之士都感到在群雄竞争的形势下，刘璋绝对不能保住西川，因此不少人都有另投靠山的打算。张松借出使的机会，带着这幅极有价值的军事地图，就是出于这种打算。

张松一行到了许都，被安顿在驿馆里，等了三天才得到接见的通知，心中很有些不高兴。而且丞相府的上下侍从都公开索贿才肯引见，这使得张松更是摇头。曹操傲慢地接受张松的拜见礼，然后责问："你的主人刘璋为什么这几年都不来进贡？"张松巧妙地解释："因为道路艰难，贼寇又多，常常拦路抢劫，不能通过。"曹操大声呵斥说："我已扫清中原地区，哪里还有什么贼寇！分明是捏造借口。"

张松是西川有名的人物，生得头尖额翘，鼻低齿露，身长虽不满五尺，但嗓音洪亮，说话有如铜钟之声。他读书很多，有超人的见解，以富有胆识闻名。自来许都后，发现曹操那样慢待，心中早已不快；今天又见曹操这般蛮横，便断了投奔他的念头，决心教训他一番。曹操刚讲完话，张松嘿嘿一笑，说："目前江南还有孙权，北方存在张鲁，西面站着刘备，他们中间拥有军队最少的也有十余万人，这算得上太平吗？"

这一段抢白顿时使曹操窘得说不出话来。曹操一开始见到张松，觉得他个子小面孔怪，猥猥琐琐，已有五分不喜欢，现在又发现他言语冲撞，让人很不高兴，于是一甩袖子，起身转进后堂去了。

曹操左右的人纷纷责怪张松无礼，不该这样顶撞。张松冷笑一声，说："可惜我们西川没有会说奉承讨好言辞之人！"这句话说出不一会，立即招来一声大喝："你们西川人不会奉承讨好，难道我们就有这样的人吗？"张松转眼一看，这人生得单眉细眼，貌白神清，原来是丞相门下的掌库主簿杨修。张松过去听说过他是朝廷太尉杨彪的儿子，博学善辩，不觉有心难他一难。杨修也一向自命不凡，发现张松不是一般人物，就邀请张松到旁边书院里会上一会。

两人坐定后，杨修略作寒暄，说："出川的道路崎岖，先生远来一定很辛苦。"

张松表示："奉主人的命令办事，虽赴汤蹈火，也不能推却啊！"

杨修存心考考张松的知识，便问："川中的风土民情怎样？"

张松察觉对方的用意，便回答："川中原是西方一郡，古时称为益州。锦江道路险峻，剑阁地势雄壮。周围百八十条道路，纵横三万多里。人烟稠密，到处听得到鸡啼狗叫的声音。市场繁荣，抬头看得到四通八达的街巷。土地肥沃，没有什么水旱灾害。人民富裕，文化发达。加之物产堆积如山，是任何地方都比不上的啊！”

杨修接着又询问一句：“川中的人才怎么样？”

张松越加得意地说：“四川历史上出现过大辞赋家司马相如、名将马援、‘医圣’张仲景和著名阴阳家严君子。其他出类拔萃的人才，数也数不完！”

张松一耸肩说：“文武全才、有智有勇、为人忠义慷慨的，有几百人之多。像我这样无能的，更是车载斗量，难以计算了。”

杨修又问一句：“先生现在担任什么职务？”

张松谦虚地回答说：“滥充一名别驾，很不称职。”接着迅速反问：“敢问杨先生在朝廷里担任什么职务？”

杨修回答说：“在丞相府里担任一名主簿。”

张松不客气地反扑过来：“杨先生的上代担任国家高级官员，为什么不到朝廷里任职，直接协助皇帝，而屈居在丞相府里干这样一个小官！”

杨修听了这话，满脸惭愧，硬着头皮勉强解释说：“我虽然职位不高，但蒙丞相将处理军政钱粮的重任交付给我；而且早晚还可以得到丞相的教诲，很受启发，所以就接受了这个职位。”

张松听到这句话，干笑一声说：“我听说曹丞相文的方面不明白孔孟之道，武的方面不了解孙武、吴起的兵法，仅仅依靠强横霸道取得宰相的高位，哪能有什么教诲来启发阁下呢？”

杨修一本正经地说：“不对，先生居住在边地，怎么知道丞相的杰出才干呢？我不妨让你开开眼界。”说着，叫手下人从书箱里拿出一卷书来，递给张松。张松一看书名题作《孟德新书》，于是从头到尾翻了一遍，其中共有十三篇，都是谈论战争中的重要策略的。谁知张松看完，颇有些不以为然地对杨修说：“杨先生怎样看待这部书呢？”

杨修不无炫耀地回答：“这是曹丞相博古通今，模仿十三篇《孙子兵法》写成的。你看这部书可以传之不朽吗？”

张松竟扬声笑了起来：“我们西川三尺高的孩子都能把这部书背下来，怎能叫‘新’呢！这原是战国时代一位无名氏的作品，曹丞相把它剽窃来表现自己，这只能骗骗阁下罢了！”

杨修不无嗔怪地说："这完全是丞相自己写成的，先生说什么川中的孩子都能背诵，欺人太甚了吧！"

不料张松立即应声说："先生如果不相信，我马上背给你听。"说着，即合起书来，从头到尾将书中全部字句背诵了一遍，一字不差。杨修这时才大吃一惊，说："张先生过目不忘，真是天下奇才啊！"

后来，杨修在曹操面前夸赞张松，要求重新接见他。但双方的观点差距太大，张松又讽刺了曹操一顿，然后离开许都，把身上带着的那张十分有价值的地图献给了刘备。

可惜曹操一辈子都在搜罗人才，却因自己一时的骄矜之态而助了他人一臂之力。

生活中常见到有些人有本事就傲气待人，由于有些能力，就很自信，往往瞧不起不如自己的人，以致目无一切。

**【当下启示】**

人不能偏听偏信，不然，就容易被小人所欺骗。尤其是领导者，就更加不能偏听偏信。领导者爱听信谗言，加之小人善使用此手段，二者相互作用，引来的后果就是好人倒霉，事情办坏，最终偏听偏信的人也不会有好结果。作为一般的人，偏听偏信，也容易上当受骗，有一定的危害。一个人太过自负，自视甚高，就容易看不起人，容易冲动行事，如此一来，事情也就达不到自己的理想效果。生活中常见到有些人有点本事就傲气待人，往往瞧不起不如自己的人，以致自信变成了自负，目无一切。

# 恶勿先发——对待小人一定要谨慎

**【原典重现】**

善人未能急亲，不宜预扬，恐来谗谮之奸；恶人未能轻去，不宜先发，恐招媒孽之祸。

**【译文释要】**

要想结交一个有修养的人不必急着跟他亲近，也不必事先来赞扬他，为的是避免引起坏人的嫉妒而背后诬蔑诽谤；假如想摆脱一个心地险恶的坏人，绝对不可以草率行事随便把他打发走，尤其不可以打草惊蛇，以免遭受这种人的报复。

**【谈古说今】**

常言道："君子之交淡如水，小人之交甘如醴。"君子之交是道义之交，是靠情趣、学识、爱好为细节来建立友谊的。和善人交，与君子游，是人所愿也。

但与善人的交情都是在平淡中建立的，不可刻意地去追求，如果你急于去求得友情的话，别人就会觉得你别有他图；与小人接近容易，远小人不易，正所谓请神容易送神难。如果不想和恶人交往下去，也得慢慢地疏远他，进行冷处理，而不能让对方明显地感觉到你态度的变化。

小人的特征是唯利是图，不讲廉耻，为所欲为又善于伪装，工于心计又长于逢迎，两面三刀、出尔反尔。一旦你得罪了这种人，稍被他捉住把柄，他真地会像疯狗一样穷追不舍地咬你。

为此，当你在交往中，发现碰上了小人，要谨慎处理，尽量不要耿直性地得罪而招致怨恨。否则，他真会咬得你昏天地暗，够呛得很！历史上就有血淋淋的事例为证。

浙江乌程盲人庄廷龙，想学习历史上同为盲人的左丘明，著写一部史书。但又匮于自己所知不多，便去买得邻居朱国桢的明史遗稿，招揽江南一带有志于纂修明史的才子加以编辑。书中仍奉尊明朝年号，不承认清朝的正统，还提到了明末建州女真的事，并增补明末崇祯一朝事，全都是清朝所忌讳的。该书定名为《明书》。书编成后，庄廷龙病死，其父庄允城为之刊行。

不久归安罢官知县吴之荣观得此书，发现上述“破绽”，便去庄家敲诈，被庄允城赶出家门之后，又去杭州府告状，庄氏收书删改以免遭议。吴之荣是个小人，对庄家拒绝他，还将他赶出家门的事一直怀恨在心，见在杭州告状不成，又辗转获得该书初版，直接上告京师鳌拜处。

鳌拜为维护清朝政治统治，对此案加以严查，结案之后，庄延龙被开官戮尸，庄家满门抄斩，涉案者被杀70人，其中凌迟者18人。凡作序者、校阅者、刻书、卖书、藏书者均被处死，被充军边疆者达几百人。

“恶人未能轻去”，庄家因为将吴之荣这个小人赶出门外，被吴之荣多次告上朝廷，最后遭受牢狱之灾。对待小人，不能单纯地打发他走，更不能得罪他，因为小人的心胸狭窄，很容易记仇和报复。

**【当下启示】**

小人的心地是十分狭隘的，心肠是十分歹毒的，所以，在日常交往中，一旦碰上小人就必须谨慎对待，否则一旦得罪他招致怨恨，那么就是在跟自己过不去，稍被他捉住把柄，他真的会像疯狗一样穷追不舍，咬得你天昏地暗。

# 明识大体——既要尊重人言，也要持有主见

**【原典重现】**

毋因群疑而阻独见，毋任己意而废人言，毋私小惠而伤大体，毋借公论以快私情。

**【译文释要】**

不能因为大多数人的猜疑而影响自己独到的见解，不要固执己见而不听从别人的忠实良言，不要因为贪恋小的私欲而伤害了大多数人的利益，不要借公众的舆论来满足自己的私欲。

**【谈古说今】**

事物是相对的，什么事一旦过度便变质，人固然要有从善如流的习惯，但决不能“人云亦云”，所谓“千人盲目一人明，众人皆醉我独醒”。

一个真正具有智慧型的领导会广开言路，虚心听取不同的意见，然后在此基础上综合考虑，明辨是非。因为个人的真知灼见，往往也是建立在集体的智慧之上。从实际来说，对于任何一个问题的思考与决策，都可能会发出种种不同的声音，广泛尊重多数意见是必要的，但绝对的民主，也未必正确，因为有时真理恰恰掌在少数人手中。为此，该坚持的原则理当坚持，不可动摇。

一个人的能力表现在辨别是非的能力上，也表现在是否能够明识大体。从现实而言，不可能有绝对的民主，所以，明辨是非之后，还要照顾到方方面面，尤其是在现实生活中，身为下属的不要因为追求绝对的公正而伤害到上司的自尊，而应照顾好领导的面子。另一方面，作为一名决策者，要善于公正地吸取各方面的意见，不存偏见和私心地采纳意见，这样，最后的决策才可能是最正确的。

春秋时期，齐国的大臣崔杼帮助齐国的太子公子光即位，是为齐庄公。齐庄公是个一心励精图治振兴齐国的人，但却生性喜爱美色，后来因看上了崔杼的妻子棠姜，而多次与之私通，甚至还拿崔杼的帽子送人。崔杼得知后，气愤不过，一气之下便设计杀了庄公。

晏子当时是齐国的大臣，君王被崔杼弑杀，别人大多都不敢去看，唯独他要前去吊唁。他到了崔杼家门外，门口的侍卫拦住他，问道：“你是要为他而死还是准备逃离齐国呢?”晏子回答道：“人应该识大体、辨是非。君主为国家而死，那么臣下自然就应该为他而死；君主若为国家而逃亡，臣下自任也就应该跟随他逃亡。如果君主只是因为自己的私欲而死，为了个人的事情而逃亡，那么作为臣子的又怎么会为他而死，为他而逃亡呢?”说罢，晏婴径自闯进崔家，脱掉帽子，捶胸顿足，不顾一切地扑在齐庄公的尸体上，号啕大哭了一场，然后起身离去。

崔杼嗜杀君主，按理晏子身为臣子当予以谴责，但晏子并非愚忠之人，他能够明辨是非，知道齐庄公之死乃是其咎由自取，故而哭泣之后就起身离去并未表示什么。这在古代历史上是绝无仅有的。

【当下启示】

只有具有独立品格的人，才会有自己独立的见解；有自己的见解又不可自高自大，偏听偏信；不可因个人私利而败坏道义；也不可借公议来满足私欲。这些都是一个人立身处世所必须注意的。一切事物都是相对的，什么事一旦过度便会变质，一个人固然要有从善如流的习惯，但决不能人云亦云。

# 怕伪君子——君子作恶甚于小人

**【原典重现】**

君子而诈善，无异小人之肆恶；君子而改节，不及小人之自新。

**【译文释要】**

那些道貌岸然的君子如果以欺诈行为博取善名，那么他们的行为与邪恶的小人作恶多端没有什么两样；一个正人君子如果放弃自己的志节落入浊流，那还不如一个改过自新的小人。

**【谈古说今】**

君子与小人的区别，就如孔子所言："君子坦荡荡，小人长戚戚。"所以，若君子诈善，便不是真君子，而只能算是伪君子，与小人作恶没有什么两样。君子改节，一世英名便毁于一旦，所以倒不如小人自新，令人心生"浪子回头金不换"之慨。这也告诫人们，要做一个真君子，就要不断加强自身的修养。

俗话说"画虎画皮难画骨，知人知面不知心"，人生的千难万难也比不上"人心隔肚皮"。由此可见，人心之难测。在茫茫人海，我们很有必要练就"一语识破"、"一眼看穿"的识别人心的技巧。

对人心的识别，是"横看成岭侧成峰，远近高低各不同"。花言巧语，给人戴高帽子，一般是对有权有势的人而言。

具有识人的本领，就意味着你可以在瞬息万变之间看透周围发生的人与事，谨防被伪君子暗算。有些人表面上装着非常友好的样子，但暗地里却隐藏着阴险的人心，对这样的人，定要强加防范。

俗话说，"明枪易躲，暗箭难防"，但生活中的暗箭却是防不胜防。许多道貌岸然的人貌似忠厚的君子，其实肚子里净是阴谋诡计男盗女娼。有些自称"虔诚"

信教的人，借宗教名义，施小仁小惠，既不知道《圣经》耶稣，也不知道释迦牟尼。像这种伪君子假教徒，理应受到社会唾弃。但在现实生活中，这些披着道德外衣的人往往还能得逞于一时，欺世盗名。由于披上了一层伪装，识别起来更难。

清代李汝珍在小说《镜花缘》中写到一个两面国的地方，那儿的人“个个头戴浩然巾，却把脑袋遮住，只露一张正面，而把那面藏了”。与人交谈时，对“儒巾绸衫”者，便“和颜悦色，满面谦恭”；对破旧衣衫者，倨傲漠然，满脸冰冷。一旦揭开他的浩然巾，他就露出狰狞的本相。

两面国之人就是典型的两面派。

《庄子·列御寇》中有这样一段话：“贼害最大的，莫过于德中藏有私心而心眼有所遮蔽。到了心眼被遮蔽却要主观去观察，就要坏事了。坏品质有五种，心中的品质为首。什么是心中的品质？心中的品质，就是有自以为好的东西，而诋毁自己所不从事的东西。”

现实生活中那些道貌岸然的伪君子，经常是满口的仁义道德，其实肚子里面全是阴谋诡计，这不正是最大的“贼害”吗？

为人处世中，总是能见到这样的人：当你得势时，他恭维你、追随你，愿意为你赴汤蹈火；但同时又在暗中窥伺你、算计你，搜寻和积累着你的失言、失行，作为有朝一日打击你、陷害你的秘密武器。古人云：明枪易躲，暗箭难防。公开的对手，你可以防备他，但是像这种以心腹或密友的面目出现的伪君子，实在是令人防不胜防。

北宋宰相王安石在变法的过程中，视吕惠卿为自己最得力的助手和最知心的朋友，一再向神宗皇帝推荐，予以重用，朝中之事，无论巨细，全都与吕惠卿商量之后才实施，所有变法的具体内容，都是根据王安石的想法，由吕惠卿事先书写成文及实施细则，再交付朝廷颁发推行。

当时，变法所遇到的阻力极大，尽管有神宗的支持，但能否成功仍是未知数，在这种情况下，王安石认为，变法的成败关系到两人的身家性命，并一厢情愿地把吕惠卿当成了自己推行变法的主要助手，是可以同甘苦共患难的“同志”。然而，吕惠卿千方百计讨好王安石，并且积极地投身于变法，却有自己的小九九，他不过是想通过变法来为自己捞取个人的好处罢了。对于这一点，当时一些有眼光、有远见的大臣早已洞若观火。司马光曾当面对宋神宗说：“吕惠卿可算不了什么人才，将来使王安石遭到天下人反对的，一定都是吕惠卿干的！”

又说：“王安石的确是一名贤相，但他不应该信任吕惠卿。吕惠卿是一个地道的奸邪之辈，他给王安石出谋划策，王安石出面去执行，这样一来，天下之人将王安石和他都看成奸邪了。”后来，司马光被吕惠卿排挤出朝廷，临离京前，一连数次给王安石写信，提醒说：“吕惠卿之类的谄谀小人，现在都依附于你，想借变法为名，作为自己向上爬的资本，在你当政之时，他们对你自然百依百顺；一旦你失势，他们必然又会以出卖你而作为新的晋身之阶。”

吕惠卿的伪君子手段果然是大见其效，王安石对这些话半点也听不进去，他已完全把吕惠卿当成了同舟共济、志同道合的变法同伴，甚至在吕惠卿暗中捣鬼被迫他辞去宰相职务时，王安石仍然觉得吕惠卿对自己如同儿子对父亲一般地忠顺，真正能够坚持变法不动摇的，莫过于吕惠卿，便大力推荐吕惠卿担任副宰相职务。

王安石一失势，吕惠卿的小人嘴脸马上浮上台面。不仅立刻背叛了王安石，而且为了取王安石的宰相之位而代之，担心王安石会重新还朝执政，便立即对王安石进行打击陷害，先是将王安石的两个弟弟贬至偏远的外郡，然后便将攻击的矛头直接指向了王安石。

当年王安石视吕惠卿为左膀右臂时，对他无话不谈，一次在讨论一件政事时，因还没有最后拿定主意，便写信嘱咐吕惠卿：“这件事先不要让皇上知道。”就在当年“同舟”之时，吕惠卿便有预谋地将这封信留了下来。此时，便以此为把柄，将信交给了皇帝，告王安石一个欺君之罪，他要借皇上的刀，为自己除掉心腹大患。在封建时代，欺君可是一个天大的罪名，轻则贬官削职，重则坐牢杀头。吕惠卿就是希望彻底断送王安石。虽然说最后因宋神宗对王安石还顾念旧情，而没有追究他的“欺君”之罪，但毕竟已被吕惠卿的“软刀子”刺得伤痕累累。

王安石将吕惠卿引为知己，当作自己的左膀右臂，可偏偏就是这个吕惠卿暗中捣鬼迫使他辞去了宰相之职，在王安石失势之后，立刻露出了自己的真实嘴脸，尽可能地打击王安石。由此可见，吕惠卿真是一个伪君子。

【当下启示】

不要被居心叵测的恭维所迷惑，这是一种欺骗。有些人无需迷药便能施展魔法，单靠一个得体的脱帽礼，他们就让傻瓜——爱慕虚荣者——迷了心窍。他们出售虚荣，用花言巧语来还债。满口承诺的人从来就不讲信用，他们的承诺不过是为蠢人设下的圈套。真正的礼貌是忠诚，虚伪的礼貌是欺诈，过分的殷勤并非尊敬而是依赖。惯行这种伎俩的人，他不是在向人鞠躬，而是在向其财富低头；不是向其高贵的品质致敬，而是为了某种利益而奉承。

# 精明浑厚——害人之心不可有，防人之心不可无

**【原典重现】**

害人之心不可有，防人之心不可无，此戒疏于虑也；宁受人之欺，勿逆人之诈，此警惕于察也。二语并存，精明而浑厚矣。

**【译文释要】**

不可存有害人的念头，也不可没有防人的心思，这是用来告诫那些思虑不周的人；宁可受到别人的欺负，也不预料别人的狡诈之心，这是用来警惕那些过分小心提防的人。能够做到这两点，便能够思虑精明且心地浑厚了。

**【谈古说今】**

寻找自己的合作伙伴应本着两者“互补”的原则，即每一个合作伙伴，无论在专长方面，还是在资金及个人的性格方面，都应该有其长处与优点，假如彼此之间能够相互的配合，生意场上就可以进行合理的分工，不同专长的人各负其责，就可以进行有效的经营，从而提高生意上的效率。当然，这里所说的“互补”必须是建立在可靠的基础之上，在创业初期，没有可靠做基础的“互补”是毫无意义的。假如说合作伙伴的来历不明，身份与背景都令人起疑，那你在与他合伙做生意的时候，就要加强留心、小心防范。

在生意场上，“防人之心不可无”，即使说合作伙伴有可能是你的朋友，但“利”字当头，谁能保证对方不会财迷心窍而中饱私囊，甚至为了自身的利益，而出卖你呢？假如某一不良的合作伙伴是负责该生意的财务，万一他把公司的银行户头结存一并提走，所有合伙人的血汗资本和赢利就会化为乌有。生意上的运作就会骤然间搁浅了，公司能否生存下去也只有听天由命了。

胡伟原是某厂的翻砂工，曾因赌博、走私文物多次被公安机关处以罚款、拘押和强制劳动改造。1986 年去香港探亲未归，打工度日。1990 年由别人出资，他以一万元港币作为注册资金，成立了“香港中行(中国)投资有限公司”，自任总经理。

然后，他以这个身份回大陆进行诈骗活动。他身穿名贵的法国“皮尔卡丹”服装，手戴劳力士手表和大钻戒，手持“大哥大”，坐奔驰 500 豪华轿车，长期包租高级宾馆房间，挥金如土，赞助港台歌星演唱会一出手就是数万元，以此造成一个大老板的外表来迷惑人。他还与一家同政法机关有关系的公司拉上了关系，借以吹嘘自己有“政治背景”云云。他以这副派头十足的姿态招摇过市，骗取了许多人的信任，以投资为名，使许多急于引进外资的善良人中了圈套。他刚来大陆投资开办第一家合资企业时，囊空如洗，就以一份虚假的坯布供销合同，并用行贿手段，骗取了一商贸公司的 70 万元贷款，再到广州炒卖，换成 100 万元港币，又将 100 万元港币汇至香港一家银行，最后由香港汇入他的“合资企业”充抵外汇投资。以这笔投资为基础，凭着自己的派头招摇撞骗，在一年多的时间里，骗取银行贷款 1900 余万元，开办了五家“合资企业”。最后携巨额外汇潜逃境外，身后留下的是叫苦不迭的五家合资企业，有的没开张就告夭折，有的从盈利走向亏损。

像胡伟这样一个两手空空、劣迹累累、连写信都是错字连篇的家伙，为什么能如此财运亨通、设计骗局且能连连得手呢？主要原因是我们的一些人被他派头十足的外表和行为、冠冕堂皇的头衔所迷惑，放松了警惕性，盲目信任。如果这些人能够保持较高的警惕性，对他的资信情况和来龙去脉做一番调查，是不难认清其真实面目的，也就不会上当受骗了。

害人之心不可有，防人之心不可无，这其实是辩证的。同样，可以不欺人，但不可不防人之诈，正反相成，才能使人精明、思虑周到、世事调和。这也是人情练达的表现。现实社会是复杂的，人不能在任何情况下都相信别人。虽然说人们不一定非得虚伪不可，但绝对应当有防人之心。

**【当下启示】**

人无害虎意，虎有伤人心。可以说，在现实生活中总是会有形形色色的阴影不知不觉地向人袭来。为此，保持警觉，注重防范才是一道安全的“保险丝”。

# 和气杀机——通过细节辨别人心

【原典重现】

善人无论作用安详，即梦寐神魂，无非和气；凶人无论行事狠戾，即声音笑语、浑是杀机。

【译文释要】

一个善良的人，由于内心没有邪念，所以一切言行都显得安然祥和；一个生性凶残的人，不论处于任何时空，由于本性刁钻诡异，在言笑中都会透出令人恐惧的杀意。

【谈古说今】

社会上形形色色的人很多，有诚实的，也有虚伪的；有善良的，也有歹恶的，千姿百态，错综复杂，似乎让人很难辨别认清。尤其有些人心地阴险，却装出一副道貌岸然和蔼可亲的面孔，更会忽悠得人迷迷糊糊。

为此，对于不太了解的人，人们当多留个心眼。更要善于从本质上去观察和识别一个人。正如洪应明所说：心地善良的人不要说一言一行都很安详，即使是睡梦中的神情，也都洋溢着祥和之气；凶狠的人不要说其为人处世阴险狡诈，即使在谈笑之中，也会渗透出肃杀恐怖。

传说姜子牙在昆仑山拜师学艺，艺成将要下山之时，师父给了他与师弟申公豹两人一人一部天书，让他们在天书中遨游。姜子牙在书中看到的是山川河流景色，一派祥和；而申公豹看到的则是烧杀掳掠、血流成河，杀气满天。师父对他俩说："姜子牙所见所感都充满了祥和之气，说明他为人本是心地善良之人，而申公豹心术不正，看到的就是满目血光。"果然，姜子牙协助周武王讨伐无道商纣，救人民于水深火热之中；而申公豹助纣为虐，逆天而行，做了许多坏事。

可见一个人是善是恶，能从他的言谈举止中觉察出来，任何虚伪的掩饰也无法永远骗过人们的耳目。

那么如何比较准确地识别一个人呢？这里面大有学问。如果你想知道一个人语言的表达能力，可以向他隐晦模糊地突然提出某些问题，连连追问，直到对方无言以对，可以观察一个人的应变能力；与人暗地里策划某些秘密，可以发现一个人是否诚实；直来直去地提问，能看出一个人的品德如何；让人外出办理有关钱财的事，就能考察出一个人是否廉洁；用女色试探他，可以观察一个人的节操；要想知道一个人有没有勇气，可以把事情的艰难告诉他，看他有何表示；让一个人喝醉了酒，能看出他的定力。

宋人林逋也说："恶之性不能易，如水之不能燥，火之不能温，形色语然之间，善恶自见。"

吕元膺(公元749–820年)，字景夫，唐朝郓州东平县(今东平县)人，官至吏部侍郎。吕元膺在交友用人上非常谨慎细致，在他任东都洛阳留守时，经常和门客在一起下棋。有一次，吕元膺一边下棋，一边批阅公文，看着批着，竟然忘了下棋。和他一起下棋的那个门客趁他不注意，偷偷地换掉了一枚棋子，这样一来，整个局势顿时大变，那个门客自然就能够稳操胜券了。门客自以为天衣无缝，但偏偏他这个小动作让吕元膺看到了。吕元膺也没有立即拆穿他，而是装作不知继续下完了这盘棋。

过来几天，他就客客气气地对那个门客说："我这儿人浮于事，难免会耽误先生的前程，还是另谋高就吧。”说罢，给他准备了一份礼物，为他送行。门客只好讪讪地走了。

后来，吕元膺对此事一直闭口不谈。直到他临终前，才语重心长对儿孙们说：“为人处世，交朋友一定要认真对待，仔细选择。当年我在东都时，和一个门客相处极好，后来就是为了这么一枚棋子，我就下决心把他辞退，不再与他交往。说起来，他偷换棋子原是小事一桩，没什么可大惊小怪的，但我却从中看到他的心迹可畏。当初如果说出来，怕他从此一辈子抬不起头。但是时至今日，如果再不说，怕你们不了解真相，会引起误会。说完了，我也就没有什么好牵挂的了。”说罢，他闭上双眼，溘然长逝。

吕元膺以一棋子识人，可谓识人于微，分毫不差。

**【当下启示】**

一个人的思想素质和道德品质如何，并不一定等到这个人犯了大错误才显示出来，从很多细小问题上就会有所反映。人之心迹，常浮现于其言行举止之中，常暗藏在神色气韵之间。只要你用心，必能窥测到许多信息。

# 亲疏有度——保持距离，亲密有间

【原典重现】

交友者，与其易疏于终，不若难于始。

【译文释要】

人与人之间的交往，与其最终轻易分手，倒不如一开始就不要显得太亲密。

【谈古说今】

《礼记》中说：“君子之交淡如水，小人之交甘如醴。君子以清淡而成，小人以甘甜而坏。”这些话经常被人说，但实际而言，总是淡也并不好，朋友在一起缺少热乎劲的，没有什么意思，所以这句话得与另一句话联系起来理解，“水至清则无鱼，人至清则无友”，朋友之间还是该淡时淡、该浓时浓，既不能太疏远，也不能过于亲密最好。

处理好人与人之间的交往关系，莫不是处世的学问，而交往关系就在淡与浓之间，就看你如何去把握了。

做到亲疏有度，浓淡相宜，是朋友间良好交往所必须掌握的一种分寸。因为，从一定程度上来说，每个人都有自己的家人要陪伴，每个人都有自己的事业、爱好要从事，每个人也都需要有自己独立自由的空间去思考。

亲疏有度，浓淡相宜便省去了由于交往过密而带来的副作用，交往愈深，需要付出的经历和时间愈多，容易产生的矛盾也会增多。

亲疏有度，浓淡相宜，还要注意不要对别人的家庭私事说三道四，关系再亲密也只有分享友情的便利而没有“干涉内政”的权利。如果你不小心得知了别人的某些隐私，此时只有三缄其口，沉默是金，千万不要为一时的嘴头痛快，让那些长舌妇们听到成为搬弄是非的材料。

亲疏有度、浓淡相宜也可以使人与人之间的关系富于弹性，说得来便可多谈一会儿，说不来彼此客气也不失为一种礼貌。这种亲疏有别、进退自如的关系正好给我们提供了更广阔的交往天地。

亲疏有度、浓淡相宜，还包含着根据不同的场合或不同的空间，以及不同的角色，守持一份得体的交往内容。再好的朋友，彼此之间也不能忽视这一准则。尤其是往日的朋友，后来成为你的上司或老板，更应把握好尺度。

你完全可以与你的老板一如既往地交朋友，但是在工作中，你与老板的角色是不同的，不能以为自己是老板的朋友就可以在单位或公司里也称兄道弟起来。老板还怎么工作？他怎么去安排他人工作？他怎么处理好大家的关系？他又如何区分工作人事上的是与非？有一个人，上班时喜欢拿着茶杯到老板的身边，找他吹牛聊天。公司来人，也不回避，仍旧坐在一旁，还不时地插几句，严重地干扰了老板与客人的交流。

像这个人，就是由于在与朋友相处时没有做到亲疏有度、浓淡相宜，使朋友关系对工作的负面影响增大。如此，再好的交情也难以巩固发展，甚至很快会使友谊滑向下坡。

如果你的老板非常器重你，经常带你出席各种社交场合，那么，你千万不要得寸进尺，保持适度的距离对你是有好处的。

任何一位领导在对待下级问题上，哪怕是他往日的铁哥们，都希望下级对他尊重、服从、喜欢。所以，当他愿意和部下建立朋友关系、同事关系的同时，或者在愿意建立情感沟通的同时，总是不希望用朋友关系超越或取代上下级关系。也就是说，他必须保持自己一定的尊严和威信。

可以说，亲疏有度、浓淡相宜是交友的一种艺术，它包含着在理解别人的基础上所持有的一分尊重，也契合“与其易疏于终，不若难于始”的经验之谈。

**【当下启示】**

莎士比亚有一句名言：“我并不是要压住您的爱情烈焰，可是，这把火不能够燃烧得过于炽盛，那是会把理智的藩篱完全烧去的。”倘若“爱”过了头，不仅理智会被烧光，而且爱情也会被烧焦。其实，交友也是如此。那种天天觥筹交错，吃喝往来，表面看似热乎劲儿的，未必筑有太深的友谊基础。有道是“亲则疏”，适当保持一定距离的友情最后却越发牢固。

# 淳朴存真——交友要摒弃庸俗虚荣心理

【原典重现】

交市人不如友山翁，谒朱门不如亲白屋；听街谈巷语，不如闻樵歌牧咏；谈今人失德过举，不如述古人嘉言懿行。

【译文释要】

交一个市井之人做朋友，还不如和山野老汉来往；巴结权贵人家，还不如和平民百姓亲近；听街头巷尾的流言蜚语，不如多听一些樵夫的民谣和牧童的山歌；批评现代人的错误，不如传述古人的善言美行。

【谈古说今】

一个人如果结交些市井小人，所听的大多是非投机逐利俗事，这就容易沾染庸俗之气，倒不如结交一些淡泊清雅、隐居山林的士人；如果整天奔走于富贵权势之家，所听的大多是功名利禄的权势之争，这很容易使人心生迷念丧失人格，倒不如结交一些平民百姓；如果总喜欢谈论左邻右舍的闲言，很容易使自己卷入是非之中，倒不如听听樵夫牧童的歌谣。总而言之，一句话，就是选择良友，才有利于自己的成长或者处世。

陶渊明是东晋后期有名的大诗人兼散文家，他自小就接受了儒家忠君报国思想的熏陶，颇有“济世救民”的志向。从政后，由于他的脾气倔强，不为五斗米而折腰，鄙视官场逢迎拍马那一套，愤怒之下辞官归隐了。

陶渊明回到家中后，就开始从事农业生产，过上了田园生活。在劳动之余，他除了把田园生活的切身体会写成诗词之外，还和农民结下了深厚情谊。在诗中，他写自己与农民们谈论农事，“相见无杂言，但道桑麻长”，很有共同语言。

陶渊明同农民的关系都很好，但他对那些达官贵人却是另一幅样子。陶渊明所在的那个郡的刺史王弘想结识他，派人来请他去。可是陶渊明不予理睬，让他碰了钉子。后来王弘就想出了一个办法，叫陶渊明的熟人在路上准备好酒食，等陶渊明经过时把他拦下来喝酒。当两人喝得正有兴致的时候，王弘就摇摇摆摆地走了过来，假装是偶然碰到的，也来加入一起喝酒。这样总算是认识了，也没惹陶渊明生气。又隔了几年，江州刺史檀道济上任不久，就亲自登门拜访陶渊明。当时陶渊明正生着病，躺在床上。檀道济对他说："贤人安身立命的哲学应该是：坏的世道就隐居，好的世道就出去做官。现在你生活在光明的时代里，为什么非要隐居不可，自己和自己过不去呢？"陶渊明回答说："我哪里能够照贤人的样子去做呢？我的志向赶不上他们。"婉转地拒绝了檀道济。檀道济临走时要送给他粮食和肉，他也谢绝了。

陶渊明归隐田园，与农民交好，对待王弘、檀道济等达官贵人态度冷漠，反映了他甘于贫贱、不慕荣华和隐居的决心，正是对"交市人不如友山翁，谒朱门不如亲白屋；听街谈巷语，不如闻樵歌牧咏"的最好写照。

《史记》中说："以权势、利害相交合的朋友，权势倾倒利害已尽必然疏远。"孔子《论语》中曰："益者三友，损者三友。友直、友谅，友多闻，益矣；友便辟，友善柔，友便佞，损矣。"这就明确地告诉了我们好朋友和坏朋友的区别。"益者三友"，就是指正直的朋友，他们广见博识，同这些人交往就是有益的。"损者三友"，就是指惯于走邪道的，惯于阿谀奉承的，惯于花言巧语的，同这些人交往则是有害的。正直的朋友所显现的宝贵之处从下列故事中便可窥豹一斑。

狄梁公任并州曹之职，他的同僚郑崇质应该出使边远地区，郑崇质的母亲年老体病，狄梁公说："人的母亲这个样子，怎么能够让她为儿子远行而担忧呢？"于是他去拜见上司兰仁基，请求代替郑崇质远行。兰仁基素与司马李孝廉不和，他看到狄梁公这样做，于是就对李孝廉说："我们俩怎么能不惭愧呢？"从此兰仁基与李孝廉又和好如初了。

交友，要摒弃庸俗虚荣的心理，不要把心沉浸在富贵势欲的杯水中。可见，相知的朋友，为了对方而宁肯牺牲自己，如果你能交到这样的朋友，难道不感到有幸吗？由此，可以看出，结交到纯真质朴的好友是多么宝贵！谨记：浮华不足羡，淳朴最存真。

**【当下启示】**

朋友是生活的重要组成部分，忙碌之余，泡一杯香茗，与好朋友谈谈心、说说事，能够松弛身心、怡情益智。所以，该交什么样的朋友才对人生有益，还是当须思考和明确的。唯有以道义相交、性情相交、肝胆相交、真诚相交，才会深切长久，才不致被富贵、贫贱、患难、利害所分离。

# 交友不滥——宁可无友，也不交势利之人

**【原典重现】**

用人不宜刻，刻则思效者去；交友不宜滥，滥则贡谀者来。

**【译文释要】**

用人要宽厚而不可太刻薄，太刻薄就会使想为你效力的人离去；交友不可太多太浮，如果这样，那些善于逢迎献媚的人就会设法接近你，来到你的身边。

**【谈古说今】**

用人的学问博大精深，奥妙无穷。尤其在当今，与其说是财富的角逐，事业的竞争，不如说是人才的竞争。而这其中，最有玄机，最为关键的就是如何用人。因为善于用人的高手，不仅会留住身边的“朋友”，更能吸引飞来的“凤凰”。交友的学问同样深厚。有人认为交的朋友越多越好，如果真能交到那么多的忠实好友当然是件很不错的事，也是你的幸运。所以，用人一定不要太刻薄，刻薄之下无人愿意接近。

隋朝著名的教育家、思想家王通（号文中子）在其著作《文中子·礼乐篇》中说：“为权势相结交成朋友的，势力没有了，交情也就断绝了；因利益而结成朋友的，利益没有了，交情也就淡忘了。君子不与这类人结交。”

战国时期，赵国的大将军廉颇曾被免官回故乡，他失去权势时，原来门下的宾客都走光了。后来，赵王又重新起用他当将军，等他重新做官、恢复权势的时候，以前的那些门客又都纷纷回来了。

廉颇见这些门客如此势利，气愤地说道：“你们不是都走了吗？还回来做什么？”其中的一个门客说道：“唉，将军怎么这才看出来？当今天下，结交朋友，

就如同做生意一样，你有权有势，那自然就会跟着你，若是你无权无势，当然就会离开你了。世道本来就是如此，将军何必这样气愤呢？”廉颇对此颇有感慨，从此交友也警惕起来。

从这个故事可以看出，势利之人，交也白交。结交了，往往为其所利用，一旦利用价值没了，给你带来的还会是心痛或伤脑筋，那又何必？还是鲁迅先生说得好，“得一知己而足矣！”我们完全没必要把处世的成败片面地建立在朋友的多少上。

**【当下启示】**

世间有一种普通的情况是，大多在你春风得意之时，许多人都来迎合你，与你结友相交；而一到失势的时候，情形迥然不同，许多往日热乎乎的人即刻变得神情淡漠，形同陌路。可能在你身边的最多只有那么几个人了，这种情况现实中太普遍和多见，所以，大可不必为“朋友满天下而自豪”。

# 趋炎附势——富在深山有远亲

**【原典重现】**

饥则附，饱则扬，燠则趋，败则弃，人情通患也。

**【译文释要】**

饥饿潦倒时就去投靠人家，富裕饱足时就远走高飞，遇到富贵人家就去巴结讨好，当人家衰败贫穷时就掉头而去，这是一般人都会有的通病。

**【谈古说今】**

人到贫穷不济的时候，只知道贪求温饱而依附于人，等到稍见保暖，就会向更好的地方寻求生活了。当一个人富贵权势，人们都会向其聚拢，当其一旦陷入困境，聚集而来的人常常作鸟兽散，根本没有什么人情可讲。趋炎附势，是大多数人都有的一种通病。

易牙是春秋时代一位著名的厨师。他是齐国国君齐桓公宠幸的近臣之一，用为雍人，专管料理齐桓公饮食的厨师。他擅长于调味，再加上他善于逢迎，所以很得齐桓公的欢心。位居“春秋五霸”之首的齐桓公自称霸以后，志得意满，早年对霸业的追求和雄心壮志渐渐地消退，渐变昏庸，因而身边的奸臣越来越多。

齐桓公十分喜欢美食，尤其是经过易牙烹调后的食物更是和他的胃口。一次，他与易牙聊天，齐桓公开玩笑地对易牙说：“我吃尽了天下的山珍海味，也就是人肉还没吃过！听人说人肉滋味十分鲜美，不知道是不是真的？”当时的易牙正在为自己的官阶上升缓慢而感到犯愁，听到桓公想吃人肉，认为这正是一个自己表现忠心的大好机会。他回到家中，看到自己三四岁的小儿子皮肤细嫩，于是就拿儿子开刀，将他杀死后，做成了一盘蒸肉，送给齐桓公。齐桓公知道易牙为了使自己高兴，杀子煮烹，认为这是非一般人所能做到，其忠君之心超过了爱子之情，因而觉得他的忠心真实可靠，从此对他非常宠信。齐桓公甚至还想任用他代替将死的管仲做相国，不过管仲认为：“人之情非不爱其子也，其子之忍，又将何爱于君！”所以反对由他接任，并建议桓公将其驱逐，永不任用。但最终齐桓公没有听管仲遗言，依然亲信易牙。

“蚊蝇逐臭，蚁虫尝甘，而小人则趋于利”，易牙为了官场的前程，竟然丧尽天良杀子取宠，如此的趋炎附势，实在是卑鄙至极。

人类也算是动物，既如此那么就难免会有动物性的一面，这也就是所谓的人的弱点，如果我们能够认识到这一点，就不必为世态炎凉而感到心寒了。就算你有心想要去改变，也应该首先战胜自己，如此一来，即便做不了拯救世人的圣人，也能够做一个真正的人。趋炎附势，见风使舵，实在算不上是君子的行为，因而应该尽量克服这一人性弱点。作为君子，一定不要为了利益而轻易地变节，只有这样，才能在人际交往中得到人们更好的认可。

北宋时的张咏，自太平兴国五年登进士乙科，到大中祥符三年，先后两次出任益州知府，历任枢密直学士、吏部侍郎、工部尚书、安抚使等多种官职。张咏有个同学叫傅霖。在张咏为官的三十多年中，傅霖从不与他来往。张咏很佩服这位同学的人品才学，多方打听他的下落，但总是找不到他。

张咏晚年得了“脑疡”，被朝廷派人星夜“驰驿代还”。

因为有病不能面见皇上，张咏就以书面形式给皇帝上奏章，陈说他对朝政的意见。其中有些话极刺耳，惹得皇上大怒，当时又把他派到了陈州去作知府。

谁知这次傅霖却像从地下冒出来的一样，主动前来见这位老同学了。

傅霖来到张府时，看门的通报说：“傅霖请见！”

张咏立刻斥责道：“傅先生乃是天下知名的贤士，我和他是早年的同学，到处寻访了多年，想求他做朋友而不可得。你是个什么人物，居然大呼小叫地喊出他的名字来！”

傅霖已经走了进来，笑着劝道：“算了吧，这么多年了，你还是那老脾气呀？他一个看门的怎么知道人世间有我傅霖这号人呀！”

张咏见到傅霖，高兴得不得了，忙问他，“从前我多方找你，你怎么就不露面，现在怎么又不请自到了呢？”

傅霖说：“从前你是高官，我不好来攀高枝。如今嘛，我知道你的日子不多了，作为老同学特意来看看你！”

张咏猛吃一惊，叹了一口气道：“我自己也是明白的。”

傅霖说：“你明白就好啊！”

结果，傅霖在张咏那里只呆了一天便又告辞了。傅霖走后一个月，张咏真的死了。傅霖的生平事迹已无可考证，但他与张咏的交往同“天下贤士”的称号倒是相符的。因此，他便作为一种人格的典型而留在了史册上。

从古而今，嫌贫爱富附势趋炎，人之常情，世之通病。好像经济杠杆也成了人际交往的法则，以至在《史记》中有“一贫一富交态乃知，一贵一贱交情乃见”的感慨，俗谚有“贫居闹市无人问，富在深山有远亲”的叹息。这样的事例太多了，但这并不说明人们对此的认可。

这一现实和人们的交往需要、感情交流是相悖的，因为在金钱驱动下的人际关系是难有真情流露的。人们在无奈中盼望一种真诚，首先要求君子能甘于淡泊，以使社会不全处在感情的沙漠中。从另一个角度看，在社会上择友交人是必需的，古语“君子之交淡如水”，正和上述语录相对应，而成为人际交往的警语。

**【当下启示】**

如果你成功了，一定会有人巴结你、讨好你；但你可别失败，一旦失败他一定会像避瘟疫一样避开你；人就喜欢接近成功的人、走运的人，而避开失败的人、倒霉的人。即使是世界上你最爱或最爱你的人，那又如何呢？他或她是世界最敢于无情伤害你的人，最敢于撕破面具、向你伸出匕首的人。他或她可以容得下世界上所有的人的伤害，唯独不能忍受你的伤害。正派人一般都待人热诚，所谓古道热肠；遇事正直，所谓胸怀坦荡。他既不会巴结，更不会乘人之危，落井下石。所以，在社交中要能识别人，结识真正的朋友，真正的朋友是君子之交淡如水。

# 久交不厌——君子坦荡荡

【原典重现】

使人有乍交之欢，不若使其无久处之厌。

【译文释要】

令对方对自己产生初交的欢喜，不如让人久交不厌。

【谈古说今】

生活中有一种情形，就是有些人与他人交往，起初时总能赢得人的好感，并让人心生尊敬与信赖，可时间稍长，却变味了，让人产生厌烦情绪。这到底缘由何在呢？恐怕大多是在坦诚上有失偏颇。有道是，坦诚是维系长久友谊的基石。它与虚伪和矫揉造作是格格不入的。

毋庸置疑，谁都不会愿意与一个华而不实，假话连天，奸刁巨猾的人打交道做朋友。这种人即使在刻意伪装中骗得对方的一时信任，也不会保持多久的。傅雷先生曾说："一个人只要真诚，总能打动人的，即使人家一时不了解，日后便会了解的。"又说："我一生做事，总是第一坦白，第二坦白，第三还是坦白。绕圈子，躲躲闪闪，反易叫人疑心。你要手段，倒不如光明正大，实话实说。只要态度诚恳、谦卑、恭敬，无论如何人家不会对你怎么的。"

为此要想得到知心好友，首先要敞开自己的心扉。要讲真话、实话，不要遮遮掩掩、吞吞吐吐，要敢于暴露自己的缺点，以你的坦率换得朋友的赤诚和爱戴。

须知，刻意地表现自我是愚蠢，也是庸俗。如果我们总想着要在别人面前刻意表现自己，而使别人对我们感兴趣的话，我们将永远不会有许多真实而诚挚的朋友。真正的朋友并不是以这种交往方法来获得的。

王林是一家公司的高级职员，平时工作积极，表现很好，待人也热情大方，同事们都主动和他交朋友。但是有一天，一个小小的动作却使他的形象在同事眼中一落千丈，大家都认为，与王林不值得交往。

是什么原因呢？当时在会议室里，许多人都等着开会，其中一位同事发现地板有些脏，便主动拖起来，而王林似乎有些身体不舒服，一直站在窗台边往楼下看。突然，他急步走过来，叫那位同事把手中的拖把给他，接到手刚一会儿，总经理推门而入。而王林正拿着拖把勤勤恳恳、一丝不苟地拖着地板。从此，大家再看王林时，顿觉得他虚伪了许多，从前的良好形象被一个小动作破坏得一干二净。

有时候，在一定的场合上，矫揉造作的表现自我，只会让人厌恶发腻而眉头紧蹙。

**【当下启示】**

与人交往，要保持让人无久处之厌的良方最关键的是要坦诚，不管从语言上还是行动上来说，都要善于表现真我。生活中往往有些人总喜欢把最光彩的一面刻意地露给人看，就像画眉鸟喜欢炫耀声音一样。须知，人是理性的，是能洞察其本质的，任何刻意做作和虚伪之举都是很难交到挚友的。因此，良好的友情只会在自然坦诚中凝固和加深，朋友间的肝胆相照也只会在坦诚中得以拥有和表现。

# 勿仇小人——不必和小人太过不去

**【原典重现】**

休与小人仇雠，小人自有对头；休向君子谄媚，君子原无私惠。

**【译文释要】**

不要跟品行低下的小人结成怨恨,因为小人自有他作对为敌的人;不要向品德高尚的君子献殷勤,因为君子不会为了私情给人施舍恩惠。

**【谈古说今】**

一位伟人说过，“世界上最可靠的是人，最不可靠的也是人。”最可靠的是指君子，最不可靠的是指小人。因为小人心里没有道德的法则，心地大多不善良、有害人之心。可小人脸上并没贴上标签，平时还会伪装得高雅，但由于其卑劣的本质，必然会在许多行径上或隐或现的暴露出丑恶的面目。比如搬弄是非、谣言惑众、见风使舵、落井下石、趁火打劫、挑拨离间、设置圈套、巧进谗言等，对这类人当须加倍小心。

宋真宗时，宰相寇准和同事会餐，胡须上沾了羹汁。丁谓赶忙起身为他擦掉了。寇准看不惯他这种谄媚的行为，便当着众人的面说：“参政国之大臣，乃为官长拂须邪?”丁谓因此觉得丢了面子，怀恨在心。后真宗患病，丁谓专权。寇准对此不满，请求真宗传位太子。恰逢太监周怀政密谋拥立太子，想斩杀丁谓，让寇准任宰相，却被人告了密。丁谓借机诬告寇准，寇准因此被罢相，放逐到雷州，不久便在忧郁中离开了人世。

生活中的小人很多，你很难回避或不遇上，一旦遇上了这种人，最好是既不

要过密交往，也不要气宇轩昂地划清界限而得罪他。一句话，如果不是非有必要，迫不得已之时，那就别得罪小人，这是具有长远眼光的保身之道。

在对付小人方面，古人的智慧为我们今天的“个人安全”提供了有益的借鉴。

为大唐中兴立下赫赫战功的唐朝名将郭子仪，不仅在战场上攻无不克、战无不胜，而且在待人处世中还是一个特别善于对付小人的高手。郭子仪与小人打交道的秘诀就是“宁得罪君子，不得罪小人”。

“安史之乱”平定后，功高权重的郭子仪并不居功自傲，为防小人嫉妒，他反而比原来更加小心。有一次，郭子仪正在生病，有个叫卢杞的官员前来探望。此人乃历史上声名狼藉的奸诈小人，相貌奇丑，生就一副铁青脸，脸形宽短，鼻子扁平，两个鼻孔朝天，眼睛小得出奇，时人都把他看成是个活鬼。正因为如此，一般妇女看到他都不免掩口失笑。郭子仪听到门人的报告，立即让身边人避到一旁不要露面，他独自等待。卢杞走后，姬妾们又回到病榻前问郭子仪：“许多官员都来探望您的病，您从来不让我们躲避，为什么此人前来就让我们都躲起来呢？”郭子仪微笑着说：“你们有所不知，这个人相貌极为丑陋而内心又十分阴险。你们看到他万一忍不住失声发笑，那么他一定会心存嫉恨，如果此人将来掌权，我们的家族就要遭殃了。”郭子仪对这个官员太了解了，所以在与他打交道时格外小心谨慎。后来，这个卢杞当了宰相，极尽报复之能事，唯独对郭子仪比较尊重，没有动他一根毫毛，这件事充分反映了郭子仪对待小人的办法之高明。

郭子仪对阴险小人，百般留意，既坚决不与之同流合污，又避免伤害他们。这种做法，虽然有消极防范的意味，但由于别无良策，这种不与小人同流合污的做法，亦不失为一种洁身自好的君子作风。

在与小人打交道时务必考虑周全，最好不要与其发生正面冲突。论实力，小人并不强大，但他们不择手段，什么下三烂的招数都可能使出来。冲突起来，纵使赢了小人，也会付出代价，惹得一身腥。为此，在一般情况下，还是躲为上策。

另外，再坏的人也不愿意被人认为自己“很坏”，总要披一件伪善的外衣，而你偏要以正义之手揭开他们的面纱，让他们露出原形，这不是故意和他们过不去吗？

【当下启示】

君子不怕传言，因为他问心无愧。小人看你揭露了他的真面目，为了自保和掩饰，肯定会对你打击报复，想必这也是洪应明先生所发出的“休与小人仇雠，小人自有对头”的感言。也许你不怕他们的反击，也许他们也奈何不了你，但你要知道，小人之所以为小人，是因为他们始终在暗处。因此，对付小人，还是不要跟他们一般见识。同时，也不要刻意揭露他们的假面纱，还是保持距离，讲一些招数最好。

# 不恶小人——宁得罪君子，不得罪小人

**【原典重现】**

待小人，不难于严，而难于不恶；待君子，不难于恭，而难于有礼。

**【译文释要】**

对待心术不正的小人，要做到对他们严厉苛刻并不难，难的是不去憎恶他们；对待品德高尚的君子，要做到对他们恭敬并不难，难的是遵守适当的礼节。

**【谈古说今】**

孔子说："世间唯女子与小人难养也，近之则逊，远之则怨。"

这个世界是一个很大的树林，里面什么鸟都有，当然小人也比比皆是。小人成事不足，败事有余。如果你这辈子叫小人盯上了，那么肯定就麻烦大了。小人没有什么事好做，因此他可以专心致志地琢磨你，并把这当作专业。

杨炎与卢杞在唐德宗时一度同任宰相，卢杞的爷爷是唐玄宗时的宰相卢怀慎，以忠正廉洁而著称，从不以权谋私，清廉方正，是位颇受时人敬重的贤相。他的父亲卢奕也是一位忠烈之士。卢杞在平日里不注意衣着吃用，穿得很朴素，吃的也不讲究，人们都以为他有祖风，没有人知道卢杞则是一个善于揣摩上意、很有心计、貌似忠厚、除了巧言善辩别无所长的小人。

与卢杞同为宰相的杨炎，是中国历史上著名的理财能手，他提出的"两税法"对缓解当时中央政府的财政危机立下了汗马功劳。后来的史学家评论他说："后来言财利者，皆莫能及之。"可见杨炎确实是个干练之才，受时人的尊重和推崇。此外，杨炎与卢杞在外表上也有很大不同，杨炎是个美髯公，仪表堂堂，卢杞脸上却有大片的蓝色痣斑，相貌奇丑，形象猥琐。

然而，博学多闻、精通时政、具有卓越政治才能的杨炎，虽然有宰相之能，性格却过于刚直，特别是对卢杞这样的小人，他压根儿就没放在眼里。两人同处一朝，共事一主，但杨炎几乎不与卢杞有丝毫往来。按当时制度，宰相们一同在政事堂办公，一同吃饭，杨炎因为不愿与卢杞同桌而食，便经常找个借口在别处单独吃饭，有人趁机对卢杞挑拨说："杨大人看不起你，不愿跟你在一起吃饭。"

因相貌丑陋内心自卑的卢杞自然怀恨在心，便先找杨炎手下亲信官员的过错，并上奏皇帝。

杨炎因而愤愤不平，专门找卢杞质问道："我的手下人有什么过错，自有我来处理，如果我不处理，可以一起商量，你为什么瞒着我暗中向皇上打小报告!"弄得卢杞很下不来台。于是，两个人的隔阂越来越深，常常是你提出一条什么建议，明明是对的我也要反对；你要推荐那个人，我就推荐另一些人，总是较着劲、对着干。

卢杞与杨炎结怨后，千方百计谋图报复。他深知自己不是进士出身，又面貌奇丑，才干更是无法与杨炎相比，但他极尽阿谀奉承之能，逐渐取得了唐德宗的信任。

不久，节度使梁崇义背叛朝廷，发动叛乱，德宗皇帝命淮西节度使李希烈前去讨伐，杨炎不同意重用李希烈，认为此人反复无常，对德宗说："李希烈这个人，杀害了对他十分信任的养父而夺其职位，为人凶狠无情，他没有功劳都傲视朝廷，不守法度，若是在平定梁崇义时立了功，以后就更不可控制了。"

然而，德宗已经下定了决心，对杨炎说："这件事你就不要管了!"谁知，刚直的杨炎并不把德宗的不快放在眼里，还是一再表示反对用李希烈，这使本来就对他有点不满的德宗更加生气。

不巧的是，诏命下达之后，赶上连日阴雨，李希烈进军迟缓，德宗又是个急性子，就找卢杞商量。卢杞看到这是扳倒杨炎的绝好时机，便对德宗皇帝说："李希烈之所以拖延徘徊，正是因为听说杨炎反对他的缘故，陛下何必为了保全杨炎的面子而影响平定叛军的大事呢？不如暂时免去杨炎宰相的职位，让李希烈放心。等到叛军平定以后，再重新起用，也没有什么大关系!"

这番话看上去完全是为朝廷考虑，也没有一句伤害杨炎的话。德宗皇帝果然信以为真，就听信了卢杞的话，免去了杨炎的宰相职务。就这样，只方不圆的杨炎因为不愿与小人同桌就餐而莫名其妙地丢掉了相位。

从此卢杞独掌大权，杨炎可就在他的掌握之中了，他自然不会让杨炎东山再起的，便找茬儿整治杨炎。杨炎在长安曲江池边为祖先建了座祠庙，卢杞便诬奏说：“那块地方有帝王之气，早在玄宗时代，宰相萧嵩就曾在那里建立过家庙，因为玄宗皇帝曾到此地巡游，看到此处王气很盛，就让萧嵩把家庙改建在别处了。如今杨炎又在此处建家庙，必定是怀有篡权夺位的谋反野心！近日长安城内到处传言：‘因为此处有帝王之气，所以杨炎要据为己有，这必定是有当帝王的野心。’”

什么！杨炎有“谋反篡位”之心？岂能容之！于是，在卢杞的鼓动之下，勃然大怒的德宗皇帝，便以卢杞这番话为借口，将杨炎贬至崖州(今海南省境内)司马，随即下旨于途中将杨炎缢杀。

“小人”没有特别的样子，脸上也没写上“小人”二字，有些“小人”甚至还长得帅，有口才也有内才，一副“大将之才”的样子，根本让你想象不到。

**【当下启示】**

人们总是强调“宁得罪君子，不得罪小人”，这是很有道理的。因为在现实生活中，小人是不会承认自己是“小人”的，而且还很可能总是表现出一副大义凛然的样子来迷惑他人，但一旦得罪了这些小人，那么等待自己的就可能是狂风暴雨般的报复。所以，对待小人要讲究策略，不能够“一根筋”，轻易为自己树立一个阴险的敌人。

# 恶不即就——谗言害人，谗言误国

**【原典重现】**

闻恶不可就恶，恐为谗夫泄怒；闻善不可即亲，恐引奸人进身。

**【译文释要】**

听到人家有恶行，不能马上就起厌恶之心，要仔细判断，看是否有人故意诬陷泄愤；听说别人的善行不要立刻相信并去亲近他，以防有奸邪的人作为谋求升官的手段。

**【谈古说今】**

“闻恶不可就恶，恐为谗夫泄怒；闻善不可即亲，恐引奸人进身。”这句话是教导人们，做人应该理智处世，才能避免自己因一时不查而成为某些居心不良之人利用的工具。

对于领导者来说，最应该小心的就是居心不良之人所说的谗言。谗言是诬蔑他人的不实之词，由于别人的胜利，自己的失败，造成自己处于劣势，一时无法打败对手，那么就只能靠谗言的力量来诋毁对方。或是由于对方的功劳高于自己，于是产生了妒忌心理，没有办法宣泄，也不可能击倒对手，只好背后打小报告、进谗言。这个时候，如果领导者不加思考判断就听信了这些话，那么必然会做出错误的决定。

韩非是战国末期的思想家，原是韩国公子，与李斯同出于荀卿门下。曾多次上书韩王，倡议变法图强，均未被采纳，于是他发愤著书立说，宣传自己的思想。后来秦王政看到了他的著作，慕其名，遗书韩王，强邀韩非使秦。在秦因为他的才能被李斯所妒，不仅没有得到发挥，最后为李斯、姚贾所诬害，冤死狱中。而

妒贤嫉能的李斯，最后也没有好下场。韩非天生口吃，与别人说话总是结结巴巴，但是他擅长写文章，对人性心理的观察很敏锐，是荀卿门下最优秀的门生。

韩国当时日渐衰败，受到他国侵略，领土愈来愈狭小，韩非屡次向韩王提出建议，要求打破现状。韩王不喜欢口吃的韩非，根本无视他的建议，也不想改革。

韩王身边围绕着只会奉承阿谀的俗人，韩王重用他们，使他们肆无忌惮。但是对国家来说，最重要的却是制定法令制度，以王权治理国家，富国强兵，并寻求真正有才能的人，提拔真正的贤者。

因此，廉明正直的韩非，感叹小人当道及自己的不得志，认清了自古以来王者的政治得失与成败，写了《孤愤》、《五蠹》、《内外储说》、《说林》、《说难》等十余万字的书，即所谓的《韩非子》。

韩非本是天才的说服家，但一直没有能够发挥他的才能。韩非受到韩王的疏远，在韩国非常孤独，认为韩国的前途渺茫，他分析天下的形势，认为将来称霸天下者非秦莫属。

水工郑国被派遣到秦国建设大规模的灌溉工程，本来是韩非的策略。后来郑国叛变，巴结秦王，使秦国集中兵力攻击韩国。

郑国在进入秦国时，曾以韩非的书献给秦王政，这就是《孤愤》、《五蠹》二书。

秦王政读后感叹地说："多出色的一本书，如果能与韩非见一面，死而无憾。"

秦王并不知道韩非这个人。

"韩非是与我同门的韩国人。"客卿李斯惶恐地对秦王说。

李斯是楚国人，与韩非同是荀子的门下，但成绩却不及韩非，后投效秦国，是吕不韦的食客之一，因此能够接近秦王而成为幕僚。

秦王立刻派遣使者到韩国，要求见韩非一面。秦王指名要见韩非，韩王心乱如麻，心想：虽然韩非看起来很不起眼，秦王却想招揽他，或许他真的是一个人才。如果真是人才，实在舍不得出让。而且韩非一直受到自己的冷落，不知会在敌国做出什么对韩国不利的事，因此而深感不安，但是对于秦国的要求又不能加以拒绝。

韩非到了秦国，向秦王政上书，建议打破六国合纵的盟约，阐述统一天下的策略，秦王非常高兴。

李斯害怕韩非会取代自己的地位，就向秦王说：“韩非乃韩国公子，秦王想并吞诸侯之地，韩非必定会为自己的祖国韩国打算，而不会为秦国设想，这是人之常情。现在他长期留在我国，一旦遣送回国必将为害我国，最好的方法就是施以酷刑，杀了他。”

秦王听了他的话，逮捕韩非入狱。

韩非虽想为自己辩白，却无法把自己的意思传达给秦王。李斯派人送来毒药，并附带一封信：“秦国重臣对客卿甚为不满，决定将他们全部放逐，当然也不会让他们这么回去，自己服毒自杀吧！”

韩非终于明白，于是李斯送来的毒药解脱了一切。

秦王政很后悔逮捕韩非入狱，于是匆忙下令赦免，但韩非已自杀身亡。

《史记》中记载，韩非虽然写了完美的《说难》一书，但自己却难逃悲惨的命运，并且指责韩非的思想过于理智，缺乏感情，他的悲惨结局就是没有提防谗言的后果。由此也可以看出，如果领导者对于他人的言论不加思考判断就轻易听信，那么必然会做出错误的决定。

**【当下启示】**

在现实生活中，我们经常会在听说别人犯了什么错的时候，表现出一副看不起或十分憎恶的表情，而听到某人做了好事或者善行的时候，就会产生认同感，想要接近他。但是，如果你没有了解事情的真相就通过自己的主观意识去判断一件事物，往往会被有心之人所利用。尤其是作为一名领导者，更应该有自己的主见，只有这样才能上下一心，成事立国。

# 忠言逆耳——听取正确的批评和意见

**【原典重现】**

耳中常闻逆耳之言，心中常有拂心之事，才是进德修行的砥石。若言言悦耳，事事快心，便把此生埋在鸩毒中矣。

**【译文释要】**

耳中能够经常听到一些不顺耳的话，心里常常遇到一些不顺心的事，这是修身养性的磨砺方法；如果听到的句句话都顺耳，遇到的件件事都顺心，那么这一生就如同浸在甜蜜的毒药中一样。

**【谈古说今】**

“良药苦口利于病，忠言逆耳利于行”，说的是表面上看似不好的东西，实则却是最有益的。有病就应该吃药，但吃药就不能怕苦。苦味为人所不喜，但对人身体健康有好处的药却多为苦味，因而为了自身健康着想就不能拒绝它；正确的批评和意见，对个人的修养和事业的发展是具有积极意义的，但这些实话由于往往拂逆人的想法，但却是中肯有益的，因而不应该因话不顺耳而将其否定。如果一个人只喜欢听赞美的好话，那么再好听的话也会慢慢变成杀人的毒药。《韩非子·外储说左》中亦有言：“夫良药苦于口，而智者劝而饮之，知其入而已己疾也。”

唐太宗李世民，是唐朝第二位皇帝，即位为帝后，他虚心纳谏，积极听取群臣的意见、努力学习文治天下，开创了历史上有名的“贞观之治”，是中国史上最出名的政治家与明君之一。成语“兼听则明”、“偏信则暗”，就是说他的。

唐太宗手下的谏议大夫魏征是个敢于犯颜直谏的耿介之士。有一次，上朝的时候，唐太宗跟魏征为了一个问题而争得面红耳赤，退朝以后，他憋了一肚子气回到内宫，见了长孙皇后，气冲冲地说道："总有一天，朕要杀了魏征！"长孙皇后忙问何故，唐太宗气愤地将事情说了，然后道："他总是当着大家的面侮辱朕，叫朕实在忍受不了！"长孙皇后听了，一声不吭，回到自己的内室，换了一套朝见的礼服，向唐太宗下拜。唐太宗惊奇地问道："你这是干什么？"长孙皇后回答说："我听说只有英明的天子才会有正直的大臣，现在魏征这样正直，正是说明陛下的英明，我怎么能不向陛下祝贺呢！"这一番话就像一盆清凉的水，把唐太宗满腔怒火浇灭了。后来，他不但不记恨魏征，反而夸奖魏征说："良药苦口利于病，忠言逆耳利于行，敢直言逆耳的忠言正是魏征可爱的地方哩！"

魏征敢于进谏，唐太宗虽然觉得他的话难听，但在长孙皇后的提醒之下能够清醒地认识到忠言逆耳的道理，因而不但不记恨，反而予以夸奖，虚心纳谏，堪称一代明君。

公元前207年10月，刘邦率军逼近秦都咸阳。秦王子婴驾素车，乘白马，系颈套，捧着传国玉玺跪于车道旁，俯首请降。它标志着秦朝正式灭亡。

刘邦来到秦朝宫殿里，只见这里雕梁画栋，曲榭回廊，构筑精致，规模宏大。后宫一班美人怯生生地前来迎接，个个有姿有色，看得刘邦眼都直了。刘邦在家乡就是个酒色之徒，见到眼前这班美人，不由春意回荡，禁不住飘飘然起来。

正在他出神的时候，一个声音传入他的耳中："沛公是安天下呢?还是图个富贵就行了?"刘邦一看，原来是樊哙。屠夫出身的樊哙跟随刘邦转战已有多年，在这关键时刻，给刘邦来了个有益的提醒。刘邦也知樊哙说得对，不过这送上门来的享受，他还是不甘心放弃。于是，他说了一句："就在这儿住一晚。"看来，他没有离开的意思。

张良不知什么时候也进来了。他对刘邦说："秦政无道，所以您才有可能到达这儿。现在刚入咸阳，就想在此享乐，恐怕今日秦亡，明日就是您的末日了。古人说得好：良药苦口利于病，忠言逆耳利于行。请公听樊哙一句话，免得祸从天降。"

刘邦有个突出的优点，就是善于听取各种不同的意见，他连忙离开秦宫，回到驻军的地点，并召集关中豪杰父老，与之订立了著名的“约法三章”：“杀人者死，伤人及盗抵罪。”既废除了秦朝暴政苛法，又保护了私有财产，对不论有无财产的人来说，都起了稳定人心的作用。关中一带，秦民莫不为此而欢欣鼓舞。

项羽在巨鹿击败章邯后，得知刘邦已进入关中，便预感到刘邦要与他争夺天下。于是，马不停蹄地指挥自己的队伍奔关中而来。那时，项羽有40万人，刘邦才10万，从实力上说相差一大截，无论如何刘邦也不是项羽的对手。

善于听取不同意见，是刘邦能夺取天下的重要保证。刘邦听了樊哙、张良的话，摆出一副不与项羽争天下的姿态，这才避开了项羽的锋芒，极大地赢得了政治上的主动地位。

**【当下启示】**

无论在哪一方面，实际上都会存在一些问题和缺点的，就看当领导的如何去对待它。遮遮掩掩，有时也能过去；将错就错，有时也不一定会出什么大问题。然而这一习惯养成了，就会给事业带来巨大的损失。如果敢于正视问题，敢于接受不同意见，不仅不会损失什么；相反，一旦形成一种良好的风尚，自己在人们心目中的形象反而会好得多。当然，逆耳的未必全部都是忠言，拂心的也未必全都是好事，但即便如此，也可以磨砺人的心志，使人保持清醒的头脑，加以正确的判断。

# 第七章　成败进退

人生有时像个大赌局，谁也不可能总是赢家，谁也不可能老是输家。输，只是离成功更近了一步；赢，则是在走过了所有通往失败的路后，只剩下的那一条成功之路。《菜根谭》告诉我们，在人生的路途中，该如何直，怎样屈；何时当一往无前，义无反顾，何时应挂冠归去，散淡入林；更告诉我们那些取得功业成就的基本要素、方法技巧和正确心态。

# 得意回首——达观权变，进退适宜

**【原典重现】**

恩里由来生害，故快意时须早回头；败后或反成功，故拂心处切莫放手。

**【译文释要】**

被垂恩重用往往会招来祸患，所以一个人得意时应“见好就收”、急流勇退；挫折和失败反而使人走上成功之路，因此遭受不如意事的打击时，千万不可放弃。

**【谈古说今】**

权力最能腐化人心，而人们由于贪恋名利，往往会招致身败名裂的悲剧下场。而从做人的角度看，得意时更要谨慎，不骄不躁；失败时更要有毅力，不屈不挠。至于后一句话其意义更明显，所谓失败乃成功之母。一个人不受挫折是不可能的，关键是受了挫折不要气馁。

古人有言：“月盈则缺”，与“物极必反”是同样的意思，即任何事情到达极致之时，就会形势逆转。月亮由最初的月牙一步步地变成满月，但满月过后就开始向细小的月牙过渡，这带给人的启示就是急流勇退、适可而止的道理。

孙武在历史上的主要事迹发生在吴国。孙武到达吴国之时，吴国正值多事之秋。吴王阖闾是位胸有大志、意欲有所作为的君主，他想使吴国崛起，首要的打击目标就是近邻也是强邻楚国。只有打击了楚国，吴国才有出头之日。

就这样，阖闾的意图与受到楚平王迫害从而全家被杀的伍子胥不谋而合，遂决意对楚一战。面对强大的楚国，伍子胥也没有把握必胜，于是他找到了隐居于吴的孙武，认为有了他的帮助，灭楚报仇不成问题。

就这样，伍子胥先后七次向吴王阖闾推荐孙武，称赞孙武之文韬武略，认为若不攻楚便罢；若要兴师灭楚，孙武首当其选。

终于，吴王决定召见孙武。交谈之下，孙武将他的兵法十三篇与吴王娓娓道来。吴王阖闾是个明白人，一闻之下连声道好。两人越谈越投机，不知不觉十三篇兵法都讲完了。吴王阖闾礼敬孙武，下决心用孙武为将，筹备伐楚。

公元前506年，楚国派兵包围了蔡国都城上蔡。蔡人拼命抵抗，并联合唐国，向吴国求救。

于是，这年冬天，吴王以孙武、伍子胥为将，其弟夫概为先锋，亲率大军进攻楚国。按照孙武的筹划，大军六万乘船从水路直抵蔡都，楚将囊瓦见吴军势大，不敢迎敌，慌忙退守汉水南岸，蔡围遂解。蔡、唐遂与吴军合兵一处，向楚国进发。

吴军迅速通过大隧、直辕、冥关这三个险要的关隘，如神兵自天而降，突然出现在汉水北岸。楚军统帅囊瓦乱成一团，攻守不定。先听人献计分兵去烧吴师舟楫，主力坚守不出，后又下令渡江决战。于是率三军渡过汉水，于大别山列阵以待吴军。孙武令先锋队勇士三百余人，一概用坚木做成的大棒装备起来，一声令下，先锋队杀入楚阵挥棒乱打，这种非常规的战法一下子打得楚军措手不及，阵势大乱，吴军大队掩杀过来，楚军大败。

初战得胜，众将皆来相贺。孙武却说："囊瓦乃斗屑小人，一向贪功侥幸，今日受小挫，可能会来劫营。"乃令吴军一部埋伏于大别山楚军进军必经之路，又令伍子胥引兵五千，反劫囊瓦营寨，并令蔡、唐军队分两路接应。

再说囊瓦那边，果然派出精兵万人，人衔枚、马去铃，从间道杀出大别山，来劫吴军大营。不用说，楚军此番劫营反遭了孙武的埋伏，被杀得丢盔弃甲，三停人马去了两停。好容易脱难逃回，营寨又让吴军劫了，只好引着败兵一路狂奔，到柏举方才松了一口气。这时楚王派来了援兵，可援兵将领与囊瓦不和，两人各怀二心，结果被吴军先锋夫概一阵冲杀，囊瓦军四散逃命，囊瓦本人也逃到郑国去了。

这时吴军已进逼楚都郢城，楚昭王倾都城之兵出战。两军最后决战，孙武设计用奇兵大败楚军，吴军直捣郢都。郢都为楚国多年营建，城高沟深，易守难攻，又有纪南城和麦城为犄角之势，要想占领楚都，夺取最后胜利，并不是一件容易的事。孙武也深知攻城之难，在他的兵法里将之归为下下之策，搞得不好，旷日持久曝兵于坚城之下，纵使有天大的本领也难逃覆灭的下场。孙武艺高人胆大，把全军一分为三，一部引兵攻麦城，一部攻郢都，自领一军攻纪南。伍子胥不负众望，率先使计让吴军混在楚败军之中混入麦城，赚开城门，破了麦城。而孙武在攻城之前先察看了地形，见漳江水势颇大，而纪南城地势较低，于是令军士开掘漳水，引漳水入赤湖，又筑起长堤围住江水，使江水从赤湖直灌纪南城。水势浩大，直接郢都，纪南不攻自破，孙武率军乘筏直攻郢下。楚昭王领着妹妹连夜登舟弃城逃命，文武百官霎时如鸟兽散，连家眷都顾不得了。孙武伐楚至此大获全胜。

此次伐楚，虽然没能最终灭掉楚国，但强大的一直令中原诸国寝食不安的楚国，这次居然让向来被人看不起的蛮夷之邦吴国攻破国都，这件事本身就够震惊天下的了。从此楚国长时间一蹶不振，难有作为，吴国则开创了它的霸主地位。

破楚凯旋，论功当然孙武第一，但是孙武非但不愿受赏，而且执意不肯再在吴国掌兵为将，决心归隐山林。吴王心有不甘，再三挽留，孙武仍然执意要走。吴王乃派伍子胥去劝说，孙武见伍子胥来了，遂屏退左右，推心置腹地对伍子胥说："你知道自然规律吗？夏天去了则冬天要来的，吴王从此会仗着吴国之强盛四处攻伐，当然会战无不胜，不过从此骄奢淫逸之心也就冒出来了。要知道，功成身不退，将后患无穷。现在我非但自己隐退，而且还要劝你也一道归隐。"

可惜伍子胥并不以孙武之言为然。孙武见话不投机，遂告退，从此飘然隐去，不知所终。

后来，果如孙武所料，吴王阖闾与夫差两代穷兵黩武，不恤国力，最后养虎遗患，栽在越王勾践手下，身死国灭。而那个不听孙武劝告的伍子胥却早在吴国灭亡之前就被吴王夫差摘下头颅挂在了城门上。

孙武助吴王破楚，居功至伟，正是应该得意享受的时候，但是他能够头脑清醒地认识到自己的现状，及时隐退，故而得以保全性命，而伍子胥由于不听孙武的劝告，最终被吴王所杀。“故快意时，须早回首”，这是人们长期生活积累而得到的经验之谈。

【当下启示】

得意时早回头，失败时别灰心，这是人们根据长期生活积累而得到的经验之谈。尤其是第一句话，其政治含义很深。在封建社会，有“功成身退”的说法，因为“功高震主者身危，名满天下者不赏”，“弓满则折，月满则缺”，“凡名利之地退一步便安稳，只管向前便危险”等，这些都说明了“知足常乐，终生不辱，知止常止，终身不耻”。

# 进时思退——见好就收，安然无欺

**【原典重现】**

进步处便思退步，庶免触藩之祸；著手时先图放手，才脱骑虎之危。

**【译文释要】**

在平步青云、通达高升时就要做好隐退的准备，这样也许可以避免进退两难的灾祸；在得手时要考虑怎么罢手，这样才能避免骑虎难下的危险。

**【谈古说今】**

善于做事的人都会考虑进退之道，这是从容行事的必备思路。原典中的“触藩”，典出《易经》。羊是一种相对较愚的畜类，走路时不顾前后，很容易触到篱笆上，被夹住后进退不得。“进步处便思退步，庶免触藩之祸”，这句话就是比喻人做任何事都要胸中有数，春风得意时也要考虑自己的后路，这样才会避免遭到不测。

郭德成，元末明初人，性格豁达，十分机敏，特别喜爱喝酒。在元末动乱的时代里，他和哥哥郭兴一起，随朱元璋转战沙场，立了不少战功。

朱元璋做了明朝开国皇帝后，原先的将领纷纷加官晋爵，待遇优厚，成为朝中达官贵人。郭德成仅仅做了骁骑舍人这样一个普通的官员。

郭德成的妹妹宁妃，当时在宫中深得朱元璋的宠爱。朱元璋因此感到有些过意不去，准备提拔郭德成。

一次，朱元璋召见郭德成，说道：“德成啊，你的功劳不小，我让你做个大官吧。”郭德成连忙推辞说：“感谢皇上对我的厚爱，但是我脑袋瓜不灵，整天不问政事，只知道喝酒，一旦做大官，那不是害了国家又害了自己吗？朱元璋见他辞官坚决，内心赞叹。于是将大量好酒和钱财赏给郭德成，还经常邀请郭德成去皇家后花园喝酒。

一次，郭德成兴冲冲赶到皇家后花园，陪朱元璋喝酒；花园内景色优美，桌上美酒香味四溢，他忍不住酒性大发，连声说道：”好酒，好酒！“随即陪朱元璋喝起酒来。

杯来盏去，渐渐地，郭德成脸色变红，醉眼蒙眬；但他依然一杯接一杯，喝个不停。眼看时间不早，郭德成烂醉如泥，踉踉跄跄走到朱元璋面前，弯下身子，低头辞谢，结结巴巴地说道：“谢谢皇上赏酒！”朱元璋见他醉态十足，衣冠不整，头发纷乱，笑着说道：“看你头发披散，语无伦次，真是个醉鬼疯汉。”郭德成摸了摸散乱的头发，脱口而出：“皇上我最憎恨这乱糟糟的头发，要是剃成光头，那才痛快呢。”朱元璋一听此话，脸涨得通红，心想，这小子怎么敢这样大胆侮辱自己。他正要发怒，看见郭德成仍然傻乎乎地笑着，便沉默下来，转而一想：“也许是郭德成酒后失言，不妨冷静观察，以后再整治他不迟。”想到这里，朱元璋虽然闷闷不乐，还是高抬贵手，让郭德成回了家。

郭德成酒醉醒来，一想到自己在皇上面前失言，恐惧万分，冷汗直流。原来，朱元璋年少时，在皇觉寺做过和尚，最忌讳的就是“光”“僧”等字眼，郭德成怎么也想不到，今天这样糊涂，这样大胆，竟然戳了皇上的痛处。

郭德成知道朱元璋对这件事不会轻易放过，自己以后难免有杀身之祸。怎么办呢？郭德成深深思考着：向皇上解释，不行，更会增加皇上的嫉恨；不解释，自己已铸成大错，难道真的为这事

赔上身家性命不成。郭德成左右为难，苦苦地为保全自身寻找妙计。

过了几天，郭德成继续喝酒，狂放不羁，和过去一样。只是进寺庙剃了光头，真的做了和尚。整日身披袈裟，念着佛经。

朱元璋看见郭德成真做了和尚，心中的疑虑、嫉恨全消，还向宁妃赞叹说："德成真是个奇男子，原先我以为他讨厌头发是假，想不到真是个醉鬼和尚。"说完，哈哈大笑。

以后，朱元璋猜忌有功之臣，原先的许多大将纷纷被他找借口杀掉了，而郭德成竟保全了性命。

郭德成有功不居，得到朱元璋的赞赏，但是在醉酒之后失言，令其深感大祸临头，故而又借醉酒之时真的剃头出家，虽然将唾手可得的富贵、权力拒之门外，但也因此而得以保全了性命。这就告诉人们，无论做什么事情，都要懂得见好就收，及时收手。

【当下启示】

无论做什么事情都不要贪得妄念，而应见好就收。倘若一根筋地往前走，等到进退两难之时再想退就为时晚矣。懂得进退之道，方能从容行事。否则就容易陷入骑虎难下，进退维谷的境地。

# 穷寇勿追——给降者留有一点“生”的余地

**【原典重现】**

锄奸杜幸，要放他一条去路。若使之一无所容，譬如塞鼠穴者，一切去路都塞尽，则一切好物俱咬破矣。

**【译文释要】**

要想铲除杜绝那些邪恶奸诈的人，就要给他们一条改过自新、重新做人的路径。如果使他们走投无路、无立足之地的话，就好像堵塞老鼠洞一样，一切进出的道路都堵死了，一切好的东西也都被咬坏了。

**【谈古说今】**

人在面临绝境时，大多有三种状态：一是坐以待毙；二是全力挣扎，以死相拼；三是竭尽自己的智慧，积极地寻求摆脱的办法。第二、三种状态给那些暂时得势的征服者以深刻警示，就是斩草除根固然重要，但“置人于死地”也往往容易激起更大的反弹力，反而可能会瞬间成败易位。因而在征服者已经把被征服者置于必败之险境的同时，必当考虑要给其留有一点“生”的余地。

河北平定之后，曹仁跟随曹操包围壶关，曹操下令说：“城破以后，把俘虏全部活埋。”可是，连续几个月都攻不下来。

曹仁对曹操说：“围城一定要让敌人看到逃生的门路，这是给敌人敞开一条生路，如果你告诉他们只有死路，敌人会人人奋勇守卫。而且城池坚固粮食又多，攻则会伤亡士兵，围守便会旷日持久。今日陈兵在坚城的下面，去攻击拼死命的敌人，不是好办法。”

曹操采纳了他的意见，城上守军投降了。

乱世之主，一生百战，胜败在所难免。而每一战的胜利，都可能有一批降者，如何对待降者，霸主们或杀或留，自有一番主张。虽然对于降者斩尽杀绝的做法，

可以起到斩草除根的作用，但是英明的霸主往往是不杀降的。

曹操一生不杀降的事很多，收编青州黄巾军即为其一。

曹操打败于毒的黑山军后，在兖州东郡有了立足点，做了名副其实的东郡太守，名声大振后，采纳陈宫策略，决定先平定黄巾，再图取天下。于是曹操向青州黄巾军发起进攻。当黄巾军退至济北时，已是寒冬十二月，衣食接济很困难。曹操敦促黄巾军投降。经谈判后，黄巾军数十万人向曹操投降，愿意接受他的指挥。曹操非常高兴，宣布既往不咎，一个也不加伤害，将其中的老幼妇女缺乏作战能力的，全部安排在乡间从事生产，挑选其中精壮者五六万人，组成“青州军”。

这样，曹操的军事力量大增，他终于有了一支同其他势力抗衡的武装队伍。

同时，对于像张绣那样降而复叛，叛而复降，并致使爱将典韦、长子曹昂、侄儿曹安民在南征中丧生的投归者，也不计较其杀子侄及爱将之仇，并表示热烈欢迎，立即任命他为扬武将军，封他为列侯，还与他结为儿女亲家，为己子曹均娶了张绣的女儿。在后来的官渡之战中，张绣为曹操打败袁绍立下了战功。

曹操的一生，虽然杀了很多人，但他的不杀降，确实为壮大自己的力量，向天下人显示自己的宽阔胸怀和不计私怨的品格，从而为曹操取信于天下，争取更多的智能之士归附他，起到了积极的作用。

曹操的这一做法，得到了一代伟人毛泽东的肯定。他在读《魏书·刘表传》时写了两条有关曹操的批注。《魏书·刘表传》裴松之的注中，有一段说刘表初到荆州时，江南有一些宗族据兵谋反，刘表“遣人诱宗贼，至者五十五人，皆斩之。”毛泽东读到此注，对“皆斩之”的做法是不赞成的，所以，他在“皆斩之”三字旁画了粗粗的曲线，又在天头上写下了这样一条批语：杀降不祥，孟德所不为也。毛泽东的这条批语，表明他对曹操“不杀降”的赞许。

**【当下启示】**

俗话说：“兔子急了咬人”、“狗急了跳墙”，如果一旦把人逼急了，就难免会做出一些极端的举动。所以即便是“锄奸杜倖”，也不可用刑太酷，在面对犯了错误的人的时候，应该给予尊重，而不是将他们永远定性为坏人，如果不给犯了错误的人以宽恕，那么他们最终还会做出更多危害社会的事情。当然，给犯罪分子以出路，目的是为了团结大多数人，打击极少数人，而不能理解为是姑息养奸。

# 成败生死——用平常心看透成败生死

**【原典重现】**

知成之必败，则求成之心不必太坚；知生之必死，则保生之道不必过劳。

**【译文释要】**

如果知道成功必定会有失败的伴随，那么追求成功的意愿就不必太过执著，如果明白有生必有死的道理，那么对于养生之道就不必太过花费心思。

**【谈古说今】**

老子有言：“有无相生，难易相成，长短相形，高下相倾，音声相和，前后相随。”老子认为，世间的万事万物都是相对而生的，就好像登山一样，上山的时候气喘吁吁，下山的时候就轻松自如。所以，有难就有易，有美就有丑，有好就有坏，它们之间都是相反相因、对立统一的关系。

成败生死也是如此。有成就必有败，有生就必有死，若是没有失败也就不存在成功了，若是没有死亡自然也就无从谈起生存。若是一个人能将成败生死之事看透，就真的能够超脱于世外了。成败盛衰不过是自然规律，生死荣辱也逃不出自然法则，都是不应该过分强求的。失败固然痛苦，却是每个人都难以逃避的，毕竟若是只有成功，那成功也就失去了意义。重要的是我们既然知道失败是必然存在的，就不必对成功太过执著，若是能够用一颗坦诚的心去面对成败，生活就会轻松许多。

生死之事也是如此，对于一个人来说，死亡并不是最痛苦的，最痛苦的是对死亡的畏惧。事实上，无论你如何对待死亡，死亡都是必然会到来的，没有人能够幸免，既然如此，养生还不如养心，心态放平了，生死便于你无碍。

说到“成之必败”，明朝杨慎有“是非成败转头空，青山依旧在，几度夕阳红；一壶浊酒喜相逢，古今多少事，都付笑谈中”的壮语。说到“生之必死”东晋陶渊明《挽歌诗》说："有生必有死，早终非命促。昨暮同为人，今旦在鬼录。魂气散何之，枯形寄空木。娇儿索父啼，良友抚我哭。得失不复知，是非安能觉。千秋万岁后，谁知荣与辱。但恨在世时，饮酒不得足。"

无学祖元（1226-1286），俗姓许氏，字子元，浙江宁波鄞县人，是宋代临济宗（禅宗南宗五个主要流派之一）高僧，后东渡日本，成为日本"圆觉寺"的开山祖师，谥号"佛光国师"。

祖元禅师在还没有东渡日本之时，曾在浙江台州真如寺参禅，当时的南宋朝廷已经是岌岌可危了。正值元军大举南侵，逼近台州，无学祖元禅师于是避乱于温州雁荡山能仁寺。但是想不到元兵很快就占领了温州。

一天，有大批的元军蜂拥冲进了能仁寺，寺里的僧众都早已逃走避难他方，只剩下无学祖元禅师一个人留了下来，镇定自若地独自坐在禅堂里头。元军在寺中只见到无学祖元孤身一人，就拔出刀来架在了无学祖元禅师的脖子上，可是禅师仍是动也不动地闭目端坐，泰然自若。

元军的首领见状对着禅师大喊："和尚！你不怕死吗?"。无学祖元禅师张开眼睛，神色不变地看了看眼前这一群凶神恶煞的元军，从容不迫地作了一首偈子："乾坤无地卓孤筇，且喜人空法亦空；珍重大元三尺剑，电光影里斩春风。"意思是说，对于一个修禅的人来说，生死早已置之度外；即使被对方一剑了结了自己的生命，也只如利剑砍春风一样而已。

原本杀气腾腾的元军，听后感到甚是惊异，不但不敢杀他，还向禅师深深作揖，之后便默默地离开了寺院。

孔子曰："生死有命，富贵在天。"虽然说，人最珍惜的就是生命，但是如果我们能把内心中对死的恐惧放在一边，顺其自然而不过分强求，这样的定力更远胜于刀剑的威吓，所以元军在无学祖元禅师威武不能屈的情况下，才会弃剑顶礼。

**【当下启示】**

上至国家元首、亿万富翁，下至村民百姓、芸芸众生，无论地位高低，能力大小，总会有些无法解决的难题，总是有些无法做到的事情，总有失败，总有不如意。所以，做事勿以一时的得失来定论。生死之道，不能以为过分追求养生就可以长寿。有的时候，人对事过于强求，反而会招致相反的结果，最好就是守着自然适当的尺度。

# 悔能减过——有功莫狂傲，悔过须自新

**【原典重现】**

盖世的功劳，当不得一个矜字；弥天的罪过，当不得一个悔字。

**【译文释要】**

最伟大的丰功伟绩，也承受不了一个骄矜的“矜”字所起的反作用；即使犯了滔天大罪，只要能做到一个懊悔的“悔”字，就能赎回以前的过错。

**【谈古说今】**

人最宝贵的是要良好地驾驭自己的情绪，不要觉得有点功劳就了不得，就可以率性而为，应该懂得居功之害以及“一将功成万骨枯”的道理。老子在《道德经》中说道“圣人处无为之事，行不言之教”，“功成弗居”，就鲜明地提出了“无为”的思想。

道家的思想是出世的，但道家的始祖老子并不反对建功立业，而且十分看重个人的功业，他只是主张建功而不居功，打天下建天下而不占有天下，不独享天下。“功弗居”，这是一种非常崇高的人生观。

“功成身退，自然之道”，这是一种非常积极高尚的人生观，每个人的责任就是献身社会，在政坛、在战场实现个人的价值，建立一番伟大的功业，等自己的使命完成以后，马上就应该隐退，空出舞台让后来人演绎更辉煌的历史剧。如果打下天下就占有天下，那与强盗的抢劫有什么两样呢？

康熙登基时才八岁，不能料理国事，国家一切大事都由四位辅政大臣代理。这四个人是鳌拜、索尼、苏克萨哈和遏必隆。其中拿大主意的是鳌拜，然而鳌拜是一个专横跋扈、野心勃勃的人。他利用其他三位辅政大臣的软弱退让，极力扩大自己的权势。凡是向他巴结献媚的，都受到提拔重用；凡是不肯顺从他的，不是被排斥罢黜，便是遭到不意陷害。辅政大臣苏克萨哈及大臣苏纳海、朱昌祚等人就因为与鳌拜持有不同的意见而遭到杀身之祸。他甚至经常在康熙皇帝面前耀武扬威、呵斥他人，而且多次擅自以皇帝的名义假传圣旨，滥用权力。朝廷内外的大小官员，凡是稍有一些正义感的，无不对鳌拜一伙的为非作歹恨之入骨，可是鳌拜的心腹党羽遍布从中央到地方的许多重要机构，掌握着生杀予夺大权，谁也奈何他不得。

康熙立志要做一个像汉武帝、唐太宗那样有作为的皇帝，因此对鳌拜擅权十分不满，决心改变大权旁落的状况。于是在他亲政不久便下令取消了辅政大臣的辅政权，使鳌拜的权力受到限制。可是，这样一来，他们之间的矛盾便日益激化起来。鳌拜虽然意识到康熙要夺回自己的权力，但却误认为“主幼好欺”，对于自己的所作所为非但不加收敛，反而更加肆无忌惮。在群臣向康熙朝贺新年时，鳌拜竟然身穿黄袍，俨如皇帝。在他托病不朝、康熙亲往探视时，他把刀置于床下，直接威胁皇帝的安全。对于鳌拜的这些欺君罔上行为，康熙已经忍无可忍，决心采取果断的措施，把他除掉。

康熙是一个很有谋略的人，他知道鳌拜的势力大、党羽多，除掉他不是很容易的，必须要计划周密，谨慎从事。

他一方面把近身侍卫索额图、明珠提拔为朝廷大臣，作为自己的左膀右臂，以便通过他们联络朝廷内外反鳌拜的势力；另一方面又给鳌拜封官加爵麻痹他，使之放松对自己的警觉。与此同时，一个擒拿鳌拜的计划也酝酿出来了。

不久，康熙从各王公显贵府中挑选了一百余名身强力壮的贵族子弟，以陪伴皇帝习武消遣为名入宫，鳌拜没有发觉其中有什么异常。一来是满族具有让自己的子弟从小习武的习惯，二来是他把康熙看成一个年幼无知、只图玩乐的纨绔之辈，乐得他少过问政事，所以没有把这件事放在心上。不到一年，这班少年侍卫一个个学得拳术精通、武艺高强，连康熙本人也学到不少本领。康熙看在眼里，喜在心头，认为擒拿鳌拜的时机成熟了。于是便以下棋为名，召索额图入宫，商量除掉鳌拜等人的计划。

一天，正值鳌拜入朝之日，康熙事先把少年侍卫召来，对他们说：“你们常在我身边，好像我的手足一样，你们是听从我的命令，还是听鳌拜的命令？”这些人对鳌拜的专横跋扈愤愤不满，又朝夕与皇帝相处，早已成为效忠于康熙的心腹，因此齐声高呼："听从皇帝的命令！"接着康熙历数鳌拜的罪状，布置擒捉之法，只等这个权奸来投罗网。

不多时，鳌拜入朝，康熙传令要单独召见他。鳌拜不疑，欣然前往。到了内廷，只见康熙端坐在宝座上，两旁站立的全是一班少年侍卫。鳌拜一向把这些人看成是一群孩子，成不了什么气候，心里毫无戒备，仍旧摆出一副傲慢的架势来到康熙面前。康熙见时机已到，便果断地做出擒拿的手势。少年侍卫们一拥而上，把鳌拜团团围住。看到此情，鳌拜大吃一惊，起先还以为是皇帝教一群孩子来与他戏耍，后来感觉不对劲，便全力挣扎，与这班少年打成一团。鳌拜也不是等闲之辈，他不仅生得熊腰虎背，有一股蛮力，而且精通武艺，曾经驰骋疆场几十年，立过不少大功，是清朝的一代骁将。讲近身交手，他并不外行。他仗着自己体大力强，拳脚并用，竟一连打倒了好几个人，差一点脱身。可是，这些少年侍卫毕竟是训练了一年的武将，不仅气血方刚、武艺超群，而且都有除奸报君的决心，岂容奸雄逃脱！

他们你一拳，我一脚，轮番向他攻击，直打得鳌拜气喘吁吁，汗流浃背，只有招架之功，没有还手之力，最后不得不束手就擒。

鳌拜在最初为清朝打天下的时候，可以说立下了汗马功劳，但是由于他后来的骄矜蛮横，自恃有功而不把皇帝放在眼里，最终惹来了祸端。这正是"盖世功劳，当不得一个矜字"。

为人处世，应时刻保持谦虚谨慎，戒骄戒躁的态度，不应因功劳自居，经验主义满天飞，否则失败将随之而来。当然，"人非圣贤，孰能无过，知错能改，善莫大焉"，中国自古就有"浪子回头金不换"、"放下屠刀立地成佛"等说法，一个人一时犯了错误，不应一蹶不振，停滞在懊悔里，而应诚心悔过，知错能改，只有这样才能够成为一个对社会有用的人，才能获得人们的尊重。

周处年轻时，凶暴强悍，任性使气，被乡亲们认为是一大祸害。义兴的河中有条蛟龙，山上有只白额虎，乡里有周处，这三害一起侵犯百姓。有人劝说周处去杀死猛虎和蛟龙，实际上是希望三个祸害只剩下一个。周处立即杀死了老虎，又下河去斩杀蛟龙。周处与蛟龙在河里一起浮沉了几十里远。经过三天三夜，百姓们都认为周处已经死了，互相庆祝。而周处最终杀死了蛟龙上了岸。他见人们以为自己已死，而对此庆贺时，才知大家实际上也把自己也当作一大祸害。因此，自己有了悔改的心意，从此改过自新，最终成为一名忠臣。

一个人应该有自知之明，任何时候、任何情况下都应摆正自己的位置，保持自谦上进的品质。即使是为国家建设立下大功，成为天下崇拜的英雄、伟人，假如产生自夸功勋的念头，把自己沉浸在一个荣誉的花环中，那他的大功不但会在自傲中丧失，说不定还会招来意外的祸患。

【当下启示】

居功自傲不仅是有功之臣的大敌，也是平常之辈应该戒除的不良习惯。一个有道德的人，应该在功劳和成功面前保持常人的心态，保持自谦上进的品质，做到无为淡泊，这样才能获得更大的功绩和进步。反之，曾经犯下滔天大罪的人，只要能真心悔过，那么他心中的邪念就会逐渐消失，就能重新做人。俗话说，“浪子回头金不换”，讲的就是这个道理。

# 洁自污出——不向环境低头

【原典重现】

粪虫至秽，变为蝉而饮露于秋风；腐草无光，化为萤而耀采于夏月。因知洁常自污出，明每从晦生也。

【译文释要】

在粪土中生活的幼虫是最为肮脏的东西，可是它一旦蜕变成蝉后，却在秋风中汲饮洁净的露水；腐败的草堆本身不会发出光彩，可是它孕育出的萤火虫却在夏夜里闪耀出点点萤光。从这些自然现象中可以悟出一个道理，那就是洁净的东西最初是从污秽之中诞生，而光明的东西也常常从晦暗中孕育。

【谈古说今】

唐代虞世南有一首咏蝉诗：“垂緌饮清露，流响出疏桐。居高声自远，非是藉秋风。”在古人看来，从粪土之中蜕变而出的蝉，只在秋风中以露水为生，是高洁的象征。所以说，洁净的东西往往是从污秽之中诞生的。

越是温暖或暑热的地方，东西越容易腐臭，寒冷的地方却能使东西保持常久新鲜。人性跟物性是相同的，一个人在清苦的环境中，最容易激发斗志。古今中外很多伟人，都是从他们青少年时代的艰苦环境中奋斗成功的。所以说，一个人不必为了环境的不好而苦恼，关键是要能够自强、自尊、自爱、自律才有可能实现自我。不但如此，有的时候往往是物极必反，生活环境越好就越容易使人腐化堕落。

由此观之，环境的清洁与污秽是相对的，清洁中未必没有腐物，污秽中未必不出有益的东西，所处环境对人的成长的制约也是相对的。

朱元璋是明朝的开国皇帝，他出生于一个贫苦的农民家庭，是具有社会最底层背景的一代皇朝的开国之君。

1328 年，朱元璋诞生在濠州县（今安徽凤阳县东）钟离村，曾用名朱重八，是家中的第四个儿子，他在他父母的四子二女中是大难不死的最小的孩子。由于家中贫穷，除了最大的孩子以外，其余的孩子都因无力抚养而已送人扶养或嫁出。小时候的朱元璋给人放过牛，也做过苦力。

朱元璋十六岁时，家乡大旱，瘟疫横行，他的父母兄长均死于瘟疫，朱元璋孤苦无依，被送了附近的一个 佛教寺院中做小沙弥，兼任清洁工、仓库保管员、添油工等。入寺不到两个月，因为荒年，寺租难以收上来，寺中的僧人只好出外各自化缘生活，朱重八也只好离开寺院，到各地流浪乞讨。在他流浪乞讨的这段日子里，他见识到了各地的风土人情，看到了在元朝统治者压迫下的人民生活在水深火热之中，这些都深深影响了他，对他的思想有很大的影响。后来，因他的朋友的一封信，参加了起义军，并改名“朱元璋”，意为诛（朱）灭元朝的璋(璋，古代的一种玉器)。25 岁时参加了郭子兴领导的红巾军反抗元朝暴政，元至正二十八年(1368 年)，在基本击破各路农民起义军和扫平元的残余势力后，于南京称帝，国号大明，年号洪武，建立了全国统一的封建政权。朱元璋统治时期被称为“洪武之治”。

朱元璋出身贫民，生活困苦，但他能够在面对艰难的环境时坚忍不拔、不向环境低头，最终依靠自己的努力成为了明朝的开国皇帝。正是对“洁常自污出，明每从晦生”的生动写照。

**【当下启示】**

如果一个人想要有所作为的话，首先就应该具备这样一种认识：是否有作为，环境并不是决定条件，不能因为环境不好而自艾自怨甚至自卑，而应该想方设法地去改变命运的安排。生活在恶劣的环境里，如果是自然环境，就需要自己勇于克服困难，战胜环境的艰险；如果是社会环境，就不能因此而同流合污、自甘堕落。

# 苦中有乐——学会苦中作乐

**【原典重现】**

苦心中，常得悦心之趣；得意时，便生失意之悲。

**【译文释要】**

人们在苦心追求时，因为感受到追求成功的喜悦而觉得乐趣无穷，人们在得意时，因为面临着顶峰过后的低谷，往往潜藏着失意的悲哀。

**【谈古说今】**

这段话是从辩证的角度谈“苦”与“乐”的关系。苦乐观是人生观的一个重要内容，能否正确理解和处理人生的“苦”与“乐”之间的关系，对一个人一生的成长和发展有着很大的影响。趋乐避苦，是人的本性使然，但人的一生是不可能一帆风顺的，所以还要学会在苦中求乐，甚至是化苦为乐，把克服困难当作一种人生的乐趣。

《庄子·秋水》中记载了一个濠梁之辩的故事。有一次，庄子和朋友惠施在濠水的桥上散步。庄子看到桥下水中的鱼，对惠施说道：“鱼在水里自由自在地游来游去，无拘无束，这是鱼儿的乐趣。”惠施讥笑他说：“你又不是鱼，怎么知道鱼的乐趣？它们生活在这小小的鱼池中，能有什么乐趣？”庄子反唇相讥道：“你不是我，你又怎么知道我不知道鱼的乐趣呢？”惠施哑口无言。

在生活中，我们每一个人都会遇到这样或那样的苦恼，学会苦中作乐，这是十分重要的。

一般来说，在艰苦的环境中奋斗而来的成果往往是最为甘甜，也能让人获得最大的成就感。所以说，当人在面临困境时，要有勇气来克服困难，不要悲观的看待事情，努力去解决问题享受成功后的快乐。还有当人在一帆风顺时不要得意忘形，小心乐极生悲，等有朝一日失意了，就得一一品尝自己种出的恶果了。

祖逖（266－321），字士稚，范阳遒县（今河北涞水）人，东晋初期著名的北伐将领。祖逖性格旷达，仗义疏财，乐善好施，胸怀坦荡、具有远大抱负，但是却不好读书。后来，进入青年时代的他终于意识到自己知识上的贫乏，深感不读书无以报效国家，于是就开始发奋读书。他广泛阅读书籍，认真学习，从中汲取了大量丰富的知识，学问大有长进。祖逖24岁时，曾有人推荐他去做官，他没有答应，仍然不懈地努力读书。

后来，祖逖和幼时的好友刘琨一起担任司州主簿。他与刘琨两人的感情深厚，不仅常常同床而卧、同被而眠，而且还有着共同的远大理想：建功立业，成为国家的栋梁之才。

一次，半夜里祖逖在睡梦中听到公鸡的鸣叫声，他一脚把刘琨踢醒，对他说："你听见鸡叫了吗？"刘琨迷迷糊糊地说："半夜听见鸡叫不吉利的。"祖逖说："我不这样想，咱们以后干脆听见鸡叫就起床练剑如何？"刘琨同意了。于是他们每天鸡叫后就起床练剑。春去冬来，寒来暑往，从不曾间断过。

功夫不负有心人，经过长期的刻苦学习和训练，他们终于成为能文能武的全才，既能写得一手好文章，又能带兵打胜仗。后来，祖逖被封为镇西将军，实现了他报效国家的愿望；刘琨做了征北中郎将，兼管并、冀、幽三州的军事，也充分发挥了他的文才武略。

"苦心中，常得悦心之趣"，人们在苦心追求的过程中，因为会感受到追求成功的那种喜悦而觉得其中乐趣无穷，祖逖就是如此。他为了报效国家而发奋读书，为了建功立业而闻鸡起舞，虽然辛苦但却以此为乐，最终实现了自己的理想。

**【当下启示】**

世上的任何事情都是在发展变化着的，苦悲可以转化成快乐，失败可以转化成成功，得失也并非永恒。在这样的情况下，就要看个人主观上用一种什么样的态度对待人生。人生本来就是多灾多难的，但是我们想要征服人生中的苦难，就绝对不能够抱有失败主义思想。人不能因为一时的得失决定自己的一生，亦不能因一时的苦乐而放弃人生的奋斗。

# 闹中取静——忙中不失闲趣

**【原典重现】**

忙里要偷闲，须先向闲时讨个把柄；闹中要取静，须先从静处立个主宰。不然，未有不因境而迁，随事而靡者。

**【译文释要】**

即使在十分忙碌的时候，也要抽出一点空闲，松弛一下身心，必须先在空闲的时候有一个合理的安排和考虑，要想在喧闹中保持头脑的冷静，必须先在平静时有个主张。如果不这样，一旦遇到繁忙或者喧闹的情形就会手忙脚乱。

**【谈古说今】**

静的时候要有主张，乱的时候要能镇定，要做到临事不慌，就应当事先计划和安排。人能在劳顿中保持一点幽默，学会求静，不失君子风范。

建兴六年(公元228年）4月，诸葛亮率军北上，一举攻战了祁山，蜀军声势浩大，威震祁山南北。曹魏属地天水、南安、安宝三郡先后归顺蜀军。魏明帝曹睿亲临长安督战，魏军大将曹真率大军抵眉城抗击蜀军，蜀军前锋大将马谡，违反诸葛亮战前部署，被魏军趁机而入，致使街亭失守。诸葛亮得知街亭失守后，急忙调集军队，准备撤回汉中。诸葛亮分派仅剩的5000兵马去西城搬运粮草，这时得报司马懿统领15万大军已兵临城下。此时运粮士兵仅2000余人，城中兵马不足3000，众人听到大兵压境，无不大惊失色。诸葛亮深知，此时若弃城逃跑，无疑会暴露实情，在15万大军面前，必然无法逃脱。于是，他神情自若地传令军士：“将城中所有战旗尽数放倒，所有兵士坚守城池，凡有擅自出入和大声喧哗者，一律斩首！”又命令将四方城门大开，每一城门处派20军兵扮作百姓，洒水

扫街，装作若无其事的样子。一切安排就绪后，诸葛亮头戴方巾，身披鹤氅，带两名小童，持琴登城。诸葛亮边弹琴边饮酒，一付安然悠闲的神态。

魏军先锋部队见状，不知虚实，急忙策马回报司马懿。司马懿听报随后来到城下，远远见到城上诸葛亮悠闲自得边饮边弹，二位小童站立身后，琴声悠悠不绝于耳。再看四处城门大开，每一城门处都有一二十名百姓，在细心地洒水扫路，对魏军视而不见。见状，司马懿心中大疑。他对诸葛亮有很深的了解，认为素来谨慎行事的诸葛亮，从不弄险，今天见他如此安然，城中秩序井然，15 万大军压城犹如不见，其中必有埋伏。司马懿越想越怕，急忙传令撤兵。司马懿之子司马昭是员虎将，见要退兵，急忙劝阻司马懿说：“诸葛亮手中可能无兵，必是在迷惑我们，不如让我带兵攻城，即可知虚实。”司马懿不准，15 万魏军全部退却。诸葛亮见魏军远去，遂拍掌大笑，结果尽在意料之中。城中兵士见千军万马之险，顷刻间化作乌有，不由得惊喜交加。诸葛亮含笑对余悸未尽的兵士们说：“司马懿素来知我谨慎，不曾轻易弄险，而今见我稳坐城头，安然饮酒抚琴，城门大开，百姓自若不慌，想必我定有奇兵伏于城中，所以不战而退了。此疑兵之计，是万不得已才用的，倘若随便用此计，一旦被敌人识破，必遭大败。”在众人的赞叹声过后，诸葛亮接着说：“司马懿急切中退兵，必然选择小路，可速去通告关兴、张苞二位大将设伏。”

不出所料，司马懿正率军沿小路向北退却，行至武功山时，忽听得山后鼓炮齐鸣，杀声震天，只见冲出一队人马，将旗上写着张苞。司马懿以为这是诸葛亮早已埋伏好的蜀军，急令魏军不许恋战，拼死冲杀，以求生路。刚刚冲出不远，又是一声号炮，只见一队蜀军从左路向魏军冲来，一看将旗是关兴的兵马。司马懿大惊，更加确信这一切都是诸葛亮预先的计谋，一时间不知蜀军到底有多少兵马。魏军已成惊弓之鸟，丝毫不敢停留，丢掉粮草重辎，沿此路向山后溃逃。

诸葛亮在大军濒临城下之时仍然能够临危不乱，以空城之计将司马懿诈走，虽然诸葛亮的空城计从表面上看不出计划和安排，但此计之所以能够成功，是和诸葛亮平时一贯精于计划和安排分不开的，司马懿深知孔明一生谨慎，认定对方早有安排，所以才不敢攻城。

孔子有时与学生在一起，也开玩笑。一次，他到学生子游做县长的武城，听到一片弹琴唱诗之声，孔子微微一笑，说："哈，宰鸡，用得着牛刀吗？"言下之意，似是治理这个小地方，用不着进行礼乐教育。子游当时正接待老师，说："您不是讲过，做官的受了教育，就有了仁爱之心；老百姓受了教育，比较容易领导吗？"孔子说："是啊，我刚才只是同你们开开玩笑呢！"

孔子爱开玩笑，也是一种奔波中求静的方法，人能在劳顿中保持一点幽默，学会求静，不失君子风范。

【当下启示】

即使是在很忙的时候，也要设法抽出一点时间，让身心得以舒展一下，在无事的时候就把要做的事先做一下调整，养成这种习惯，就有了调剂身心的工夫。要想在喧嚣的环境中能够保持冷静的头脑，就必须在心情平静的时候事先有个主见。不然一旦等到遇到事情的时候就会手忙脚乱，不知所措，盲目而行，结果就会把事情弄得很糟。

# 守正待时——穷则独善其身，达则兼济天下

**【原典重现】**

伏久者飞必高，开先者谢独早。知此，可以免蹭蹬之忧，可以消躁急之念。

**【译文释要】**

潜伏得越久的鸟，会飞得越高，花朵盛开得越早，也会凋谢越快。明白了这个道理，就可以免去怀才不遇的忧愁，可以消除急躁求进的念头。

**【谈古说今】**

待时而动是所有的人都懂得的道理，但不丧失一切可能的机会、把握火候则是衡量人的能力大小高低的标志。

古往今来，凡是功成名就之人，有少年英雄的，也有大器晚成的。但不管怎样，若急于崭露头角就必定难于成气候，急功近利不足以成就大事，急躁的情绪一旦持久便容易患得患失，失望悲观。只有守正而待时，善于抓住机会而又坚定志向，才有可能走向成功。

春秋时楚国著名的君主楚庄王，少年即位，当时朝政混乱，为了稳住事态，他表面上三年不理朝政，实际上则在暗地里等待时机，有人问之，曰："三年不飞，飞将冲天；三年不鸣，鸣将惊人。"他在位二十二年，为了楚国的振兴，物色到了一大批忠臣良将，为朝廷所用。在楚庄王的领导下，国家日渐强盛，使楚国成为春秋五霸之一。

所以，要对自己有充分的信心和充足的耐心，急功近利成不了大事，反而往往是默默无闻的人，在岁月的磨炼中不断储备实力，等候时机而一鸣惊人。

北齐的开国皇帝高洋在未发迹前，就是靠待时而动而得以成功的。

高洋，字子进，北齐的开国皇帝，史书上说他颇有心计，遇事明断而有见识。其父高欢本是东魏大臣，掌握东魏实权达十六年之久。高欢死后，长子高澄袭爵为渤海文襄王。高澄心毒手狠，猜忌刻薄，上无礼君之意，下无爱弟之情。若高洋精明强干、才华外露的话，必然受到乃兄的猜忌防范。故而高洋“深自晦匿，言不出口，常自贬退。与澄言无不顺从”，给人一种软弱无能的印象，高澄都有些瞧不起他。

每次退朝，高洋就关上宅院之门，深居独坐，对妻子也很少说话，怕言多有失，竟能终日不发一语。高兴时，还会光着脚奔跑跳跃。正因如此，高澄及文武公卿等都把高洋看成一个痴人，丝毫没有放在眼中。

公元 549 年，高澄在与人密谋篡位自立的时候，被负责做饭进餐的兰京所杀，谋士陈元康以身掩护高澄，身负重伤。当时事起仓促，高府内外十分震惊，高洋听说变起，高澄已被杀死，颜色不变，毫不惊慌，忙调集家中可指挥的武装力量前去讨贼，他部署得当，有条不紊。兰京等几人本是乌合之众，出于气愤才杀死高澄，并没有任何预谋，故不堪一击，片刻之间全部被斩首。

接着高洋就在其兄府中召集内外知情人训话，说兰京造反，大将军受伤，但伤势不重，对外不准走漏任何消息。高洋的这些应急措施果然奏效。外人都不知高澄已死，所以马上就稳住了局面。

高洋直接控制了高澄的府第和在邺都的武装力量后，当夜又召大将军都护太原唐邕，命他分派部署军队，迅速控制各要害部门和镇守四方。高澄的宿将故吏都倾心佩服高洋的处事果断和用人得当，人心大悦，真心拥护并辅佐高洋。高洋左右的人认为重兵都在晋阳，劝高洋早日去晋阳全部接管高欢及高澄的武装力量方可真正无忧。高洋以为有理。

高洋到晋阳后，立刻召集全体文武官员开会。会上，高洋英姿勃发，侃侃而谈，分析事理，处理事情全都恰如其分，且才思敏捷，口齿流利，与往常判若两人。文武百官皆大惊失色，刮目相看而倾心拥戴。一切就绪后，高洋才返回邺都为高澄发丧。

半年后，高洋于梁简文帝大宝元年(公元 550 年)五月代东魏自立，建立了北齐政权。

高洋一直窥测风向蠢蠢欲动，但他不是明目张胆死打硬拼，或拉帮结派打击异己，而是“守正”待时。平日里自贬自谦，与兄长融洽相处。但其居安思危，养尊处优时不忘锻炼自己，且能注意时局之变化，培养人才，确是有心计之人。

**【当下启示】**

一个有心干出一番事业的人，就必须学会等待时机，儒家典型的原则是“穷则独善其身，达则兼济天下”。要想成就一番事业，就不能够因为自己眼下的处境地位不如意而丧失志气，更不能因为时间的消磨而感到灰心，而是应该耐心等待时机，待时而动。

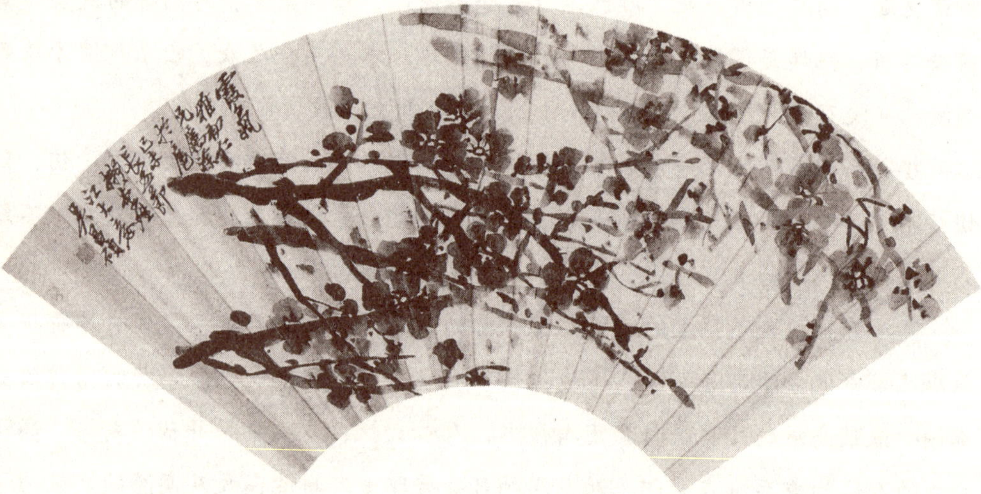

# 心在局外——当局者迷旁观者清

**【原典重现】**

波浪兼天，舟中不知惧，而舟外者寒心；猖狂骂坐，席上不知警，而席外者咋舌。故君子身虽在事中，心要超事外也。

**【译文释要】**

波涛滚滚，巨浪滔天，坐在船上的人不知道害怕，而在船外的人却感到十分恐惧；席间有人猖狂谩骂，席中的人不知道警惕，而席外的人却感到震惊。所以有德行的君子即使身陷事中，也要将心灵超然于事外才能保持清醒。

**【谈古说今】**

人处于事中不仅易迷且往往被其势所左右，变得激情磅礴，不能理智思考，冷静处之。故处事应身在局中而心在局外。

贞观元年(公元 627 年)的一天，唐太宗李世民意外得到了一只漂亮活泼的小鹞(即雀鹰，可帮助打猎)，喜出望外，戏逗入迷。忽见魏征进来奏事，怕魏征责怪自己玩物丧志，忙将鹞子藏到怀里。魏征佯作没看见，却故意唠唠叨叨，说个没完没了。等魏征退下，唐太宗才敢取出鹞子，可它早已被闷死了。又有一次魏征出外办事，回来后对李世民说：“听说陛下要外出巡幸，浩大的装备都已布置妥当，怎么迟迟不动身呀?”唐太宗笑着说：“前阵子有些打算，想到卿必定要来劝谏阻止的，所以干脆在卿谏阻前打消了念头。”……魏征是贞观年间也可以说是我国古代最杰出的谏官，在短短的几年里，魏所陈谏的事情多达 200 余件，且多被采用，深得唐太宗的赞赏。

魏征虽然有名，但当时敢于直言忠谏且劝谏有功的大臣绝非只有魏征一人。

贞观年间，君臣共商国家大事，谏诤蔚然成风。这是我国封建社会政治史上的特异光彩，也是唐初“贞观之治”之所以引人注目的重要方面。像王珪、刘洎、房玄龄、褚遂良、杜如晦……甚至包括长孙皇后，都是敢于忠言犯颜且卓有成效的进谏者。

王珪被荣封为侍中，便奉诏入谢。见有一美女侍立在李世民身旁，王珪觉得面熟，便故意盯着美女看。李世民只好向他说明：“这是庐江王李瑗的姬人。李瑗听说她长得漂亮，就杀了她的丈夫而娶了她。”王珪听后故意问：“陛下认为庐江王做得对还是不对?”李世民答：“杀人而后抢人妻子，是非已很清楚，何必要问?”王珪说：“臣听说齐桓公曾经向郭国遗老询问郭国败亡之因，遗老说是因为善的不用而恶的不除。今陛下纳庐江王侍姬，臣还以为圣上要肯定李瑗的做法，否则便是想自蹈覆辙了。”李世民一惊，接着说道：“不是卿来提醒，朕差点要怙恶不悛，坚持错误了。”等王珪一离去，李世民即把美女放回娘家去了。

贞观六年3月，一次罢朝后，唐太宗大声怒骂道：“总有一天我要杀死这个田舍翁!”长孙皇后忙问田舍翁是谁。唐太宗道：“就是魏征！他多次在我身边絮叨，还常在大廷上屈辱朕躬，必杀了他，才泄朕心头之恨!”长孙皇后听后大吃一惊，随后赶快退下。一会儿，她正儿八经地换上了上朝司礼用的严整朝服，向唐太宗拜贺道：“妾听说君主清明，臣下才会忠直。当朝既有魏征这样的忠直之臣，便可以想见陛下当政无比圣明了。”唐太宗听后，立即转怒为喜了。

贞观年间谏诤之风盛行一时，犯颜直谏、面折廷争的事例屡见不鲜，实在是举不胜举。当时上自宰相御史，下至县官小吏，旧部新进，甚至宫廷嫔妃，都不乏直言切谏之人。人们不仅要问：“何以在漫长的历史长河中，单单在贞观年间出现如此令人惊喜的开明局面呢?”这不能不归功于唐太宗“恐人不言，导之使谏”的“采言纳谏”之计了。魏征说得好：“陛下导臣使言，臣所以敢言。如果陛下本是个不愿采言纳谏的君主，下臣们哪里敢触犯忌讳，以卵击石呢?”唐太宗非常欣赏“兼听则明，偏信则暗”的哲理。有一次，他把生平所得而珍藏的数十张“良弓”送给工匠验看。不料工匠看后却说，这些弓木心不正，脉理皆邪，统统不是良弓。于是唐太宗感叹说：“天下之务，其能遍知乎!”既然人无完人，就只能依靠“采言纳谏”来弥补。他对大臣们说：“朕高高居于皇位，无法看清天下的各种细节。卿等分布各处，应该力求像朕之耳目一样，帮助朕增长见识。”

唐太宗既深知不“采言纳谏”，必使自己愚昧固执，使国家昏暗衰败，因而千方百计要使“采言纳谏”之计得以切实施行。因此，他竭力鼓励极言规谏。早在他刚被立为皇太子时，就“令百民各上封事”，广泛提出治国意见与建议。登基后，为打消臣下进言的顾虑，力求使自己和颜悦色，诚恳和气，并多次表示，即使是“直言忤意”，也决不加以怒责。

不仅如此，唐太宗还从制度上来促进广开言路、“采言纳谏”的施行。他沿袭了隋朝三省六部制，同时他又让一些职位稍低的官员以“参与朝政”的名义，加入最高决策层。特别规定重要政务都须经过各部门商量，经宰相筹划，认为切实可行时，再向他申报。如果诏书有不稳妥之处，任何人都必须扣住，不准顺旨便立即施行。而应恪尽臣下上谏之责。唐太宗还特别重视对谏官的选择，并敢把杰出的谏官一步到位提到宰相的位置。

唐太宗深知“兼听则明，偏信则暗”的道理，既然人无完人，就只能依靠“采言纳谏”来弥补，“君子身虽在事中，心要超事外也”。故而唐朝初年才会现历史上有名的“贞观之治”。

**【当下启示】**

一个人做事就怕迷于事中却不自知，“当局者迷”，这样的话，很可能会把谬误当成真理，把错误当作是正确的。只有身在事中，心超事外，才是人生的至高境界，若是能够做到这一点，不仅可以少事息愤，还能够冷静客观地对待身边的人和事。但是想要超然于事外，超脱于尘世，除了要自身具备高尚的修养与较好的素质外，还要学会听取别人的意见，多了解实际情况，因为有的时候别人站在局外人的角度上，看待问题会比你自己更加客观真实，所谓“当局者迷而旁观者清”说得就是这个道理了。

# 敛其锋芒——能隐忍者才能崛起

【原典重现】

淡泊之士，必为浓艳者所疑；检饬之人，多为放肆者所忌。君子处此，固不可少变其操履，亦不可太露其锋芒。

【译文释要】

志向淡泊的人，必定会受到那些热衷于名利的人的怀疑；生活俭朴谨慎的人，大多会被行为放荡的人所妒忌。一个坚守正道的君子，固然不应该因此而稍稍改变自己的节操，但是也不能够过于锋芒毕露。

【谈古说今】

古人常崇拜“不风流处”的风流，称颂“怜儿忘丑”的高贵的愚者的精神。彻底的愚是常人能及的；足够的聪明，常人都能获得。真正的人却是愚者，禅的最高阶段就是守愚禅。而守愚是世间最大的美德，即不为名利，自发性地干该干的事。

俗话说：“做人难，难做人。”所发出的也就是一个人进也不好，退也不好，左也不好，右也不好的慨叹。但生活在现实中的人，不可逃避地要充当一定的角色。如何充当好这个社会角色，就是人生处世的一个大的学问。

荀攸是曹操的一个谋士，他自谦避祸，很注意掩蔽锋芒。

荀攸自从受命军师之职以来，跟随曹操征战疆场，筹划军机，克敌制胜，立下了汗马功劳。

平定河北后，曹操即进表汉献帝，对他的贡献给予很高的评价。公元 207 年，曹操下了一个《封功臣令》，对于有贡献之臣论功行赏，其中说道：“忠正密谋，

抚宁内外，文若是也，公达其次也。”可见，在曹营众多的谋臣之中，他的地位仅次于曹操，足见曹操对他的器重了。后来，他转任中军师。曹操做魏公后，任命他为尚书令。

荀攸有着超人的智慧和谋略，不仅表现在政治斗争和军事斗争中，也表现在安身立业、处理人际关系等方面。他在朝二十余年，能够从容自如地处理政治漩涡中上下左右的复杂关系，在极其残酷的人事倾轧中，始终地位稳定，立于不败之地。

三国时代，群雄并起，军阀割据，以臣谋主，盗用旗号的事情时有发生。更有一些奸佞小人，专靠搬弄是非而取宠于人。在这样风云变幻的政治舞台上，曹操固然以爱才著称，但作为封建统治阶级的铁腕人物，铲除功高盖主和略有离心倾向的人，却从不犹豫和手软。荀攸则很注意将超人的智谋应用到防身固宠、确保个人安危的方面，正如文书所载“他深密有智防”。

那么，荀攸是如何处世安身的呢？曹操有一段话很形象也很精辟地反映了荀攸的这一特别的谋略：“公达外愚内智，外怯内勇，外弱内强，不伐善，无施劳，智可及，愚不可及，虽颜子、宁武不能过也。”可见荀攸平时十分注意周围的环境，对内对外，对敌对己，迥然不同，判若两人。参与谋划军机，他智慧过人，迭出妙策，迎战敌军，他奋勇当先，不屈不挠。

但他对曹操、对同僚，却注意不露锋芒、不争高下，把才能、智慧、功劳尽量掩藏起来，表现得总是很谦卑、文弱、愚钝、怯懦。作为曹操的重要谋士，为曹操“前后凡画奇策十二”，史家称赞他是“张良、陈平第二”。但他本人对自己的卓著功勋却是守口如瓶、讳莫如深，从不对他人说起。

荀攸大智若愚、随机应变的处世方略，虽有故意装“愚”卖“傻”之嫌，但效果却极佳。他与曹操相处二十年，关系融洽，深受宠信。从来不见有人到曹操处进谗言加害于他，也没有一处得罪过曹操，或使曹操不悦。

建安十九年(公元214年)，荀攸在从征孙权的途中善终而死。曹操知道后痛哭流涕，对他的品行，推崇备至，被曹操赞誉为谦虚的君子和完美的贤人，这都是荀攸以智谋而明哲保身的结果。

曹操虽爱才，但也有嫉才的毛病。杨修因锋芒太露而被杀，但荀攸却能够一直屹立不倒，这都是他行事低调小心，以智谋而明哲保身的结果。

锋芒不露讲的就是一个“藏”字，仅这一个“藏”字，包含着无穷意味。“藏”的目的，是不让别人发现自己所有的长处，不引起别人的妒忌，更好地保护自身。

要知道，嫉贤妒才，几乎是人的本性，愿意别人比自己强的人并不多，所以有才能的人总是会遭受更多的不幸和磨难。而且，在纷繁复杂的社会中，人际关系占着举足轻重的地位，只知显露，不知敛藏，很容易就会得罪人，而一旦遭到小人的嫉恨，暗地里下你一着“黑手”，极有可能使你稀里糊涂地落个惨局。所以，为了保护自己，低调做人，有时作适当的收敛，也是一种方便法门。这在当今社会仍不失为是一种明智的处世之道。

【当下启示】

“枪打出头鸟”，有才能的人往往会受到无能之辈的排挤，有德行的人常常会受到无德之人的诽谤。所以，一个修养高深的人，处于这种环境时，最好的办法是不要过于显露自己的锋芒，在坚守自己志向的同时，要善于隐忍，要多注意待人处世的方法和态度。

# 执拗败事——不执拗不偏激方可建功立业

【原典重现】

建功立业者，多虚圆之士；偾事失机者，必执拗之人。

【译文释要】

能够建立宏大功业的人，大多是处世谦虚圆融的人，容易失败抓不住机会的人，一定是性情刚愎固执的人。

【谈古说今】

有向学之志的人，未必能取得某种成就；取得某种成就的人，未必做每件事都合乎原则；做每件事都合乎原则的人，未必懂得根据实际情况灵活变通。

良好的人际关系是一个人事业成功的基础。这在现代商品经济时代里，显得尤为重要。想要建立一个良好的人际关系，首先就要培养自己谦虚随和的个性，不执拗，不偏激，这也正是原文中“虚圆”的意思。一个人个性的形成虽有先天的因素，但后天的培养也更为重要，所以认识到自己个性中的缺陷，时刻总结并予以修正，是十分重要的事。

李自成攻陷北京后，被胜利冲昏了头脑，他开始变得狂妄而骄傲，刚愎自用。可以说，吴三桂引清军入关是被李自成逼出来的。

当时的吴三桂奉命率军据守山海关，保卫明朝首都北京。然而，北边的清军还尚未攻打过来，李自成率领的农民起义军却已经攻陷了北京。

此时镇守山海关的吴三桂，北边是虎视眈眈的清军；南边京城已经陷落，皇帝已经驾崩。吴三桂要设身处地地替自己考虑，于是，他决定投降李自成。但是吴三桂十分关心自己投降以后的命运，因为他对李自成并不了解。所以，他一方面带领自己的部队去北京向李自成投降，一方面又不断地派人四处打探消息。从

消息中得知，吴三桂的父亲吴襄被抓，家产被抄，最宠爱的陈圆圆也被李自成的手下刘宗敏占有。从这些消息里，吴三桂已经判断出了自己投降李自成以后的命运，于是他立刻放弃了投降的打算，回去继续镇守山海关。

李自成攻陷北京后，他和部下们都处在狂妄而骄傲的心态之中。这一心态使他们变得目空一切，妄自尊大，对客观局势丧失了判断力，他一方面抄了吴三桂的家产、抓了他的父亲、抢了他的爱妾，一方面还要让吴三桂投降，这可能吗？

吴三桂不投降，李自成就率领大军进攻山海关，逼迫其投降，否则就要彻底消灭他。他似乎忘记了山海关长城外面的敌人，他也似乎把吴三桂当成了崇祯皇帝，无路可走之时会自缢而死。

李自成心高气傲、唯我独尊的心态，导致他对吴三桂的感受和行为一无所知，只按照自己的意愿一个劲儿地猛攻山海关。吴三桂本来就不是一个有民族大义的人，在自己被逼走投无路之时，他自然会投降清军，更何况多尔衮比李自成做得高明，他与吴三桂杀白马盟誓，相约永不相负，并许以封王封地。就这样，当八旗劲旅突然出现在李自成的农民起义军面前时，他们竟毫无准备，大惊失色，因为他们从来就没想到吴三桂会引清军入关。李自成在西山上发现清兵已经进关，他想稳住阵脚，指挥抵抗，可已经来不及了，只好传令后撤。多尔衮和吴三桂的队伍里外夹击，起义军遭到惨重失败。

倘若李自成从一开始发就能克服自己傲慢、浮躁的心态，虚怀若谷，礼贤下士，让吴三桂能踏踏实实地归顺过来，历史就大不一样了。遗憾的是，李自成陶醉于暂时的胜利中，只顾尽情地享受胜利的果实，完全沉迷在自己的美梦之中。正因如此，当清军入关时，他才完全没有准备，惊慌失措，惨遭失败。

**【当下启示】**

做人不宜太圆滑，因为圆滑过度就为奸。但这并不意味着做人就要刚愎自用，不顾外在环境的变化而固执己见。适度的圆滑是为人处事所必需的，否则处处以自己之见为见，大小事一概显能妒能，如何能成大事呢？自古以来，那些愤事失机的人往往都是刚愎自用，听不得别人意见，事事以为自己正确的人。正所谓：“祸福无门惟人自召。”其实，很多事都不应该怨天尤人，而是要从自己的处世方法上寻找原因。成事需要机遇，机遇对每个人都是公平的，只不过是谁发现得早，谁抓得牢，谁就会像坐车一样快速成功。而固执己见的人往往因为被自己的执拗和心中固有的定势所迷惑，而看不到外面的变化来调整自己，故而总是容易错失机遇。

# 功盈召忌——做人不要做绝

**【原典重现】**

事事留个有余不尽的意思，便造物不能忌我，鬼神不能损我。若业必求满，功必求盈者，不生内变，必召外忧。

**【译文释要】**

不论做任何事都要留有余地，不要把事情做得太绝，这样即使是造物主也不会嫉妒我，鬼神也不会伤害我。假如一切事物都要求尽善尽美的地步，一切功劳都希望登峰造极的境界，即使不为此而发生内乱，也必为此而招致外患。

**【谈古说今】**

为人处世就应处处讲究恰当的分寸。过犹不及，不及是大错，太过是大恶，恰到好处的是不偏不倚的中和。

保留一点空间，这样既不会得罪人，也不会使自己陷入困境。凡事都能留有余地，方可避免走向极端。

商鞅是战国时期的卫国人，姓公孙，所以叫卫鞅或公孙鞅。他原本在魏国宰相公叔座手下任中庶子，帮助公叔座掌管公族事务。

公叔座很欣赏商鞅的才华，曾建议魏惠王用商鞅为相，但魏惠王瞧不起商鞅，便没有答应；公叔座死前又向魏王建议，魏王仍没有起用商鞅。

公叔座死后，失去了靠山的商鞅便投奔到了秦国。通过宠臣景监的荐举，秦孝公多次同商鞅长谈，发现商鞅是个难得的治国奇才，便“以卫鞅为左庶长，卒定变法之令”。

秦孝公之所以看重商鞅，是因为当时新兴地主阶级认为封建生产关系已经登上政治舞台，社会正处于新兴的封建制取代奴隶制的社会大变革时期，商鞅变法正好适应了社会变革的需要。同时秦孝公也是一位奋发有为的君主，商鞅提出的一整套富国强兵的办法，也正好符合他的愿望。

商鞅变法的主要内容是：废除井田制，从法律上确认封建土地所有制，“为田开阡陌封疆，而赋税平”。商鞅特别重视农业生产，鼓励垦荒以扩大耕地面积；建立按农、按战功授予官爵的新体制，以确立封建等级制度；废除奴隶制的分封制，普遍实行法治，主张刑无等级。

商鞅变法的基本内容都是促使社会发展的进步措施，当然会受到许多守旧“巨室”大家的反对。变法之初，专程赶到国都来“言初令之不便者以千数”。甚至太子还带头犯法。为了使变法顺利实施，商鞅毫不留情，“刑其傅公子虔，黥其师公孙贾”，真正做到了“王子犯法与庶民同罪”。结果，新法实行十年，秦国便国富兵强，乡邑大治，最后使秦孝公成为战国霸主。

然而，正当商鞅在秦国功勋卓著的时候，他的心情却反而感到孤寂和迷惘，为什么会这样呢？他自己也弄不懂。于是，商鞅便去请教一个名叫赵良的隐士。他对赵良说，秦国原本和戎狄相似，我通过移风易俗加以改除，让人们父子有序，男女有别。这咸阳都城，也由我一手建造，如今冀阙高耸，宫室成区。我的功劳能不能赶上从前的百里奚呢？百里奚是秦穆公时的名臣，现在商鞅和百里奚比，当然颇有一点委屈的情绪。谁知赵良却直率地说：“百里奚一得到信任，就劝秦穆公请蹇叔出来做国相，自己甘当副手；你却大权独揽，从来没有推荐过贤人。百里奚在位六七年，三次平定了晋国的内乱，又帮他们立了新君，天下人无不折服，老百姓安居乐业；而你呢，犯了轻罪，反而要用重罚，简直把人民当成了奴隶。

百里奚出门从不乘车，热天连个伞盖也不打，很随便地和大家交谈，根本不要大队警卫保护；而你每次出外都是车马几十辆，卫兵一大群，前呼后拥，老百姓吓得唯恐躲闪不及。你的身边还得跟着无数的贴身保镖，没有这些，你敢挪动半步吗？百里奚死后，全国百姓无不落泪，就好像死了亲生父亲一样，小孩子不再歌唱，舂米的也不再喊着号子干活，这是人们自觉自愿地敬重他；你却一味杀罚，就连太子的老师都被你割了鼻子。一旦主公去世，我担心有不少人要起来收拾你，你还指望做秦国的第二个百里奚，岂非可笑？为你着想，不如及早交出商、於之地，退隐山野，说不定还能终老林泉。不然的话，你的败亡将指日可待。”后来的事实不幸被赵良所言中，商鞅变法之所以能够成功，主要是他能够抑制上层保守派的反抗，例如刑及太子的老师。试想，太子犯法尚且不容宽恕，老百姓当然只有遵照执行了。

但这同时，也就给商鞅埋下了致命的败因。“商君相秦十年，宗室贵戚多怨恨者。公子虔杜门不出已八年矣”，一旦有机可乘，上层保守派肯定会合而攻之。

秦孝公死后，太子继位，是为秦惠王，公子虔等人立即诬告“商君欲反”，并派人去逮捕商鞅。商鞅走投无路，最后只好回到自己的封地商邑，秦发兵攻打，商鞅被杀于渑池。秦惠王连死后的商鞅也不放过，除了把商鞅五马分尸外，还诛灭其整个家族。

“天道忌盈，卦终未济”，就是在告诫人们做人要抱“致虚守静”的态度。老子在《道德经》中说：“持而盈之不如其已，揣而锐之不如长保。”老子在这主要讲的是无论做什么事情都在于掌握一个“度”。知进而不知退，善争而不善让，都不免会给自己带来灾祸。因而这句话是告诉我们做事要适可而止，进退有度。这跟俗话所说“老实长存”的做人哲学完全相同。

所以说，人们凡事不必求全求美，非要绞尽脑汁达成目标，如果能够留下几分余地，就能避免很多祸患。因此古人才有“满即亏”、“满招损”的言论，意思就是说，不论如何都不要妄想着能够登峰造极，因为世间万物，有好就有坏，有上坡就必然有下坡，只有预先留下几分余地才会安全。

**【当下启示】**

事事留有余地，从多方面考虑事物发展的大势，无论为文还是从政经商都有大益。俗话说，做日短，看日长。要考虑到将来的前程，设身处地地想，人生的福分就像银行里的存款，不能一下子就透支，应当好好珍惜，精打细算，方能细水长流。不因一时贪心毁坏将来的名声，抱着平常心，乃是得乐的大法。

# 第八章　持理灭欲

一个人是否快乐，有时并不完全取决于物质的贫乏或丰裕，而是取决于他的心境：欲望太多，拥有再多也仍然无法满足；若能丢掉无止境的欲望，就会珍视自己所有的东西，并从中获得快乐。所以快乐与否的决定权就在于你自己，贪心人的心底里永远没有知足的时候，自然也不会觉得自己的快乐。

# 节制欲求——人生要经得起诱惑

【原典重现】

爽口之味皆烂肠腐骨之药，五分便无殃；快心之事悉败身丧德之媒，五分便无悔。

【译文释要】

可口的山珍海味，多吃便伤害肠胃等于是毒药害人，控制住吃个半饱就不会伤害身体；你心如意是好事，其实有一些引诱人们走向身败名裂的媒介，所以凡事不可只求心满意足，保持在差强人意的限度上就不至懊悔。

【谈古说今】

欲望是无穷无尽的，抱有的欲望即使不能穷尽，对欲望的追求还是可以近于满足；欲望即使不能去掉，追求的又不能得到，但追求欲望的人应该节制自己的追求，按照正确的原则行事，在可能的条件下，就尽量使欲望得到满足，在条件不允许时，就要节制欲求，天下没有比这更好的原则了。

小王那天碰上一连串好运，他走进赌场时只想赌200元钱，他原本做了输钱的准备。他真正想要的只不过是可以对人们说，他也到过赌城，玩过轮盘赌。

他在大厅门口停了一会儿，看到厅内全是衣着入时的人。此时，他瞥见一个妩媚迷人的姑娘，孤身一人，仪态端庄，坐在一张绿色的轮盘赌桌旁，故意避开他的目光。他决定给她留下一点儿深刻印象。当时天刚傍晚，没有人下大赌注。小王原来的想法是一开始只赌一点儿小钱，但他一冲动，把200元全都押在8上。这笔赌注远远算不上豪赌，却足以吸引大家的目光。在轮盘旋转时，他已准备显露出一点儿遗憾的表情，然后漫不经心地耸一耸肩。他觉得，当赌场管理员用耙子收钱时，这是最恰当的表情。他可以神态优雅地损失200元钱，只求赢得美人一笑，为与她交谈搭一座桥。

他甚至没看旋转的轮盘，只听到球掉进洞后咕噜咕噜的滚动声。赌场管理员拖着长腔叫道："嘿，二加黑！"一两秒钟后他才意识到赢了。一大堆筹码被推到他面前，他的200元赌本足足增长了35倍，相当于7000元。他拿起一个20元的筹码，抛给了管理员。管理员谢过后，他看了看那个姑娘，朝她笑了笑。

她也报以微笑，没过多久，他们就交谈起来。小王只顾欣赏姑娘的如花之貌，没有注意旋转的轮盘。突然赌桌旁一阵骚动，那个姑娘发出一声惊叫。他一回头，不禁惊呆了。原先的200元赌本又押在8上，轮盘也再次转到8上。在5分钟内，经过两次轮盘赌，他赚进了14 000元！

他是一个收入中等的人，因为连赢两场而大感震惊。姑娘说："你必须接着玩——你手指把握着运气。"于是，他们一块儿站在桌旁，一连玩了4小时，沉浸在连连得手的兴奋中。最后，他赚得盆满钵盈,也就是说，那桌的轮盘停止旋转后小王发现自己已赚了整整11万。

他兴高采烈地停了手，因为他不想拿冒险赢来的钱下更大的赌注。他离开赌场时口袋里装满了钱。姑娘陪着他，一起朝下榻的旅店走去。他按照姑娘的建议，走了一条近道。他全神贯注地与姑娘谈话，没想到两个男人突然从黑暗的小巷里钻出，紧紧跟着他们，其中一人用大棒猛地向他打去。等他醒来后，钱和姑娘全都消失得无影无踪。

他因为脑震荡在医院里躺了整整两个星期。在病中他从警察那里获悉，那个漂亮姑娘是抢劫团伙的成员。如果有人独自去赌场，碰巧赢一大笔钱，他们就设下圈套，把他洗劫一空。

什么事都要适可而止，但人往往经不住诱惑。很多人一遇到香甜可口的美味，就不顾一切地拼命多吃，结果把肠胃吃坏，受病痛之苦。聪明人必须注意养身之道，营养不良固然不行，吃得太多也绝非好事。欲罢不能说明不懂养身之道，五分足以，无需拥有十分，万事适可而止，方保心智清醒，生活无虞。养身如此，做人同样如此，一些看起来令人得意洋洋的事，或许正酝酿着走向失败的因素，人在春风得意时一定要保持清醒才是。

疏广，字仲翁，东海兰陵人，西汉名臣。疏广从小好学，精于《论语》、《春秋》。本始元年初，汉宣帝征其为博士郎、太中大夫。地节三年封为太子太傅。疏广还乐于创办私学，治学严谨，注重学生的德学兼优。

疏广与侄子疏受一同担任太子的师傅，皇太子十二岁，就已经通晓《论语》《孝经》了。疏广对疏受说："我听说有这样的说法，'知足不辱，知止不殆'，'功岁身退，天之道'。如今官做到二千石，官当成了，名声树立了，这样还不离职，以后恐怕要后悔的，还不如我们二人一起告老还乡，寿终正寝，不也很好吗？"疏受磕头说："听从大人指教。"当日两人一起借口有病（请假）。满三个月皇帝准许续假回家治病，疏广就说病加重了，上书请求辞官退休。皇上因为他们年纪很老了，全都准许退休，加赐黄金二十斤，皇太子赠送黄金五十斤。

疏广回到家乡以后，每天让家人陈设食具，摆上酒食，邀请族人老友宾客一起娱乐。多次询问家中还剩有多少金子，并催促卖掉来供设酒食。过了一年多，疏广的子孙私下对族中有威望的老人说说："子孙希望赶在大人在世时多少置办些家产立下基业，如今每天吃吃喝喝，资财将要耗尽。应该凭您老人家的身份，劝说大人置买一些田宅。"老人对疏广说了这些打算，疏广说："我难道老糊涂了不顾念子孙吗？但是原本就有旧田宅，让子孙在这些田宅里辛勤劳作，足够供应穿衣吃饭，跟普通人一样。如果再增加他们的财产，只不过是让子孙怠惰罢了。贤明的人有过多财富，就会抛弃自己的志向；愚昧的人有过多财富，就会增加他们的过失。再说富有的人，是众人怨恨的对象；我既然没有什么用来教化子孙的，就不打算增加他们的过失又招致众人对他们的怨恨。另外，这金子是皇上赏赐给我用来养老的，所以乐意跟乡亲宗族共同分享这些恩赐，来度完我的余生，不是也可以吗！"于是族人心悦诚服。后来他就这样终老一生。

在疏广看来，名不可太高，过高就会有跌下来的危险，故而在春风得意之时请辞回家；财富不宜太多，只求温饱即可，否则容易导致子孙慵懒而不思进取。他懂得节制欲求的重要性，故而得以善终。

**【当下启示】**

欲望的永不满足不停地诱惑着人们追求物欲，然而过度地追逐利益往往会使人迷失生活的方向，因此，凡事适可而止，才能把握好自己的人生方向。贪婪往往会蒙蔽人的心智，让我们失去理智，做出不可理喻的事情，也让我们心灵无法平静，无法享受到生活的美好。

# 知足亦富——懂得知足才会幸福

【原典重现】

贪得者分金恨不得玉，封公怨不授侯，权豪自甘乞丐；知足者藜羹旨于膏粱，布袍暖于狐貉，编民不让王公。

【译文释要】

贪得无厌的人分到金银却恼恨得不到美玉，被封为公爵还要怨恨没有封上侯爵，明明是权贵之家却甘心成为精神上的乞丐；知足常乐的人觉得野菜比鱼肉味道还要美，粗布衣袍比狐皮貉裘还要温暖，虽然身为编户平民却比王公过得还要自在满足。

【谈古说今】

不去欲就不会知足，一个过于贪婪的人永不会满足，时时处在渴求和痛苦之中，腰缠万贯的富翁可能还是若有所失，仅能免于饥寒的人也可能觉得样样不缺。从心理感受来说，真富有不一定要钱多，只要知足就卓然富裕了。

有一位禁欲苦行的修道者，准备离开他所住的村庄，到无人居住的山中去隐居修行。他只带了一块布当作衣服，就孤身来到山中居住了。后来，他想到当自己洗衣服的时候需要另外一块布来替换，于是他就下山到村里，向村民乞讨一块布当作衣服。村民们都知道他是虔诚的修道者，便毫不犹豫地给了他。

这位修道者回到山中后又发觉，在居住的茅屋里面有一只老鼠，常常会在他专心打坐的时候来咬他那件准备换洗的衣服。他早就发誓一生遵守不杀生的戒律，因此不愿意去伤害这只老鼠，但是他又没有办法赶走它。于是，他回到村庄中又向村民要了一只猫来饲养。

得到了一只猫之后，他又想到：“猫吃什么呢？我并不想让猫去吃老鼠，但总不能跟我一样只吃一些水果与野菜吧！”于是，他又向村民要了一只奶牛，这样，那只猫就可以靠牛奶维生了。

但是，在山中居住了一段时间以后，修道者发觉每天都要花很多的时间来照顾那只奶牛，于是他又回到村庄中找到了一个可怜的流浪汉，带着他来到山中居住，让他照顾奶牛。

流浪汉在山中居住了一段时间之后，他跟修道者抱怨说：“我跟你不一样，我需要一个太太，我要正常的家庭生活。”修道者一想也有道理，他不能强迫别人一定要跟他一样过着禁欲苦行的生活……

这个故事就这样继续演变下去，你可能也猜到了，到了后来，也许是半年以后，整个村庄都被搬到山上去了。

修道者的本意是找一个清静的地方去参悟修行，但他为了自己方便，贪婪超过了常人，又如何静心修行呢？他原本所期望的目的只会在虚妄中而荒废。正可谓，贪婪的眼睛如果永远不满足，经久了就会被黄土封住。

欲望就像是一条锁链，一个牵着一个，永远都不能满足。

“得寸进尺，得陇望蜀”是对贪得无厌之辈的形象比喻。只有少数超凡绝俗的豁达之士，才能领悟知足常乐之理。其实适度的物质财富是必需的，追求功名以求实现抱负也是对的，关键看出发点何在。

安重霸，五代时期云州(今山西祁县东)人，前蜀、后唐武将。安重霸曾担任简州刺史，他生性贪婪，贪图贿赂永不满足，且为人狡诈多智。

据说在安重霸治下州内有一邓姓大户，家财万贯，户主邓某是当地有名的下棋高手。安重霸希望他能贿赂自己，送些钱财，就特意召邓某来和自己下棋，并且美其名曰是向邓某学习棋艺，可是下棋又不给邓某座位，让邓某站着侍候，而每当邓某落下一子后，便让邓某退到窗外站立，等到安重霸落定了棋子之后，才让他进来，如此反复，一天下来，也没下几盘棋，但邓某极其疲劳，又饥又饿，而且安重霸还不给饭吃，不给水喝。更为要命的是，以后的几天都是如此，搞得邓某苦不堪言。于是，有人悄悄告诉邓某说：“安大人的心思本来就不在下棋上面，只不过想从你这捞些银子罢了，你还不赶快向其行贿，以免这样下棋的苦处。”邓某听了，恍然大悟，赶忙给安重霸送去黄金千两。果然，安重霸收到金子后，再也不找邓某下棋了。

安重霸以棋索贿的行为，是极其恶劣的，他不懂得知足，却想尽办法收受贿赂，贪得无厌，这样的人是永远也不会得到人们尊重的。

【当下启示】

追求物质丰富是刺激市场繁荣的动力，对个人而言，绝非因为安贫乐道就可以否定对物质欲望的追求。但是一个人为铜臭气包围，把自己变成积累财富的奴隶，或为财富不择手段为权势投机钻营，把权势当成满足私欲的工具，那么，这种人就会永远贪得无厌，为正人君子所不齿。

# 不忧利禄——香饵之下必有死鱼

【原典重现】

我不希荣，何忧乎利禄之香饵？我不竞进，何畏乎仕宦之危机？

【译文释要】

我不去追求荣华富贵，怎么担心名利和官禄的诱惑呢？我不想升官发财，怎么会担心官场上潜伏的各种危机呢？

【谈古说今】

若一味追求什么东西，就难免被其所困扰。荣华富贵、功名利禄，之所以会使人上当，甚至走上偏路、邪路，直至罪恶之路，就是因为追求过切，进入了不可自我控制的地步。

中国自古以来就有“善泳者死于溺，玩火者必自焚”，“香饵之下必有死鱼”的说法，那是因为古代的官场中四处布满陷阱充满荆棘，所以要想不误蹈陷阱误踏荆棘，最好是把荣华富贵和高官厚禄都看成过眼烟云。的确，一个人如果不希冀官场的升迁就自不会去投机钻营，不会去阿谀奉承，就会无所畏惧，那权势又奈我何？陷阱对于想图功名者来说才是陷阱，而对于轻名利者则不是陷阱，权势对于小人，对希图荣达者自有一番诱惑。

有一次，孟子本来准备去见齐王，恰好这时齐王派人捎话，说是自己感冒了不能吹风，因此请孟子到王宫里去见他。

孟子觉得这是对他的一种轻视，于是便对来人说：“不幸得很，我也病了，不能去见他。”

第二天，孟子便要到东郭大夫家去吊丧，他的学生公孙丑说：“先生昨天托病不去见齐王，今天却去吊丧。齐王知道了怕是不好吧？”

孟子说：“昨天是昨天，今天是今天，今天病好了，我为什么不能办我想办的事情呢？”

孟子刚走，齐王便打发人来问病，孟子的弟弟孟仲子应付差役说：“昨天王有命令让他上朝，他有病没去，今天刚好一点，就上朝去了，但不晓得他到了没有。”

齐王的人一走，孟仲子便派家丁在孟子回家的路上拦截他，让他不要回家，快去见齐王。

孟子仍然不去，而是到朋友景丑家住了一夜。

景丑问孟子：“齐王要你去见他，你不去见，这是不是对他太不恭敬了呢？况且这也不合礼法啊。”

孟子说：“哎，你这是什么话？齐国上下没有一个人拿仁义向王进言，难道是他们认为仁义不好吗？不是的。他们只是认为够不上同齐王讲仁义，这才是不恭敬哩。我呢，不是尧舜之道不敢向他进言，这难道还不够恭敬？曾子说过，‘晋国和楚国的财富我赶不上，但他有他的财富，我有我的仁，他有他的爵位，我有我的义，我为什么要觉得比他低而非要去趋奉不可呢？’爵位、年龄、道德是天下公认为最宝贵的三件东西，齐王哪能凭他的爵位便轻视我的年龄和道德呢？如果他真这样，便不足以同他相交，我为什么一定要委屈自己去见他呢？”

孟子“不忧利禄，不畏仕危”，把荣华富贵和高官厚禄都看成过眼烟云，不投机钻营，不阿谀奉承，因而就无所畏惧。

**【当下启示】**

人生在世，当身处仕途之时，只要能够正确对待名利仕途，也不必一定要逃脱，将其视为洪水猛兽。当然，一个“不希荣”、“不竞近”的人，也是对自身处世态度的一种选择。这种选择，虽然消极一点，但最起码也比那种勾心斗角、尔诈我虞要好得多，毕竟能够生活得坦然、安心。

# 修身固本——色欲名利，修身所忌

【原典重现】

色欲火炽，而一念及病时，便兴似寒灰；名利饴甘，而一想到死地，便味如嚼蜡。故人常忧死虑病。亦可消幻业而长道心。

【译文释要】

当色欲像烈火一样燃烧起来时，只要想一想生病时的痛苦，烈火就会变得像一堆冷灰一样熄灭；当功名利禄像蜂蜜一般甘美时，只要想一想死地的情景，名位财富就会像嚼蜡一般无味。所以，一个人要经常思虑疾病和死亡，这样也可以消除些罪恶而增长一些进德修业之心。

【谈古说今】

人的欲望，莫过于饮食男女。《礼记》有言：“饮食男女，人之大欲存焉。”意思是说，凡是人都不离两件大事：饮食饥饱、男欢女爱。孔子也说：“食色性也。”意思就是说，“食”与“色”都是人的本性，是正常的欲望。不吃不喝，人就会死，没有男女之欲，人就得绝后，前者事关生存，后者关乎物种。

虽然说饮食男女是人之大欲，但是，一旦超出正常需求，就会走向反面。被物欲色欲毁掉人生的大有人在，往往都是后悔莫及，当然也不排除至死也未能醒悟者。所以说，人生在世，宜控制自己的欲望而修些德性，做事勿因欲望而丧失本性，否则就会自取灭亡。

怎样对待饮食男女这个人之大欲是一门学问。倘无饮食男女又何来道之存焉？道之为道，一言以蔽之就在于适度。

公元 189 年，在镇压黄巾起义中卓有“战功”的董卓，率兵进入了洛阳，废掉汉少帝，立献帝，独揽朝中大权。

王允表面上效忠董卓，暗地里却对他恨之入骨，时刻想除掉他，于是王允授意貂蝉对付董卓之计。时过不久，董卓义子大将吕布在府中宴请宾客，王允借机派人参加，并送去许多珍贵之物。吕布不知为何居司徒高位的王允，要给自己一个小小的骑都尉送厚礼，于是想要探明究竟。

吕布到王府后，受到热情款待。王允笑着说：“您是天下的英雄，我不过是略表敬意而已，区区薄礼，实在不值得将军挂在心上。”吕布本是见利忘义之人，王允也正是投其所好，才选择他作为除掉董卓的突破口。

王允命貂蝉前来献酒。吕布一见貂蝉不由得两眼发直，心中暗自说：“真想不到天下竟有如此美女！”王允见状，，说道：“这是小女貂蝉。”接着，让貂蝉为吕布敬酒。吕布问道：“小姐真是国色天香，不知将来谁有福气会娶小姐为妻。”王允道：“小女还不曾许配，我想高攀将军，不知您意下如何?”吕布一听大喜过望，拜谢了王允，满怀高兴地告辞。

第二天，王允邀请董卓去府上喝酒做客，将貂蝉叫来给董卓敬酒。貂蝉手捧酒杯缓步上前为董卓敬酒，董卓满脸堆笑问道：“今年多大了?”貂蝉微笑不语。王允在旁说：“今年已经16岁了，您若是喜欢，就带回府去伺候您吧。”

吕布得知此事，怒气冲冲找到王允指责道：“您既然已将貂蝉许配于我，为何又送给董卓?”王允见吕布怒火中烧，一副无可奈何的架势说：“前几天太师来我府中饮酒，席间说要见见我的女儿，我不好拒绝，就让小女出来给太师敬酒。谁知太师见后，就十分喜爱，说府中缺人侍候，暂时让她过去，待找到合适的人，再送她

回来，太师的要求我怎能违抗呢？”

吕布见王允说的合情合理，无可指责，就向王允赔罪，然后离去。

第二天一早，吕布借故来到太师府打探消息。侍卫告诉吕布，太师新得美人，还未起床呢，吕布听后心如刀割，但又不敢过于放肆。后来，吕布趁董卓上朝留在朝中处理政务的时候，来到太师府找貂蝉。貂蝉也趁机向他诉说衷情。正在二人难舍难分之际，董卓突然进来，见到他们情意绵绵的样子，气得大喝一声直奔过来。吕布见势不妙，扔下貂蝉向外逃走。

第二天，王允将吕布请到府中，见吕布满脸愁容，问其原因，吕布就将昨天在太师府中发生的一幕，详细地告诉了王允。

王允听后，故意气愤地说：“想不到董卓已经荒淫霸道到如此地步，连自己儿子的妻子都要强娶，这不但使我无脸见人，还是将军的侮辱啊！”

吕布一听，拍案而起，咬牙切齿地说道：“我一定杀了他，报夺妻之仇！”数日之后，董卓在去未央宫的路上死于非命。

古人早有明训：酒能乱性，色能迷人。董卓因迷恋貂蝉的美色，最终死于吕布之手。历史的教训是深刻的，声色不忍的害处很大，忍声色则要修其身，固其本；对于人生男女之大欲，要适可而止，不能过于贪求。

**【当下启示】**

人在病中，会感到人生之虚幻与可悲，到了死地大概只剩求生一念了。所以人平时做事应朝事物的对立面想想，而不是随心所欲，任意胡为。人生在世，宜控制自己的欲望而修些德性，做事勿为欲望丧失本性，否则会自以取灭亡。

# 欲路勿染——收敛私欲，培养品德

【原典重现】

欲路上事，毋乐其便而姑为染指，一染指便深入万仞；理路上事，毋惮其难而稍为退步，一退步便远隔千山。

【译文释要】

欲念方面的事，不要因为贪图眼前的方便而随意沾染，一旦放纵自己就会堕入万丈深渊；义理方面的事，不要因为害怕困难而退缩不前，一旦退缩就会与真理远隔万水千山。

【谈古说今】

西晋名士山涛做官之前家境贫寒，后来山涛身居高位，虽然爵禄相当于千乘之国的国君，但他仍然忠诚勤俭，保持清廉本色，不养美女侍妾，所得俸禄赐品，都分给了故友亲朋。一次，陈郡有一个叫袁毅的人，在任县令时贪污腐化，还用财物贿赂众公卿。他也曾送给山涛蚕丝百斤，山涛为迎合当时风气，迫不得已收下，却将蚕丝藏在阁楼上。后来袁毅贪污案发，凡是接受过他的贿赂的人都被他一一招供出来。山涛这时从阁楼上取出布满灰尘的蚕丝交还官府，从而逃过了一劫。

吕坤的《呻吟语》中有言：“理路宜截，欲路多岐；理路光明，欲路微暧；理路爽畅，欲路懊烦；理路逸乐，欲路忧劳。”说的就是“理”与“欲”之间的关系与带来的不同后果。

宋代理学家主张“存天理，灭人欲”，这种将天理与人欲对立起来的思想显然不适合于现代社会。但人若一味放纵自己的私欲，而不重视思想品德的培养，那

么无疑就会走上邪路。

所谓的“合乎义理”，在如今社会而言就是指遵守一定的道德规范，站在真理这一面。

管宁（公元158—241年），字幼安，北海郡朱虚（今山东省临朐）人。管仲的后人，三国时魏国的高士，自幼好学，饱读经书，一生不慕名利。

管宁和华歆是好朋友，两个人在读书求学的时候，常常是既要读书又要劳动。有一天，两个人在园中锄菜，无意中挖出了一块黄金，管宁见了黄金和看到瓦片石头一样没有什么区别，仍旧挥动锄头继续干活，而华歆知道这东西不是自己的不该拿，但心中还是不忍，拾起金块看了看，而后又扔了它。

过了不久，管宁和华歆两人又同坐在一张席上读书，这时，外面的街道上有个坐着华贵车辆的官员经过，敲锣打鼓的很是热闹。管宁还是像原来一样，继续认真读书，仿佛没有听见，而华歆却有些坐不住了，他放下书跑出门去观看，对官员的威仪羡慕不已。等到回到屋中之后，只见管宁拿了一把刀子，将两人共坐的席子从中间割开，并对他说道：“你不是我的朋友了。”

每个人的心中都存有一套自己的道德规范，只不过是有人宽松有人严谨。管宁在面对金钱的时候不为所动，对于名利也没有欲求，因而能够专心读书；而华歆见了黄金虽没有据为己有，但仍旧有些心动，看见官员华丽的仪仗就羡慕不已，这就是两人的不同。

**【当下启示】**

人的欲望是一个客观存在，如果刻意去压抑就是和社会进步不相应的，但若是过分去放纵就容易迷失本性。所以，要懂得收敛欲望，不要过分放纵自己的欲望，同时还要注重提高自己的思想品德。

# 全凭一念——善恶只在一念间

**【原典重现】**

念头起处，才觉向欲路上去，便挽从理路上来。一起便觉，一觉便转，此是转祸为福，起死回生的关头，切莫轻易放过。

**【译文释要】**

在念头刚刚产生时，一发觉此念头是个人邪恶的欲望膨胀，便马上用理智将这种欲念拉回到正路上来。邪念一产生就发觉它，一发觉就转变方向，这个时候就是将祸害转变为福祉，将死亡转变为生机的重要关头，千万不能轻易放过。

**【谈古说今】**

“一念之间”本是佛教用语，亦是直指人心最为切要的一句话。佛家认为，哭还是笑，喜还是悲，天堂还是地狱，善还是恶，都在人的一念之间。

佛经说：“一念善心起，诸事皆吉祥；一念恶心起，种种灾难生。”很多事往往只是在人的一念之间，但也就是这不起眼的一个念头很可能就已经决定了一个人今后的人生道路。“一念成魔，一念成佛”，一念不慎就足以铸成千古的恨事，因此，先儒才会有“穷理于事物始生之际，研机于心意初动之时”的名言。但一念的铸成并不在于当时而是在乎平时的锻炼，就好比是一个人在情绪特别激动的时候，往往会做出不计后果的错事，而能出现这种情绪，本身就说明这个人在平时可能还没意识这件事是好是坏。可见一个人不能防邪念于未然，就可能出现“一失足成千古恨，再回头已百年身”的凄惨后果。

有一位佛教信徒，去找无为禅师，以求开示。

这位佛教信徒走到无为禅师的面前恭敬地说：“大师，我听人说三界唯心，

天堂地狱唯心所造。我天天都在冥想天堂地狱，以图日后认得。大慈大悲的禅师啊，请给我开示吧。”

无为禅师说：“好，善心的施主，我就教你一个观察天堂和地狱的方法吧。”

于是，无为禅师拿来一桶清澈的水叫信徒观察。这位信徒一而再、再而三地观察，什么也没有观察出来，实在是不得其奥。就在此刻，禅师把信徒的头死死按入水中。信徒无法呼吸，在水里挣扎，出于求生的本能，最后奋力争脱。

死里逃生的信徒指着神情冷漠的无为禅师愤怒地骂道：“你竟然如此恶毒，我简直就像是进了地狱!”

神情冷漠的无为禅师收起了冰冷的表情，露出和颜悦色：“正是正是，现在感觉如何?”

信徒此刻已受禅师感染，和悦如初，信口答道：“如临天堂。”

无为禅师正色开示道：“心生恶念，出语伤人，则心作地狱；和颜悦语，心存爱意，正直真诚，则心作天堂。你喜怒无常，一天之中在天堂与地狱之间不知往返多少个轮回。何去何从，你好自为之。”

信徒五体投地，叩谢顶礼而退。

天堂与地狱，只在人的一念之中。心有善念，可入天堂；心存恶念，坠入地狱。天堂与地狱只有一线之隔。愤怒和暴躁的情绪常常会引人走入地狱，而安详、平静的情绪却可以将人送入天堂。

一个人没有过失是不可能的，如果他每天都能反省并且成为一种习惯，那么，他将是过失最少的人，也可以相信他是天下最完美的人。反省是一面镜子，反省是一剂良药，反省是所有美德中最值得珍视的美德，拥有反省也就意味着拥有完美。

**【当下启示】**

私心杂念和道德伦理并存是很矛盾也是很困难的，人必须拿出毅力和恒心控制自己的私心杂念，并且当机立断地把这种欲念扭转到合乎道德的路上。这个扭转只能在平时注意磨炼自己，那才可能操之在我。一念之间上可登天堂下可堕地狱。人不能总是到事后才悔恨自己，当生机在握时，决不可轻易放过。

# 贪念害己——一念贪私，害了一生

**【原典重现】**

人只一念贪私，便销刚为柔，塞智为昏，变恩为惨，染洁为污，坏了一生人品。故古人以不贪为宝，所以度越一世。

**【译文释要】**

人只要有一丝贪图私利的念头，那么就会由刚直变为柔弱，由聪明变为昏庸，由慈善变为残忍，由高洁变为污浊，这样就损坏了他一生的品格。所以古人将没有贪念作为修身的宝贵品质，就是为了超越这个物欲的时代。

**【谈古说今】**

就字义而言，“贪”是得到而不知足的意思，有句俗谚说“人心不足蛇吞象”，一个心有贪念的人，胃口只会愈来愈大，敛取的手段也会愈加胆大妄为。至于“忠孝节义”早已抛到九霄云外去了，哪里还有什么羞耻之心可言？若落得锒铛入狱、身败名裂的下场更是不足为奇。

古人有言：“无欲则刚。”一个人如果心起贪念、利欲熏心，就必然不能保持操守，严守正道；继而就会徇私枉法，穷奢极欲；最终必定会声名扫地，为世人所唾弃。心里只要一起贪念，就没有什么事情做不出来。自古以来，为了满足贪欲而不惜丧节败德者不胜枚举。

人生一世，有的人能够坚持自己的主见，恪守自己的操行，排除外界的干扰和诱惑，不为外物所役，不被名利所困；有的人或追名逐利，或贪赃枉法，或晚节不保，最后落得身陷囹圄，悔恨终生。

在中国戏曲中，有一出经典的剧目《铡美案》，讲的是宋代的时候，有一个叫

陈世美的人，虽然家境贫寒但与妻子秦香莲恩爱和谐。经过十年的寒窗苦读，陈世美进京赶考，中状元后被仁宗招为驸马，由于他贪恋功名富贵，没有说出自己家中已有妻儿。后来，秦香莲久无陈世美的音讯，便携子上京寻夫，但陈世美不肯与其相认，并派韩琪半夜追杀。韩琪不忍下手只好自尽以求义，秦香莲反被误为凶手抓入监狱。在陈世美的授意下，秦香莲被发配边疆，半途中官差奉命想要杀她灭口，幸好为路过的展昭所救。

展昭得知事情经过之后，告知了当时的开封府尹包拯。包拯于治陈世美之罪却苦无证据。而陈世美此时又假意接秦香莲回府，以儿子逼迫秦香莲在休书上盖印。展昭至陈世美的家乡寻得人证祺家夫妇，不料半途上祺大娘死在杀手的刀下。后来，包拯终于找得人证物证，想要定陈世美之罪，公主与太后得知后皆赶至阻挡，但包拯终不让步将陈世美送上了龙头铡。

这虽然只是一个戏曲故事，但是陈世美因为贪图荣华富贵而抛弃妻子，甚至不惜杀人灭口，最终令自己丢了性命。品行的修养是一生一世的事，艰苦而又有些残酷，尤其古人对品行有污染者很不愿意原谅。

**【当下启示】**

为人绝对不可动贪心，贪心一动良知就自然泯灭，良知泯灭就丧失了正邪观念，正气一失，其他就随意而变了。生活中一些人抵不住“贪”字，灵智为之蒙蔽，刚正之气由此消除。在商品社会，许多人经不住贪私之诱，以身试法，“不贪”真应如利剑高悬才对，警世而又可以救人。

# 彼爵我义——一切唯心造，自力创造非他力

**【原典重现】**

彼富我仁，彼爵我义，君子故不为君相所牢笼；人定胜天，志一动气，君子亦不受造物之陶铸。

**【译文释要】**

别人拥有富贵我拥有仁德，别人拥有爵禄我拥有正义，如果是一个有高尚心性的正人君子，就不会被统治者的高官厚禄所束缚；人的力量一定能够战胜自然力量，意志坚定可以发挥出无坚不摧的精气，所以君子当然也不会被造物者所局限。

**【谈古说今】**

南宋末的太学上舍郑思肖在元兵南下时，上疏直谏，痛陈抗敌之策，被拒不纳。宋亡后，他改字忆翁，号所南，以示不忘故国。他还将自己的居室题为“本穴世界”，拆字组合，将“本”字之“十”置于“穴”中，隐寓“大宋”二字。他善画墨兰，宋亡后画兰都不画土，人问其故，答曰：“地为人夺去，汝犹不知耶?”郑思肖曾在《画菊》写到：“花开不并百花丛，独立疏篱趣无穷。宁可枝头抱香死，何曾吹落北风中?”这首诗写出了菊花宁愿枯死枝头，决不被北风吹落的傲骨，表达了自己坚守高尚节操，宁死也不肯向元朝投降的决心。

孟子曰：“富贵不能淫，贫贱不能移，威武不能屈，此之谓大丈夫。”意思就是说，高官厚禄收买不了，贫穷困苦折磨不了，强暴武力威胁不了，这就是所谓的大丈夫。

正如在《庄子·杂篇·则阳》中所描述的圣人那样：“故圣人其穷也，使家人忘其贫；其达也，使王公忘爵禄而化卑；其于物也，与之为娱矣；其于人也，乐

物之通而保己焉。故或不言而饮人以和，与人并立而使人化，父子之宜。彼其乎归居，而一闲其所施。其于人心者，若是其远也。”意思是说，圣人，他们潜身世外能使家人忘却生活的清苦，他们身世显赫能使王公贵族忘却爵禄而变得谦卑起来。对于外物，他们与之各谐欢娱；对于别人，他们乐于沟通，混迹人世而又能保持自己的真性；有时候一句不说也能用中和之道给人以满足，跟人在一块儿就能使人受到感化。父亲和儿子都各得其宜，各自安于自己的地位，而圣人完全是清虚无为地对待周围所有的人。圣人的想法跟一般人的心思，相比起来差距很远。

管宁是三国时期的名士，他不慕名利，在拒绝了公孙瓒授予的高位后，还谢绝了公孙瓒的挽留，不住公孙瓒为他准备好的华丽住宅，而决定到人迹罕至的深山定居度日。当时，来到辽东避难的士民百姓多居住在辽东郡的南部，以随时关注中原局势，准备在中原安定之后，返回故乡。独管宁定居于辽东北部深山，以表明终老于此地，不复还家之志。他在入山之初，居住在临时依山搭建的草庐之中。然后，马上着手凿岩为洞，作为自己的永久居室。

管宁道德高尚，名闻遐迩。他在深山定居不久，许多仰慕他的人都追随他而到山中垦辟田地谋生。不久，在管宁定居的地方，居然鸡鸣狗叫，人烟稠密，自成邑聚。

管宁是笃信好学守死善道的儒生。他以为无论何时何地，都应该按照儒学礼制规范人们的言行。因而，在他的周围聚集了众多的避难者之后，他就向人们宣讲《诗经》、《尚书》等儒家经典的深奥内涵，并有陈设俎豆，饰威仪，讲礼让。他自己则身体力行，以高尚的道德感化民众。在他们居住的深山中，地下水位很低，凿井不易。仅有的一口水井又很深，汲水困难。因此，每当打水人多的时候，总是男女错杂，有违儒家礼制。有时，还发生因争先恐后而吵闹以至械斗之事。管宁看在眼里，忧在心中。于是，他自己出钱买了许多水桶，命人悄悄地打满水，分置井旁，以待来打水的人。那些年轻气盛的粗莽壮汉，见到井边常有盛得满满的水桶排列整整齐齐，个个惊奇万分。他们终于听到是管宁为避免邻里争斗而为之，不由得反躬自省而羞惭万分，遂各自责，相约不复争斗。从此之后，邻里和睦，安居乐业。

有一次，邻居家的一头牛，践踏管宁的田地，啃吃田中的禾苗。管宁没有把牛打跑，怕无人管束的牛被山中野兽咬死。他命手下人把牛牵到荫凉之处，饮水喂食，照料得比牛的主人还要细心。牛主失牛之后，到处寻找牛的下落。当他看到自己的牛非但没有被殴打，而且受到无微不至的照料。十分愧疚，千恩万谢地离去了。就这样，管宁以自己宽容礼让的节操感化了周围的民众。他的名声也传遍了辽东郡。原本因管宁不愿与自己合作而心怀不满，进而又对其来意疑虑重重的公孙瓒，也理解了管宁隐居求志的初衷，长舒了一口气，放下心来。

遵从大义，相信自我，一个有为的人理应锻炼自己的意志，开阔自己的心胸，铸造自己的人格，不为眼前的名利所累，把眼光放得长远。具有了人定胜天的气概，广阔天地任我驰骋。

**【当下启示】**

一个活得洒脱的人，不应为身外物所累，不受富贵名利的诱惑，具有高风亮节的君子，胜过争名夺利的小人的一个重要因素，在于君子保持自我的人格和远大的理想，超然物外，不为任何权势所左右，甚至连造物主也无法约束他。所以佛家才有“一切唯心造，自力创造非他力”一语。

# 同功相忌——欲为大事者要看透世俗之利

【原典重现】

当与人同过，不当与人同功，同功则相忌；可与人共患难，不可与人共安乐，安乐则相仇。

【译文释要】

应该有和别人共同承担过失的雅量，不可有和别人共同享受功劳的念头，共享功劳就会引起彼此的猜疑；应该有和别人共同渡过难关的胸怀，不可有和别人共同享受安乐的心思，共享安乐就会造成互相仇恨。

【谈古说今】

人为什么只有在患难之中才会团结互助呢？那是因为在有过之时盼望别人的原谅，在病中、在弱时盼望别人的同情，但是等到他一旦得势、强健时便忘乎所以。所以人生在世要勿争，争就会陷入一种自寻的烦恼之中，不争则是与人相安的一种方式。

从古到今，能够同享安乐共受富贵的例子不多，倒是君臣猜杀、兄弟相煎、父子干戈的例子俯拾皆是，争杀的原因大都是为了富贵、安乐而相仇。想想人生在世，不过短短数十寒暑，争名夺利的结果，到头来也不过是黄土一堆而已。谁都知道这个道理，所谓“旧时王谢堂前燕，飞入寻常百姓家”，功名富贵恰似过眼云烟，偏偏是当局者迷，不见棺材难以清醒。

相传越王勾践自从会稽解围之后，打算让范蠡主持国政，自己亲自去吴国屈事夫差。范蠡说：“对于兵甲之事，文种不如我；至于镇抚国家、亲附百姓，我又不如文种。臣愿随大王同赴吴国。”勾践依议，委托文种暂理国政，自己携带妻子和大臣范蠡前往吴国。

在吴国，范蠡朝夕相伴，随时开导，并为之出谋划策。

越王勾践与范蠡等人在吴国拘役三年，终于勾践七年(公元前 491 年)回国。勾践问复兴越国之道，范蠡作了极其精辟的论述，其要义在于：尽人事、修政教、收地利。在这条方针指引下，越国渐渐富强起来，以后又开始了同吴国的争夺，越来越占据上风。

勾践二十四年(公元前 473 年)，吴王夫差势穷力尽，退守于姑苏孤城，再派公孙雄袒身跪行至越国军前，乞求罢兵言和。

不久，越军灭吴。勾践封夫差于甬东(会稽以东的海中小洲)一隅之地，使其君临百家，为衣食之费。夫差难受此辱，惭恨交加。于是，以布蒙面，伏剑自杀。

灭吴之后，越王勾践与齐、晋等诸侯会盟于徐州(今山东滕县南)。当此之时，越军横行于江、淮，诸侯毕贺，号称霸王，成为春秋、战国之交争雄于天下的佼佼者。范蠡也因谋划大功，官封上将军。

灭吴之后，越国君臣设宴庆功，群臣皆乐，勾践却面无喜色。范蠡察此微末，立识大端。他想：越王勾践为争国土，不惜群臣之死；而今如愿以偿，便不想归功臣下。常言道：大名之下，难以久安。现已与越王深谋二十余年，既然功成事遂，不如趁此急流勇退。想到这里，他毅然向勾践告辞，请求隐退。

勾践面对此请，不由得浮想翩翩，迟迟说道：“先生若留在我身边，我将与您共分越国，倘若不遵我言，则将身死名裂，妻子为戮！”政治头脑十分清醒的范蠡，对于宦海得失、世态炎凉，自然品味得格外透彻，明知“共分越国”纯系虚语，不敢对此心存奢望。他一语双关地说：“君行其法，我行其意。”

事后，范蠡不辞而别，带领家属与家奴，驾扁舟，泛东海，来到齐国。范蠡一身跳出了是非之地，又想到风雨同舟的同僚文种曾有知遇之恩，遂投书一封，劝说道：“狡兔死，走狗烹；飞鸟尽，良弓藏。越王为人，长颈鸟喙，可与共患难，不可与共荣乐，先生何不速速出走？”

文种见书，如梦初醒，便假托有病，不复上朝理政。不料，樊笼业已备下，再不容他展翅起飞。不久，有人乘机诬告文种图谋作乱。勾践不问青红皂白，赐予文种一剑，说道：“先生教我伐吴七术，我仅用其三就已灭吴，其四深藏先生胸中。先生请去追随先王，试行余法吧！”要他去向埋入荒冢的先王试法，分明就是赐死。再看越王所赐之剑，就是当年吴王命伍子胥自杀的“属镂”剑。文种至此，一腔孤愤难以言表，无可奈何，只得引剑自刎。

范蠡在越王勾践最困难的时候不离不弃，却在帮助勾践复国之后选择隐退，得以保全性命而文种却因为醒悟的晚而丢掉了性命。这只是自古以来可共患难不可共富贵的其中一例。

【当下启示】

社会是由各色人等组成。境界高的人，大多都是吃苦在先、享受在后，与人同过而不同功。而我们应该学习的、努力做的就应当是这种人。

# 急流勇退——悬崖撒手，全身而退

**【原典重现】**

谢事当谢于正盛之时，居身宜居于独后之地。

**【译文释要】**

急流勇退应当在事情正处于巅峰的时候，这样才能命名自己有一个完满的结局，而处身则应在清静、不与人争先的地方，这样才可能真正地修身养性。

**【谈古说今】**

对于名利权势，不同的人态度不同。有的人很明智，知道权势不一定能够给人带来幸福，所以不去争权夺势，而是忍耐住自己对权利的渴望，在事业成功时全身而退。

急流勇退是功德圆满的一种方式，知道这个道理的人不少，自觉做到这一点的人却不多。一个大人物要想使自己的英名永垂不朽，必须在自己事业的巅峰阶段勇于退下来。做事业需要意志，退下来同样需要意志。任何事都存在物极必反的道理，随着事业环境的变化，以及人自身能力的限制，自身作用的发挥必须随之而变。江山代有才人出，并不是官越大，表明能力越强；权越大，功绩越丰。不论大人物、小人物，作用发挥到一定程度就要知进退。退不表明失败，主动退正是人能自控、善于调整自己的明智之举。

西汉张良，字子孺，号子房，小时候在下邳游历，在破桥上遇到黄石公，替他穿鞋，因而从黄石公那儿得到一本书，是《太公兵法》。后来追随汉高祖，平定天下后，汉高祖封他为留侯。张良说道："凭一张利嘴成为皇帝的军师，并且被封了万户子民，位居列侯之中，这是平民百姓最大的荣耀，在我张良是很满足

了。愿意放弃人世间的纠纷，跟随赤松子去云游。”

张良的祖先是韩国人，伯父和父亲曾是韩国宰相。韩国被秦灭后，张良力图复国，曾说服项梁立韩王成。后来韩王成被项羽所杀，张良复国无望，重归刘邦。楚汉战争中，张良多次计出良谋，使刘邦险中转胜。鸿门宴中，张良以过人的智慧，保护了刘邦安全脱离险境。刘邦采纳张良不分封割地的主张，阻止了再次分裂天下。与项羽和约划分楚河汉界后，刘邦意欲进入关中休整军队，张良认为应不失时机地对项羽发动攻击。最后与韩信等在垓下全歼项羽楚军，打下汉室江山。

公元前201年，刘邦江山坐定，册封功臣。萧何安邦定国，功高盖世，列侯中所享封邑最多。其次是张良，封给张良齐地三万户，张良不受，推辞说：“当初我在下邳起兵，同皇上在留县会合，这是上天有意把我交给您使用。皇上对我的计策能够采纳，我感到十分荣幸，我希望封留县就够了，不敢接受齐地三万户。”张良选择的留县，最多不过万户，而且还没有齐地富饶。

张良回到封地留县后，潜心读书，搜集整理了大量的军事著作，为当时的军事发展，作出了重要的贡献。

张良能够“运筹帷幄之中，决胜千里之外”，为刘邦完成统一大业奠定了基础。在认为自己的个人目标已达到之时，又能够通达事理，把功名等同于身外之物，急流勇退而自请告退，去过与世无争的生活，是一种明智的做法。

**【当下启示】**

一个人想要退隐不再过问世事，应该在事业的顶峰阶段急流勇退，因为只有这样才能使自己获得圆满的结局；一个人平时居家度日，最好就是住在一个与世无争的地区，因为这样一来才能收到修身养性的实效。

# 何争名利——“不争”和“无求”帮你远离烦恼

**【原典重现】**

石火光中争长竞短，几何光阴？蜗牛角上较雌论雄，许大世界？

**【译文释要】**

在电光石火般短暂的人生中较量长短，又能争到多少的光阴？在蜗牛触角般狭小的空间里你争我夺，又能夺到多大的世界？

**【谈古说今】**

人的生命在历史的长河中只是短暂的一瞬，如何使短暂的人生过得幸福而有意义，应该是每个人都值得关注的重大话题。胸怀豁达的人能够在淡泊名利、不争不夺，奉献爱心，宽厚温和中轻松愉快的生活；而狭隘自私的人却会在争狭利、斤斤计较、嫉妒相争，贪婪无度中烦躁难安的度日。

斗胜争强、求名夺利意义何在？如此就会生活得更好吗？苏东坡说：“西望夏口，东望武昌，山川相缪，郁乎苍苍，此非孟德之困于周郎者乎？方其破荆州，下江陵，顺流而东也，舳舻千里，旌旗蔽空，酾酒临江，横槊赋诗，固一世之雄也，而今安在哉！”

“石火光中争长竞短，几何光阴？蜗牛角上较雌论雄，许大世界？”这段话就是告诉人们人生短暂，不要过于争强斗胜，夺名求利；而且，人们所处的空间本来就狭小，争来斗去又能得到多少？如果硬是好争好斗，将会丢失生命里和谐、爱心、快乐等十分珍贵的东西，那还有什么意义呢？弄不好还会使自己斗倒在万劫不复的深渊中。

冯异，字公孙，东汉开国“云台二十八将”之一。在刘秀统一天下的过程中，任征西大将军，为刘秀平定关中立有大功。冯异从不与人争功，征战间隙，诸将

常常聚在一起聊天，话题无非是自述战功。每当众将争功论能之时，冯异总是一个人默默地躲到大树下面。时间久了，士兵们都称他是“大树将军”。

冯异从不以功自居，坚守旧有的正道，是终保荣华平安的一个原因。所以，在下者对在上者，切忌以功自居，保持低调才能有所大成，这就是人生的辩证法。

惠子，名施，是战国时的政治家、辩客和哲学家。惠子在梁国当宰相的时候，有一次，他的朋友庄子前去看望他。惠子与庄子二人之间的友情一向都很深厚，但是在庄子来了以后，有人私下里对惠子说：“庄子这次前来，是想要取代您宰相的位置，您一定要小心点！”

惠子一听，便开始担心了，生怕被庄子抢去相位，因而决定先下手为强，派人捉拿庄子，以除后患。谁知，他在全国搜捕了三天，都没有发现庄子的影子。当惠子终于放下心来依旧当他的宰相时，庄子却前来求见。原来庄子并没有逃走，只是藏了起来。

庄子见到惠子时，对他说：“南方有一种名叫鸩的鸟，您应该听说过吧。据说，那鸩是凤凰一类的鸟。它从南海飞到北海，不是梧桐就不栖身，不是竹子的果实就不吃，不是甘美的泉水就不喝。就在这时，一只老鹰抓到了一只腐烂的死老鼠，鸩从它的身边走过，老鹰便紧张起来，发出‘吓’的怒斥声。老鹰把死老鼠抓得更紧了。”庄子说到这，抬起头看着惠子说道：“难道现在你想用你的梁国相位来威吓我吗？”

听完了庄子的话，惠子面红耳赤，不知说什么好。

庄子所讲的故事里的鸩比喻的是志向高洁之士。鹰比喻的是醉心利禄猜忌君子的小人。庄子将自己比作鸩，将惠子比作是鹰，把功名利禄比作腐鼠，表明了自己是一个有远大理想，不稀罕功名利禄的人。

**【当下启示】**

人处于世间，如果能从宇宙和用历史的眼光来看待人生，就会深感人生之渺小，生命之短暂。过于好争长短，逞强好胜，在为人处世中必定会丧失许多和气，结下许多怨恨，而且到头来也争不到什么东西。想远离烦恼，“不争”和“无求”便是最佳之妙法。因而，生活中的人们应当多一分谦让，少一分嫉妒与争斗。相争相斗，不仅最终得不到什么，相反，还会流失掉生命中许多珍贵的东西，如情感、友谊、轻松、快乐乃至生命。

# 知足则仙——心足身亦足

**【原典重现】**

都来眼前事，知足者仙境，不知足者凡境；总出世上因，善用者生机，不善用者杀机。

**【译文释要】**

对于每天的现实生活，能够知足的人感到生活在仙境，而不知满足的人就只能始终处在凡俗的世界；总结世上的一切事物发生发展的原因，善于运作的人，就能创造机运，不善运作的人，就处处陷入危机当中。

**【谈古说今】**

《庄子·让王》中有这样一段记载：

魏公子牟对瞻子说：“我虽身居江湖之上，心思却常留在宫廷中，怎么办呢?”瞻子说：“这就需要看你重生命，重视生命的存在也就会看轻名利。”公子牟说：“虽然我知道这个道理，可是总不能抑制住自己的感情。”瞻子说；“不能约束自己的感情就听其自然放任不羁，这样你的心神会不厌恶对于宫廷生活的眷念吗? 不能自己管束自己而又要勉强地管束自己，这就叫做双重损伤，心神受到双重损伤的人，就不会是寿延长久的人了。”

魏牟是魏国的公子，他在山岩洞穴中隐居，比起平民百姓来就难为得多了，虽然还未能达到体悟大道的境界，也可说是有了体悟大道的心愿了。

要想真正享受人生乐趣，应当有知足常乐的思想。所以，老子说：“知人者智，自知者明；胜人者有力，自胜者强；知足者富，强行者有志；不失其所者久，死而不亡者寿。”人的有限生命应该用到对人类有益的事业中去，在这样的事业

中去发挥才智，展现能力，比起那些在功名富贵中拼杀的人来说，真不知要强过多少倍。

樊重，字君云，东汉时南阳人家中世代善于耕种，收益颇丰。他喜欢经商，人很温和、厚道，做事也很守规矩。三代人居住在一起，共享家产，家庭和睦，儿子、孙儿都能尊老敬贤，很懂礼仪。他们经营产业，不奢靡，不浪费，家里雇佣的童子、奴婢、仆人都各司其职，也都各有所得，所以全家上下能够团结一心，共同生产，收获也年年增长，后来土地达到300多顷。他们家造的房子，都是有几进的厅堂，高高的屋檐，很气派。这之后又养鱼放牧，完全能够自给自足。有一次他家打算做漆器等物品，就先种了许多樟树和漆树，当时乡里的一些人都嘲笑他们，他们也不争执，过了几年，这些树木成材了，都派上了用场。过去那些讥讽他们的人，由于自己没有就都跑来求借，樊重便一一借给他们，备受邻人的称赞。等到家财万贯，富甲乡里了，他就对乡里宗族以及乡亲们进行救济，供养那些贫困的人。

有一次樊重的外孙兄弟俩，发生了争执，而且对簿公堂。樊重认为因为财产就不念手足之情，不顾兄弟情义，实在是可耻的，于是从自己的田产中拿出良田二顷，分给他们兄弟，解除了他们兄弟之间的争讼。县里乡亲都赞扬樊重，推举他担任掌教化的乡官。樊重一直活了80多岁，去世的时候留下遗命给他的儿子们，让他们把多年以来乡亲邻人所借贷的数百万的文契全部焚烧掉，不用再让他们偿还。那些曾向樊家借过债的人听说此事以后，都觉得非常惭愧，都争着到樊家来还钱，但樊重的儿子们遵从父命，一概不收。

道德高深的人，奉行大道，因而不以一时一事的得失为重；得道乐天，因而不以功名利禄为务，看破世情，悟彻事理，因而持性任重，知足常乐。这样的人，得乐能乐，苦中也能乐。

**【当下启示】**

上文中所谓的知足，意思应该是对物质生活的满足。人若追求物质上的享受如同对真理的追求一样永无止境，那么久永远感觉不到现在拥有的快乐。如果一个人能够对自己的物质生活感到知足，即便是粗茶淡饭也是一样的幸福。

# 逃避名声——才华不可外露

**【原典重现】**

矜名不如逃名趣，练事何如省事闲。

**【译文释要】**

炫耀名声还不如逃避名声更有趣味，练达世事也不如多省一事来得悠然自得。

**【谈古说今】**

自污声誉、气节，是躲避灾祸的有效手段。作为皇帝，他不仅怕大臣的权力超过他，也怕大臣的名声超过他。作为臣子，你贪一点儿、“色”一点儿都不要紧，千万不要有贤名，不要有实力。

战国末年秦王政准备吞并楚国，继续他统一中国的大业，他召集大臣和将领们商议此事。作战英勇的青年将领李信，在攻打燕国的时候，曾率数千秦军击溃了数万燕军，逼得燕王姬喜走投无路，只好杀了专与秦王政作对的太子姬丹，向秦王谢罪求和。秦王政想让李信做灭楚的秦军统帅，就问李信，攻灭楚国需要多少军队，气宇轩昂的李信不假思索地说：“有大王的英明决策，挟秦军胜利之师的雄威，灭楚 20 万军队足矣。”

秦王政听了，暗暗称赞李信果然是个少年英雄，有万丈豪气。因事关重大，想再听听他人的意见。他目光掠过群臣，最后停在老将王翦脸上，徐徐问道：“王将军，你的意见呢?”

王翦久经沙场，身经百战，追随秦王多年，十分了解他的心性和为人，见秦王政听了李信的话后面露喜色，就知道他有轻敌之心。但这等大事是不能阿谀讨好的，于是王翦神色凝重地对秦王政说：“大王，楚国原是个幅员数千里、军队数百万的大国，这些年来，楚国虽屡遭挫折，但一来其实力仍十分可观，二来楚人十分仇视秦国，楚军与秦军作战时，士卒凶悍不畏死。所以，仅20万人去攻打楚国是远远不够的。依臣之见，灭楚非60万大军不可。”

秦王政听了，对王翦的见解感到失望。于是，秦王派李信率20万军队去攻打楚国。

王翦料定李信必败，秦王政现在虽听不进他的意见，将来一定会采用。不过秦王政现在既已认为自己老朽无能了，如果继续赖着不走，恐怕会被秦王政随意找个罪名，加以罢斥，弄不好还会丢失性命。他马上告病辞官，回老家休养去了。

果然不出王翦所料，李信带领20万秦军攻打楚国，被楚军连破二阵，李信率残部狼狈逃回秦国。

秦王政盛怒之下，把李信革职查办。秦王政毕竟是一代枭雄，他后悔当初自己轻率，随即下令备车驾，亲自去王翦的家乡，请王翦复出，带兵攻楚。

秦王政见到王翦，恭恭敬敬地向王翦赔罪，说：“上次是寡人错了，没听王将军的话，轻信李信，误了国家大事，为了一统天下的大业，务必请王将军抱病出马，出任灭楚大军的统帅。”

王翦并没有因秦王政的赔罪而忘乎所以，他冷静地说：“我身受大王的大恩，理应誓死相报，大王若要我带兵灭楚，那我仍然需要60万军队，楚国地广人众，他们可以很容易地组织起100万军队，秦军必须要有60万才能勉强应付。少于此数，我们的胜算就很小了。”

秦王政连忙赔笑说：“寡人现在是唯将军之计是从。”随后征集60万军队交给王翦指挥，出兵之日，秦王政亲率文武百官到灞上为王翦摆酒送行。

饮了饯行酒后，王翦向秦王政辞行。秦王政见王翦唇齿翕动，似有话要说，赶忙问道：“王将军心中有何事？不妨对寡人讲一讲”。王翦装出一副惶恐的样子说：“请大王恩赐些良田、美宅与园林给臣下。”

秦王政听了，有些好笑，说：“王将军是寡人的肱股之臣，日下国家对将军依赖甚重，寡人富有四海，将军还担心贫穷吗？”

王翦却又分辩了几句：“大王废除三代的裂土分封制度，臣等身为大王的将领，功劳再大，也不能封侯，所指望的只有大王的赏赐了。臣下已年老，不得不为子孙着想，所以希望大王能恩赐一些，作为子孙日后衣食的保障。”秦王政哈哈大笑，满口答应："好说，好说，这是件很容易的事，王将军就此出征吧。"

自大军出发至抵秦国东部边境为止，王翦先后派回五批使者，向秦王政要求：多多赏赐些良田给他的儿孙后辈。

王翦的部将们都认为他老昏头了，胸无大志，整天只想着替儿孙置办产业。面对众人不理解，王翦说："你说得不对，我这样做是为了解除我们的后顾之忧。大王生性多疑，为了灭楚，他不得不把秦国全部的精锐部队都交给我，但他并没有对我深信不疑。一旦他产生了疑念，轻者，剥夺我的兵权，这将破坏了我们灭楚的大计；重者，不仅灭楚大计成为泡影，恐怕我和诸位的性命也将难保。所以，我不断向他要求赏赐，让他觉得，我绝无政治野心。因为一个贪求财物，一心想为子孙积聚良田美宅的人，是不会想到要去谋反叛乱的。"秦王政果然因此而相信王翦没有异心，放心让他指挥60万大军，发动灭楚战争。仅用了一年多时间，王翦就攻下了楚国，俘虏了楚王熊负刍，兼并了秦国最大的对手楚国。

面对自己的正确意见不能被采纳，老将王翦不是气愤不已，而是忍对受他人的误解嘲笑，韬光养晦，不去计较。等到秦王重新启用他的时候，王翦为打消秦王政的疑心，不惜自损其名，伸手向秦王要求赏赐，使部将以为他老昏了头，却使秦王更加深信他不会造反，从而全力支持他对楚作战，继而使自己无后顾之忧，一举灭楚。

**【当下启示】**

为人处世，炫耀自己的名声容易惹来别人的不满和猜疑。而自污声誉、气节，有的时候反倒是躲避灾祸的有效手段。纵观古今历史，为臣者不可名高盖主，除非是有野心、有实力取君王而代之。因而自古就有"君子盛德，容貌若愚"的说法，意思就是说人的才华不可外露，而应该深明韬光养晦之道，才不会招致世俗小人的嫉恨。一个愚钝之人本身无所谓隐，一个修省的人隐居不是逃脱世俗，不过是在求得一种心理平静而已，故逃名能够省事以得安闲。

# 贪无二致——智者懂得有利则必有害

**【原典重现】**

烈士让千乘，贪夫争一文，人品性渊也，而好名不殊好利；天子营家国，乞人号饔飧，分位霄壤也，而焦思何异焦。

**【译文释要】**

行为刚烈的义士可以将千乘之国礼让于人，贪求无厌的人却为一文钱而争夺，这两种人的品格有天壤之别，但义士好名的心理和贪财人好利的心理并没有什么区别；天子掌管国家大事，乞丐沿街要饭，这两种人的身份、地位有天壤之别，但天子思虑国家事务的忧愁和乞丐求食物的急切却没有什么区别。

**【谈古说今】**

凡事有利则必有害。何为利？利不仅是经商做买卖，赚取的利益是利；以私灭公，只要自己方便，不顾他人利益、损害社会利益的行为都是只顾一己之私的利。它不仅危害社会，同时也是害了自己。利和义之间的区别是很明显的，但是利与害之间的相互转化则是非常微妙的。

利是人们喜爱的，害是人们都畏惧的。但是利就像是害的影子一样，形影不离，所以应当躲避。贪求小利而忘了大害，就如同染上绝症而难以治愈。毒酒装满酒杯，好饮酒的人喝下去会立刻丧命，这是因为只知道喝酒的痛快而不知其对肠胃的毒害。遗失在路上的金钱自有失主，爱钱的人贪取而被抓进监牢，这是因为只知道看重金钱的取得而不知将受到关进监牢的羞辱。用羊引诱老虎，老虎贪求羊而落进猎人设下的陷阱；把诱饵扔给鱼，鱼贪饵食而忘了性命。

人们大都喜欢名利，成名使人有成就感，精神振奋。得利能够使人有满足感，心情愉悦。一般的情况下，人们也惧怕灾难，灾难令人感情痛苦，心智受到损害。

所谓趋利避害是人的共同心理，无论是君子或是小人，在这一点上其实都是一样的，只不过追求名利、逃避灾害的方式不同罢了。愚蠢不知事理的人总是被眼前微小的利益所迷惑而忘记了其中可能隐藏的大灾祸，只见利而不见害。

因此，聪明智慧的人看到名利，就考虑到灾害；愚蠢的人看到名利，就忘记了灾害。考虑到了灾害，灾害就不会发生；忘记了灾害，灾害就会出现。

唐建中二年（公元781年），成德李惟岳、淄青李正己、魏博田悦与山南东道梁崇义四镇节度使联兵叛唐，形成“四镇之乱”。唐德宗李适下令调集兵马平叛。唐河东（今山西永济蒲州一带）节度使马燧、昭义（今山西长治一带）节度使李抱真、神策先锋李晟两次大破田悦军。田悦收拾残兵，逃回魏州（魏博的治所），守城自保。马燧兵围魏州，但久攻不克。朝廷派马燧等军进击田悦的同时，命幽州留后朱滔攻成德李惟岳军。李惟岳大败，逃回恒州（今河北正定）。部将王武俊杀李惟岳，投降朝廷。山南东道梁崇义、淄青李讷（时李正己已死，其子李讷统领军务）也都被朝廷派兵战败。梁崇义投水而死，李讷上书朝廷，请求悔过自新。整个平叛战局对朝廷很有利。官军一时取胜，进剿有功的节度使都争封地。王武俊和朱滔认为朝廷分封不均，心怀不满，被困在魏州的田悦得知后，遣使前往离间。朱滔、王武俊素有异志，三方一拍即合，于是三镇联合叛唐。建中三年初夏，朱滔、王武俊率军救援魏州田悦。朱、王两支兵马抵达魏州时，魏人欢声雷动，田悦备酒肉出迎。第二天，朝廷派来增援马燧的朔方（今宁夏灵武一带）节度使李怀光，率步骑一万五千人也赶到魏州城外，马燧领将士列队欢迎。

朱滔见李怀光率军来支援马燧，立即出阵。李怀光有勇无谋，想乘朱滔、王武俊二军营垒未立就挥师出击。马燧建议说：先让将士休息一下，待敌情观察清楚后再战。李怀光刚愎自用，对马燧说：“等对方立成营垒，后患无穷，不可错过现在的大好时机。”于是挥军出战。两军接战，李怀光军勇猛冲杀，斩杀叛军步卒千余人，朱滔引兵败退。李怀光骑在马上观望，骄矜自得，任凭士卒们冲入朱滔军营争掠财物。这时，王武俊率两千名骑兵突然横冲过来，把李怀光军一截为二。朱滔亦引兵反击。李怀光军大败，被逼入永济渠（今卫河）溺死，互相挤踏而亡者不可胜数，尸积永济渠，渠水为之断流。马燧欲出兵相救已不及，急忙命令本军严密守住营垒，才免于与李怀光军同时溃败。当晚，叛军又放水截断官军粮道和退路。第二天，道中水深三尺，官军被困。马燧大惊，被迫派人向朱滔等婉言求和，保证遣还诸节度使军权，并向唐皇保奏，让朱滔统辖整个河北。官军撤兵后，十一月，朱滔、王武俊、田悦宣誓结盟，推朱滔为盟主，称冀王，田悦称魏王，王武俊称赵王，李讷称齐王。唐廷这次平叛遂彻底失败。

由于见利而不见害，李怀光败于魏州，这就是不能忍于利的诱惑而失败的事例。

**【当下启示】**

自古至今只有能明事非、辨利害，才能忍耐住自己的本性，才能见利思害。做到这一点，是很不容易的。要兴利除害，趋利避害，也必须要有忍耐的精神才能办到。人生能有几何，不到百年时光；天地是暂居的旅店，光阴是永远的过客。如果不自警觉，一味纵情取乐，就会乐极生悲，像秋风过后的草木零落一般。

# 木石之心——不要被欲望牵引的太深

【原典重现】

讲德修道，要个木石的念头。若一有欣赏，便趋欲境；济世经邦，要段云水的趣味，若一有贪著，便坠危机。

【译文释要】

增进品德，磨炼心志，需要有坚定不移的意志。如果生有羡慕花花世界的念头，便会步入贪欲的境地；济助社会，治理天下，须拥有行云流水般的畅达情怀，如果心存贪图荣华富贵的欲望，便会坠入危机的深渊。

【谈古说今】

古人修身养性讲究心定，不为外物所扰，排除一切的私心杂念，就像木石一样。木和石都是既无欲望亦无感情之物，故而能够不会落入物欲的困扰。恒心守志，意向坚定，是成熟的标志，是自信心的体现；沉静的修养，是铁打不弯的气概，也是一种力量美和沧桑美。“讲德修道，要个木石的念头”，就是体现了坚定与沉静的统一。面对大千世界，滚滚红尘，清者自清，浊者自浊。一旦抵御不住外界的诱惑，杂念便会渐起，贪心便会萌发。总的来说，这段话告诫人们，要坚守贞操，不要为世间的名利奢华所动，一旦心被牵引，便会落入被物欲困扰的境地，由此，就会陷入危机的深渊。

明朝时，朱棣攻下应天，夺得了帝位，改号永乐，史称明成祖。等到论功行赏时，姚广孝功推第一。据《明史》叙评说：“帝在藩邸，所接皆武人。独道衍定策起兵。及帝转战山东河北，在军三年，或旋或否，战守机事皆决于道衍。道衍未曾临战阵，然帝用兵有天下，道衍力为多。”故明成祖朱棣即位后，姚广孝位

势显赫，极受宠信。先授道衍僧录左善世。永乐二年(1404 年)四月又拜善大夫太子少师。复其姓，赐名广孝。

然而当明成祖命姚广孝蓄发还俗时，姚广孝却不肯答应；赐予府第及两位宫人时，仍拒不接受。他仍然每天居住在僧寺之中，每天冠带上朝，退朝后就穿上袈裟。人间其故，他笑而不答。他终生都不曾娶妻纳妾，不蓄私产。他曾因公干至家长洲，悉将朝廷所赐金帛财物散给宗族人。姚广孝一生中唯一致力其中的，是从事文化事业。曾与解缙等人纂修《永乐大典》。学术思想上颇有胆识，史称他“晚著道余录，颇毁先儒”，当然，也曾招致一些人的反对。

永乐十六年(1418 年)三月，姚广孝 84 岁时病重，明成祖多次前往看视，问他有何心愿，他请求赦免久系于狱的建文帝主录僧溥洽。成祖入应天时，有人说建文帝为僧循去，溥洽知情，甚至有人说他藏匿了建文帝。虽没有证据，但溥洽仍被枉关了十几年。明成祖朱棣听了姚广孝这惟一的请求后，立即下令释放了溥洽。姚广孝闻言顿首致谢，旋即死去。成祖停止视朝二日以示哀悼，赐葬房山县东北，命以僧礼隆重安葬。追赠推诚辅国协谋宣力文臣，特进荣禄大夫、上柱国、荣国公，谦恭靖，并亲制神道碑表彰其功。

自古以来，统治集团内部之间的斗争总是十分激烈复杂的，一不小心，就会被卷入其中，轻则身败名裂，重则身首异处。而姚广孝由于具有木石般的坚定信念，在处理各种复杂的问题上，表现出了其过人的智慧，而且在功成名就时能够不贪功、不争利，以忍让保全身名。因此，他的人生宛如云水般自在潇洒，达到了圆融完满的境界。

**【当下启示】**

人生的大部分痛苦是来自于欲望的不能满足。倘若任其膨胀，不知收敛，不仅快乐会被淹没，而且还会丢失本该拥有的东西，甚至会失去生存的智慧。正确判断利害得失，辨明是非关系，不一味地被功名利禄之欲望所牵引，人生才能避免许多悲剧，从而悠然地享受生活的清凉。

# 无了了心——功名利禄如浮云

**【原典重现】**

山河大地已属微尘，而况尘中之尘；血肉身躯且归泡影，而况影外之影。非上上智，无了了心。

**【译文释要】**

山川大地与广袤的宇宙空间相比，只是一粒微尘，何况人类不过是微尘中的微尘；我们的身体相对于无限的时间来说，只是相当于一个泡影那么短暂，何况外在的功名富贵不过是泡影外的泡影。所以说，没有绝顶的智慧，就没有洞察真理的心。

**【谈古说今】**

天下熙熙，皆为利来；天下攘攘，皆为利往。人生看不破“名利”二字，就会受到终身的羁绊。名利就像是一副枷锁，束缚了人的本真，抑制了对于理想的追求。现代人生活在节奏越来越快的年代，成就感的诱惑始终存在，有太多的诱惑，太多的欲望，也有太多的痛苦，因此我们身心疲惫不堪。一个人要以清醒的心智和从容的步履走过岁月，就不能缺少视功名利禄如浮云的气魄。

苏东坡在《赤壁赋》中以“大江东去，浪淘尽千古风流人物”的博大气派而发人生宇宙之兴叹，胸怀何广，气度何宏，可称得上豁达之人，彻悟了人生。也正因为他有远大的抱负，厚实的修养，高尚的智慧，才使他能明山川之真趣，弃名利于身外。

宋神宗熙宁七年秋天，苏东坡由杭州通判调任密州知州。我国自古就有“上有天堂，下有苏杭”的说法，北宋时期杭州早已是繁华富足、交通便利的好地方。

密州属古鲁地，交通、居处、环境都没法儿和杭州相比。

东坡说他刚到密州的时候，连年收成不好，到处都是盗贼，吃的东西十分欠缺，东坡及其家人还时常以枸杞、菊花等野菜作口粮，人们都认为东坡先生过得肯定不快活。

谁知东坡在这里过了一年后，脸上长胖了，甚至过去的白头发有的也变黑了。这奥妙在哪里呢？东坡说，我很喜欢这里淳厚的风俗，而这里的官员百姓也都乐于接受我的管理。于是我有闲情自己整理花园，清扫庭院，修整破漏的房屋；在我家园子的北面，有一个旧亭台，稍加修补后，我时常登高望远，放任自己的思绪，作无穷遐想。往南面眺望，是马耳山和常山，隐隐约约，若近若远，大概是有隐君子吧！向东看是卢山，这里是秦时的隐士卢敖得道成仙的地方；往西望是穆陵关，隐隐约约像城郭一样，姜尚父、齐桓公这些古人好像都还存在；向北可俯瞰潍水河，想起淮阴侯韩信过去在这里的辉煌业绩，又想到他的悲惨命运。不免慨然叹息。这个亭台既高又安静，夏天凉爽，冬天暖和，一年四季，早早晚晚，我时常登临这个地方。自己摘园子里的蔬菜瓜果，捕池塘里的鱼儿，酿高粱酒，煮糙米饭吃，真是乐在其中。

对现实人生来讲，有形的东西可感可觉，如功名利禄，人们逐之如蝇。但从茫茫宇宙，从人一生的生死上来看，人何其渺小，功名利禄转眼而空。

淡泊胸怀，独善自身，人生便不受困扰，心神才会一片安泰！

**【当下启示】**

抱着淡泊的胸怀，名利就如浮云一般，入不得耳目，扰不了心志。只有这样，人生才踏实、充实。烦恼和羁绊都是由于自己的不能舍弃或是看得太重而引起的。人生于世，无论君子圣贤雅士也好，还是小人俗人凡人也好，谁也不可能无所谓的舍弃。俗人爱财，难道君子就不需要了吗？圣贤如果没了一日三餐，他也要去赚钱的。但不要执著，要懂得放下。拿得起放得下，这才是俗世的淡泊。

# 第九章　齐家教子

家和万事兴。一家人相处要互以诚实的心、和蔼的气氛，表露出优雅的话语，愉快的神采。一家同堂，一点没有隔阂，宛如形骸合在一起，心气融成一片，这样下去，一定能过异常快乐幸福的生活。

# 融洽气氛——家和万事兴

**【原典重现】**

家庭有个真佛，日用有种真道。人能诚心和气、愉色婉言，使父母兄弟间形骸两释、意气交流，胜于调息观心万倍矣!

**【译文释要】**

家庭应有一种真诚的信仰，生活应有一种不变的原则。一个人如能保持纯真的心性，言谈举止自然温和，这样才能与父母兄弟相处融洽，比静坐修炼调护身心要好千万倍。

**【谈古说今】**

中国有句古老的俗语叫“家和万事兴”，一个“和”字，充满着温馨，凝聚着亲情，营造出百福齐集，万事如意的美好。可以说，没有“和”字，就谈不上和谐、和睦、和衷共济，如果这样即使家庭再兴旺也终会败落。

三国时期的一代英豪曹操倾毕生精力建立起了魏国，并在正要将蜀国和吴国消灭，统一华夏之际，却由于几个儿子之间不友爱、不相容，兄弟手足互相残杀，结果将江山轻易让给了司马家族。

中国文化以“和”作为重要的价值取向，如“贵和谐，尚中道”。“和为贵”，“和气生财”等。在实践中，“和”往往体现为一种策略，一种目的和手段，在成人取向上体现为“和谐”，在自我修养上体现为“中和”，即“喜怒哀乐之未发谓之中，发而皆中节谓之和”。“和”才能带给人们福祉，带给人们兴旺。

曾国藩曾说过“家和则百福生”，认为亲人之间应当和气、坦诚、忍让，在相互关怀帮助、相互砥砺的基础上，大家才可以不断走向完善，在这方面他也是亲历亲为的典范。

兄弟因未能考中科名而放弃学业，他则循循善诱，不断勉励兄弟，督促兄弟继续努力。他对待兄弟竭力爱护，从不姑息纵容。在日常的工作生活中，他常常以身作则，从不计较个人得失，而是以家庭利益为重。他常常说：“兄弟和，虽穷氓小户必兴；兄弟不和，虽世家官族必败。”

无论是在京做官，还是戎马倥偬，百忙之中，曾国藩总不忘记写信教导诸弟踏踏实实做人，督促他们读书学习，要重视孝友耕读，绵延世泽。

曾国藩对兄弟的真情，拳拳于心，虑之长远，自是竭力地以德去爱护，而不是用姑息放纵来宽恕他们。他在家书中说：“至地兄弟之际，吾亦惟爱之以德，不欲爱之以姑息。教之以勤俭，劝之以习劳守朴。爱兄弟以德也，丰衣美食，俯仰如意；爱史弟以姑息也，姑息之爱，使兄弟惰肢体，长骄气，将来丧德亏行，是我率兄弟以不孝也，吾不敢也。”

曾国藩对四个弟弟爱护备至，他一生花在四个弟弟身上的工夫心血，并不比用在自己的两个儿子身上的少。无论学问、人品、军事、性情、养生、治家等，事无巨细，从家书中皆有所涉及。可谓为诸弟殚精竭虑，瞻前顾后，唯恐诸弟有失，有负先人。弟弟们也对他非常尊敬，对他的教导也铭记于心，兄弟间关爱互助。曾国藩在事业成功后，在孝顺父母方面也做出了很好的表率，尽管他自己不能回家亲自照顾父亲，但经常写信问候，经常给家中寄去银两，以资接济。

这些都给他的子女起到了垂范的作用。

有道是“和气致祥，自有可昌盛之理”。家人之间应亲善相待，应该见利不争，见害不避。可我们时常会从电视、报刊中看到有些家庭兄妹之间为争家产，对簿公堂，甚至大打出手，手足相残，实在令人叹息！兄弟姐妹间要把钱看得轻一些，把情看得重一些，毕竟是血浓于水。即使父母有偏爱，资助子女有厚薄，也要想开些，大可不必以怒相逞，尽失和睦之气。

另外，“家和万事兴”的齐家古训，同样也可以用在治国上，一个国家的强大靠的是全民众的团结力量，只要国民万众一心，众志成城，那么，任何困难也无所畏惧，任何阻碍也挡不住奋勇前进的步伐。

**【当下启示】**

人一生中会经历无数波折，而家是我们永远的避风港，无论旁人怎样的误解伤害我们，只要还有家人的信任与支持，我们就不会感到孤单力弱，就能坚持下去。家人是我们在世界上最为亲近的人，不要因为家庭中的琐事而伤害了最关心我们的人。家人之间应当和气、坦诚、忍让，只有在相互关怀相互帮助的基础上，手足之情才能不断加深，家业才能永葆兴旺。

# 和气消冰——和睦的家庭沁满芳香

**【原典重现】**

家人有过，不宜暴怒，不宜轻弃。此事难言，借他事隐讽之；今日不悟，俟来日再警之。如春风解冻，如和气消冰，才是家庭的型范。

**【译文释要】**

家里有人犯了过错，不应该大发脾气，也不应该轻易地放弃不管。如果这件事不好直接说，可以借其他的事来提醒暗示，使他知错改正，如果没办法立刻使他悔悟，可以过一段时间再耐心劝告。这就像温暖的春风化解大地的冻土，暖和的气候使冰消融一样，是处理家庭琐事的典范。

**【谈古说今】**

在一个人的人生旅程中，家是温馨的，是美丽的港湾，是令人羡慕的。一个人的事业再怎么成功，在外面的关系再好，如果家庭不和睦，也谈不上圆满。要使家庭和睦的氛围永远荡漾着暖人的春意，就必须要用心去创造。至于如何创造，就是值得人们思考的重要所在了。

首先要明确一点，是人就难免会有犯错误的时候，“人非圣贤，孰能无过”，就算是圣人也会有犯错的时候，何况是普通人呢？所以，要能够正视和允许家人产生一些错误，能够体谅家人并及时劝阻和耐心地说服教育家人。

其次，家庭矛盾的产生往往是由于一方的偏袒，自私、狭隘的心理和行动，如果受到伤害的一方能够宽厚大度，不计怨仇，仍能用爱心更多地想着对方，不去与其争斗，必能有着良好的启悟和感动的效果。

孔子的弟子闵子骞不计怨恨，感化继母的故事便是生动的典范。

闵子骞是孔子的学生，是七十二贤人之一。他从小失去母亲，父亲给他娶了继母。继母只疼爱自己生的两个儿子，对子骞很不好。但懂事的小子骞却从来没有在父亲面前说过继母的不是。

天冷了，继母给三个孩子做了新棉袄。一天，子骞同两个弟弟高兴地穿着新棉袄，随父亲赶牛车外出。路上遇到了大风雪，子骞手冻僵了，抓不住牛缰绳，牛车咕噜噜顺着斜坡往下滑，棉衣被车钩破了一个洞，从袄缝里飘出了纷纷扬扬的芦花。父亲呆住了，他急忙扶好冻倒在车座上的子骞，扒开其他两个孩子的棉袄看，见里面都絮着厚厚的棉花！

父亲回到家，指着继母大骂：“亲生儿女穿棉衣，子骞却穿芦花衣。你太狠毒了，你给我滚！”弟弟们吓得哭起来。这时，子骞扑通跪在父亲面前，哀求说：“爹，求您不要赶娘走。”父亲说：“她这样对你，你还替她求情？”子骞含泪说道：“有娘在，顶多是我一个人受冻；娘走了，弟弟们和我三个却都要挨冻。”子骞的真情感到了父亲，更感动了继母，她惭愧地说：“孩子啊，对不起，让我重新给你做棉衣吧。”从此，继母对子骞视为己出。

子骞是善良的，他用爱心挽救了一个差点分裂的家庭。“有娘在，顶多是我一人受冻，娘走了，弟弟们和我三个却都要挨冻。”这样宽厚仁善的心怀，怎不令人感动？他用爱心感动了自私的继母，也教育了继母。可见，爱心是一种美德，具有伟大的力量，它让一切自私和冷漠的人感到惭愧，让温情和幸福美好的重现。

对于家人的错误，有的时候婉转一点会比直言更容易取得效果。

早先的郑板桥家中十分贫穷，传说有一年除夕，他竟然穷得连一斤肉都买不起，好不容易有一个屠户赊了一只猪头给他，不料刚准备下锅时，那屠夫却突然变卦，硬是将猪头提走，卖给了别人。为此，郑板桥差点气出病来，从这以后，他也恨透了杀猪人。

后来，郑板桥山东范县做官，他为官处处体察民情、秉公执法，可唯独与杀猪的过不去，还特别规定杀猪的人不准卖猪头，就算是留下自己吃也要交税。

郑板桥的妻子听说了这件事后，感到十分不妥，但又不便直说，便想出一个

法子。一天，她将捉到老鼠吊在房里，夜里老鼠不住地挣扎，吵闹了一夜，弄得郑板桥一夜都没有睡好，因此他埋怨妻子。可妻子却说，自己以前在家的时候好不容易做了件新衣裳，却被老鼠啃坏了，所以一见到老鼠就气不打一处来。郑板桥是个聪明人，一听便知道了妻子的用意，于是吟诗一首:贤内忠言实难求，板桥做事理不周。屠夫势利虽可恶，为官不应记私仇。之后，便取消了原来不合理的规定。

郑板桥的妻子在知道丈夫的做法不对的时候，没有直接说，而是采用了一种巧妙的方式来点醒他，使郑板桥在妻子的委婉劝说下，恍然大悟，改正了错误。

**【当下启示】**

大多数的人在做错了事情的时候，即使明知道是自己错了，也不希望别人对着自己大喊大叫的，总希望别人能够体谅自己，给自己一个台阶下。对待自己的家人也应如此，当家人的错误一旦犯下时，要冷静地去处理，暴斥怒打都是无济于事的，它往往不能从根本上解决问题，而最好的办法就是通过耐心地说服教育，令其幡然悔悟。所以，如果自己的亲人做错了事情，一定要有耐心，千万不要将自己的负面情绪毫不保留地发泄出来。

# 伦常天性——孝顺父母合乎天性

**【原典重现】**

父慈子孝，兄友弟恭，纵做到极处，俱是合当如此，着不得一丝感激的念头。如施者任德，受者怀恩，便是路人，便成市道矣。

**【译文释要】**

父母对子女的慈爱，子女们对父母的孝顺，兄长对弟妹们友爱，弟妹们对兄长敬重，即使是用了全部爱心做到了最完美的境界，也都是理所当然的，彼此间不须存有一丝感激的念头。如果施恩的人自以为是恩人，接受的人抱着感恩图报的想法，那么就是将至亲骨肉之间的关系当作了陌路人来看待，真诚的骨肉之情就会变成一种市井交易了。

**【谈古说今】**

《礼记·礼运》中有言：“何谓人义？父慈、子孝、兄良、弟悌、夫义、妇听、长惠、幼顺、君仁、臣忠，十者谓之人义。”其中家庭伦常是放在首位的。

人们常说：真爱无价。父母与子女之间的爱是不能够论斤称两地计算的，父母教育子女或子女孝敬父母都是在履行自己该当的责任与义务，是各尽本分。所以不管是为人父母还是为人子女都不应该将亲情关系条件化。如果亲子之间斤斤计较付出与回报的多少，就是将至亲骨肉之间的关系当作了陌路人来看待，那跟买卖交易有什么不同呢？要知道，子女不是物品，父母的辛劳与恩情也无法量化，只能用心去体会。

子女与父母之间是这样，与兄弟之间也是如此。友恭之情是出于真情的流露，这其间也丝毫不能有施恩之念，不然亲兄弟也会如同路人一样。

仲由（公元前542～前480年）字子路，又字季路，鲁国卞（今山东泗水县泉林镇下桥村）人，孔子的得意门生，以政事见称。他为人性格爽直率真，有勇力才艺，孝顺父母。是孔门七十二贤人之一。

子路年轻的时候，因家中贫穷，自己常常拿野菜、杂粮充饥。他为了让父母能吃到米饭，经常要到百里之外买到米，背回家奉养父母。后来，子路受到孔子赏识，被孔子收为弟子。

孔子很器重为人耿直又精通武艺的子路。但孔子见他每过一段时间，就要请假回家，怕他会影响学业，便问他："你为什么经常请假回家呢？是父母身体不适吗？"子路谦恭地答道："老师，学生的母亲爱吃米饭，所以学生要常到郰邑买米背回家中。"

孔子听了，赞叹地说："子路真是个大孝子啊！"

子路的父母去世后不久，楚国请他去做官，随从的车马上百辆，所带的粮食不止万斤。坐在豪华的被褥上，吃着丰盛的筵席，但他却常常因为怀念父母而伤感，他慨叹地说："现在我想吃野菜，还想为父母亲去背米，哪里还有这个机会呢？"孔子赞扬他说："你侍奉父母，可以说是生时尽力，死后思念哪！"。

子路为了能让父母吃上米饭，经常要走上百里的路背米回家，虽然辛苦，但是子路甘之如饴，孝敬之心始终没有间断和停止过。尽孝不是用物质来衡量的，而是要看你对父母是不是发自内心的诚敬。

**【当下启示】**

真正的孝行是自己不会感觉得到的。凡是自以为有孝心的人，并不一定是真的孝。为人子者孝顺父母，无论如何都要使父母欢心，是合乎天性的，是自然真情的流露。但是当一个人自己感觉到自己的孝行时，同时也就起了要求报酬之心，这也就失去了孝的真义。孝无分贵贱，自古至今，上自天子下至贩夫走卒，只要存有孝敬父母之心，那么在任何情形之下，都能够不计千辛万苦，曲承亲意。

# 定基成器——培养孩子要从小抓起

【原典重现】

子弟者，大人之胚胎，秀才者，士大夫之胚胎。此时若火力不到，陶铸不纯，他日涉世立朝，终难成个令器。

【译文释要】

小孩是大人的雏形，秀才是官吏的雏形。但如果锻炼得不够火候，陶冶得不够精纯，以后走向社会或是在朝做官，最终都难以成为一个有用的人才。

【谈古说今】

制作瓷器，首先是要做出瓷器的胎体，然后或上釉，烧制成白釉瓷；或直接在胎体上绘图，再过釉烧制。无论是哪种烧制方法，想要做出好的瓷器首先都必须要有一个好的胎体。这与教育孩子是一样的道理，想要将孩子培养成才，就要注重其小时候的教育，从小抓起。

孩子是祖国的花朵、未来的希望。要把孩子培养成未来的有用之才，就要注重小时候的良好教育。所谓“幼而学，壮而行”、“玉不琢不成器，人不学不知义”，都说明了这个道理。千里之行始于足下，一个人的学习锻炼是从年少时开始的。

须知“花有重开日，人无再少年”。青少年时期所接受的教育和经受的锻炼，对一个人以后自身发展的影响非常大，所以说，在年轻时要多学习文化知识和修身立世的品德，这对于一生来说，都是享用不尽的巨大财富。

品德修养和习惯养成应当从娃娃抓起。俗话说：三岁看小七岁看老。如果错过了这个黄金教育期，不仅影响到知识学习，而且会影响到一个人的人生道路的选择和发展。

无原则地溺爱和袒护，重智力教育轻品德教育，才使得我们的学生的全面发展不够，是非观念模糊，违法和犯罪界限不清，糊里糊涂就走上了犯罪道路。

窦燕山，即窦禹均，五代后晋人，他出身于富裕家庭，是当地有名的富户。据说，他最初为人不好，以势压贫，致力于发财。由于他做事缺德，到了30岁时，他还没有子女，于是便暗下决心，痛改前非。后来他的妻子为他连续生下了五个儿子。

窦燕山就把全部精力用在乐善好施、散尽家财和培养教育儿子身上，不仅时刻注意他们的身体，还注重他们的学习和品德修养。他建了40间书房，买了数千卷的书，并聘请文行之士为师授业。在他的培养教育下，五个儿子都成为有用之才，先后登科及第：长子中进士，授翰林学士，曾任礼部尚书；次子中进士，授翰林学士，曾任礼部侍郎；三子曾任补阙；四子中进士，授翰林学士，曾任谏议大夫；五子曾任起居郎。被人们称“窦氏五龙”。当时有一位叫冯道的侍郎曾赋诗一首说：“燕山窦十郎，教子有义方。灵椿一株老，丹桂五枝芳。”这里所说的“丹桂五枝芳”，就是对窦燕山“五子登科”的评价和颂扬。

“子弟者，大人之胚胎”，窦燕山深知此理，故而从小就十分重视对孩子的教育，不仅仅是学习还有品德修养，因而窦家的五个儿子才能够个个声名远扬，成为有用之才。所以，《三字经》中才会称赞他说：“窦燕山，有义方。”

**【当下启示】**

一个扶国经世的人才，在于从小的教育，父母就是孩子的第一任教师，一言一行都得顺应规范，否则等孩子大起来改造他，已经太难了。所谓“幼而学，壮而行”、“玉不琢不成器，人不学不知义”、“少年不努力，老大徒悲伤”，都说明了这个道理。千里之行始于足下，一个人的学习锻炼是从年少时开始的。国家社会的未来在下一代人身上，教育学习，培养品德，锻炼意志，下一代人将来才会有所作为，成为有用之才。

# 根固叶荣——身教胜于言教

**【原典重现】**

心者，后裔之根，未有根不植而枝叶荣茂者。

**【译文释要】**

善良的心地是子孙后代的根本，就像栽花种树一样，没有不把根深植在土里而能使花木树叶繁茂的。

**【谈古说今】**

家庭是孩子的第一所学校，父母是孩子的第一任老师，父母的言行对孩子的身心有着重大的影响。高尔基曾说过，爱自己的孩子，这是连母鸡也会做的事，但如何教育好他们，却是一个严肃的问题。“心者，后裔之根，未有根不植而枝叶荣茂者”，意思就是要求长辈应注重自身的言行，要以良好的内心和得体的举止影响孩子。倘若自身不正，心地卑劣，要想教育出讲人品，守道德，有节气的孩子是不可能的。这也便是“身教重如言教”的重要所在。

曾子是春秋末年的鲁国人，他 16 岁拜孔子为师，勤奋好学，颇得孔子真传。

一次，曾子的妻子想要到集市上去买东西，她的儿子哭着要跟着她一起去。他的母亲说：“你回去，要乖乖的听话，等一会儿回来让你爹给你杀猪吃。”孩子信以为真，破涕为笑，一边欢天喜地地跑回家，一边喊着：“有肉吃了，有肉吃了。”孩子一整天都待在家里等妈妈回来，村子里的小伙伴来找他玩，他都拒绝了。他靠在墙根下一边晒太阳一边想像着猪肉的味道，心里甭提多高兴了。

到了傍晚，孩子远远地看见了妈妈回来了，他一边三步并作两步地跑上前去迎接，一边喊着：“娘，娘快杀猪，快杀猪，我都快要饿死了。”曾子的妻子笑着说："一头猪顶咱家两三个月的口粮呢，怎么能随随便便就杀猪呢？你快不要胡闹了。"孩子一听，才知道母亲是哄自己呢，他知道猪肉是吃不成了，哇的一声就哭了。曾子闻声而来，知道了事情的真相以后，二话没说，转身就回到屋子里。过一会儿，他举着菜刀出来了，曾子的妻子吓坏了，因为曾子一向对孩子非常严厉，以为他要教训孩子，连忙把孩子搂在怀里。哪知曾子却径直奔向猪圈。妻子不解地问："你举着菜刀跑到猪圈里什么？"曾子毫不思索地回答："你不是说要让我给孩子杀猪吗？我这就去。"妻子听了扑哧一声笑了："那只是我哄他呢，过年不过节杀什么猪呢？"曾子严肃地说："你既然已经答应过孩子要杀猪给他吃的，就应该说到做到。"妻子说："我只不过是骗骗孩子，和小孩子说话何必当真呢？"曾子说："对孩子就更应该说到做到了，不然，这不是明摆着让孩子学着家长撒谎吗？大人都说话不算话，以后有什么资格教育孩子呢？"妻子听后惭愧地低下了头，夫妻俩真的杀了猪给孩子吃，并且宴请了乡亲们，告诉乡亲们教育孩子要以身作则。虽然曾子的做法遭到一些人的嘲笑，但是他却教育出了诚实守信的孩子。曾子杀猪的故事一直流传至今，他的人品一直为后代人所尊敬。

老子认为，与其用长篇大论的训话还教化别人，不如用自己的行动来感染他。教育子女，应注意言传身教。曾子杀彘，看似鲁莽却饱含至理。曾参用自己的行动教育孩子要言而有信，诚实待人，这种教育方法是很可贵的。

古代有一个"上行下效"的故事，便有一定的反思意义。

从前，有一对不孝敬父母的夫妇，他们对老人毫不关心，又嫌老人不能干活，打算把老人赶走。他们的孩子看在眼里，心里非常着急。

这一天，夫妻二人让老人坐在筐里，抬着他向深山里走去。他们的孩子也远远地跟随在后面。到了山里，丈夫说："就扔在这里吧，离家这么远了，他肯定回不去了。"

说完，夫妻二人丢下老人和筐子，扭身就走。

老人看到儿子和儿媳这样对待他，伤心得流下了眼泪。

这时，孩子冲父母喊道："爸爸妈妈，怎么把筐放在这呀？应该把筐子也抬回去。"

爸爸不解地问：“要这筐子干什么？”

孩子回答：“等你和妈妈老了，不能动弹了，我也好用它把你们抬到这里来呀。”

孩子的话深深地触动了夫妻俩。他们彼此相视而犯傻了，顿时悟出了一个道理，心里惭愧起来，立即把老人抬了回去，并精心照料。

可以说，日常生活中长辈的一言一行，都是下一代学习效法的对象，对于子孙人格的形成影响甚大。一个心地善良的人，其日常言行都是以善为出发点，儿女子孙经过长时间的耳濡目染，自然而然就学得了以善良处世。而以善良传家者，待人诚恳、做事踏实，自然是“积善之家庆有余”。

南朝梁的徐勉，史称他“虽居显位，不营产业，家无蓄积，俸禄分赡亲族之穷乏者”。

徐勉平时所得的俸禄，大部分都给了亲友或族人中的穷困者和贫苦百姓，因此家中没有任何积蓄。看到他家如此清贫，有朋友便劝他经营一些产业，为子孙后代着想。徐勉回答说：“人遗子孙以财，我遗之以清白。子孙才也，则自致辎軿；如其不才，终为他有。”意思是说，别人给子孙留下财产，我给子孙留下清白。子孙如有才德，自会创出家业；如果不成材，留下财产也终归会为他人所有。

徐勉还经常教导子女要重品行操守，他给儿子徐崧的《诫子书》中说：“吾家本清廉，故常居贫素，至于产业之事，所未尝言，非直不经营而已。古人所谓‘以清白遗子孙，不亦厚乎。’又云：‘遗子黄金满籯，不如一经。’详求此言，信非徒语。吾虽不敏，实有本志，庶得遵奉斯义，不敢坠失。今且望汝全吾此志，则无所恨矣。”大意是说：我家本来就清廉，因此过着清苦素朴的生活。至于产业的事情，不但从来没有经营过，也从未谈起过。古人所说：“将清白遗留给子孙，不也是很丰厚的遗产吗？”古人又说：“留给子孙满箱黄金，不如传给他们一部经书。”详细探求这些话，确实不是虚妄之词。我虽然不聪敏，但实有这样的志向，希望能够遵循、奉行古人这个教诲，从不敢堕落失误。希望你能够理解和体察我的志向，那我也就没有什么遗憾和失望的了。

后来，徐勉的子女都成为了远近闻名的贤士。

由此可知，留给后代子孙最珍贵的宝藏并不是财富名位，而是心存善念的价值观，这样才能为儿孙种下幸福的根苗。

【当下启示】

古往今来，多数父母留给子女的往往是物质财富，这种父母看似爱子，实际上却是滋长了子女的依赖心理，从而丧失独立创业的勇气和能力，坐吃山空，因而是不明智的。徐勉能够清醒地意识到这一点，将光辉的人格风范传给子女，这对今天某些不知教子，只知敛财的父母是有所启示的。

# 严谨交游——注意子女接触到的人和事

**【原典重现】**

教弟子如养闺女，最要严出入，谨交游。若一接近匪人，是清净田中下一不净的种子，便终身难植嘉禾矣！

**【译文释要】**

教育子弟就好像养闺阁中的女儿一样，最重要的是严格管理其生活起居，与人谨慎交往。一旦结交了品行不端的人，就好像在肥沃的土地中，播下了一颗不良的种子，永远也种不出好的庄稼。

**【谈古说今】**

古人云："近朱者赤，近墨者黑。"朋友的好与坏，对人的一生影响很大，一个人与什么样的人交往对其自身有着很大的影响。古人云："与邪佞人交，如雪入墨池，虽融为水，其色愈污；与端方人处，如炭入熏炉，虽化为灰，其香不灭。"荀子也说过："匹夫不可以不慎取友。"所以，为人父母者在教育子女的时候，千万不能忽略子女的交友情况。

孟子，名轲，儒学的奠基人之一，中国古代杰出的思想家，与孔子并称"孔孟"。他受业于孔子的孙子思门下，游说于齐、梁之间，上继孔子，兼倡仁义、仁政，主性善，尚气节，重修养，对中国古代的道德传统的形成和发展具有深刻的影响，著有《孟子》一书，传于后世。孟子之所以能够成就一番事业，成为儒家的代表人物，是和其母的教育分不开的。

贤良的孟母深谙邻里之道，为此，不惜几迁其居。一开始孟子的家居住在墓地附近，儿时的孟子还不太懂事，不知什么是该学的什么是不该学的。看到邻居

们都以替人办丧事谋生，他也觉得有趣，每日里和一群小朋友在一起，嬉戏玩闹，也学着吹吹打打，打幡送丧，挖坑埋棺。孟母看在眼里，急在心里，她知道这里不是久住之地，于是就带着孟子搬家，住到了一个集市的旁边。

集市之中每天都热闹非凡，各种叫卖之声不绝于耳，小孟子又开始学着商贩的样子，玩起了沿街叫卖的游戏。孟母看到了，认为这里也不适合孩子成长，于是她又一次带着孟子搬家。这一次，他们搬到了一所学校的旁边住了下来，学校里来往的人都彬彬有礼，于是孟子与孩子们也都学着大人的样子，模仿各种礼仪，孟母这才长舒了口气，觉得这次的选择才是利于儿子教育的选择，从此在这里居住下来，而后又多加教诲，才使孟轲成才。

孟子的母亲知道环境对孩子的成长影响很大，因此为了使孟子能够更好的成长，接连三次搬家，最终选择了学校的旁边，而孟子也由此深受影响，最终成为了“亚圣”。由此可见，教育孩子，一定要注意其接触到的人和事，只有接触到好的人和事，才能学习到好的习惯。

**【当下启示】**

如今，随着时代的不同，现代父母给予子女的空间极大，亲子的关系已从绝对权威发展到犹如朋友的关系。然而，给予的空间大并不等于放任，父母仍应对子女严加管教，尤其应该留意子女的交友情况，这是责任义务，也是对子女关爱的表现。如果家庭教育本身并没有问题，而子女却出现偏差行为，这个时候就要考虑到是否是因为子女结交了品行不端的朋友，若果真如此，就绝不可掉以轻心。倘若因溺爱子女而放任不管，等将来子女误入歧途后就为时已晚了。为人师者，教书育人也是同样的道理。

# 从容处变——心平气和地解决问题

**【原典重现】**

处父兄骨肉之变，宜从容不宜激烈；遇朋友交游之失，宜剀切不宜优游。

**【译文释要】**

不幸遇到父母兄弟骨肉至亲发生纠纷或人伦剧变，应持沉着态度；不可感情用事，采取激烈言行而把事情弄得更坏。跟知心好友交往而朋友犯了过失，应诚恳规劝，不可因怕得罪于他而让他继续错下去。

**【谈古说今】**

有道是：“家是能圆我们梦想最多的地方。”家里人的情感最厚重、最实在，父子之情，兄弟之谊，非他人可比。然而，再好的美玉也有瑕疵，再好的情感也会渗有裂痕。由于每个人的阅历、文化、修养、性格等有所不同，因而，其人生观、价值观也会有所差异，纵然是父子兄弟，亲情骨肉，遇有矛盾，多有分歧，也是不足为怪的。从哲学的方面来说，整个世界都是充满于矛盾的统一体中，所以，矛盾并不可怕，关键是遇到矛盾如何对待和解决。原典中的“从容”，意为悠闲舒缓，不慌不忙。“剀切”，指直截了当。“优游”，比喻模棱两可，犹豫不决的意思。

“处父兄骨肉之变，宜从容不宜激烈”，就是说遇到问题，要心平气和地去沟通交流，不能感情用事。如果用激烈过直的言行来对待，不但不利于解决问题，而且可能会导致更严重的后果。所以，当家庭发生矛盾时，绝不可冲动，而应以平和、冷静的态度来处理。

除了亲情之外，最亲近的可能就是朋友了。与朋友相处，朋友好的方面应该学习和赞扬，遇到朋友有过失的地方，也应该不加隐讳的真诚指出。“宜剀切而不优游”，就是说对待朋友的缺点应诚恳地直言规劝，让其改正，而不应顺其发展，这才是好朋友的表现，也是朋友间相处的起码准则。

【当下启示】

在现实生活中，人与人之间总是会存在一些矛盾，即便是父母亲人也难以避免，但是在遇到问题的时候，不要急于争吵，而是应该心平气和地与对方进行沟通交流，用冷静的态度进行处理，这才是对双方都有利的解决方式。

# 富贵炎凉——用理智来战胜私欲物欲

**【原典重现】**

炎凉之态，富贵更甚于贫贱；妒忌之心，骨肉尤狠于外人。此处若不当以冷肠，御以平气，鲜不日坐烦恼障中矣。

**【译文释要】**

人情的冷暖、世态的炎凉，富贵之家比贫苦人家更明显；嫉妒、猜疑的心理，在至亲骨肉之间比外人表现得更为厉害。在这种情况下，如果不能用冷静的态度来解决，以平和的心态控制自己，那就会天天处在烦恼的困境中了。

**【谈古说今】**

有诗云：“白菊悦我目，不染一丝尘。”白菊的确令人怡悦，它象征一种明净、清澈、率真、诚实的心境。然而这颗心还未脱去宗教的气味，即无视浊流滚涌的现实世界中的苦恼。

曹操被刘备在汉中击败，退入邺郡，还没有安定下来，关羽就发动了襄樊之战。曹操拖着老病(头风病)之身，先到洛阳，又南下摩陂，得胜之后回到洛阳，已经是劳病交瘁，无心回邺城了。刚刚过了半个月，病情加重，于公元220年正月病死在洛阳，享年66岁。

曹操一向提倡节俭，自然也反对厚葬。他在遗嘱中写道：天下尚未安定，不要遵照古代的丧葬制度行事。安葬以后，文武百官人等都要去掉丧服。驻屯各地的将士不得离开驻地，官员们各守职位。我入殓时，要穿一般的衣服，不得用金玉珍宝陪葬。

可是关于谁继位当魏王，要不要让儿子赶快像周武王那样当皇帝等等大事，曹操到死也不说个明白。因为一来已经正式立曹丕为王太子，继位的事有了法律依据；二来他自己知道，死了以后的事也管不了许多，还是让自己最信任的大臣去办吧。

曹操的原配丁夫人没有生儿子。刘夫人生了个儿子曹昂，在征讨张绣时为救曹操而死。后来的卞夫人一共生有四个儿子：老大曹丕，老二曹彰，老三曹植，老四曹熊。其中老二曹彰勇武善战，曹操常常让他统兵打仗，立了不少战功。老四曹熊很软弱，早早地就死了。老三曹植富有文才，最得曹操和卞夫人的喜爱，曹操曾想让他继位，这自然引起老大曹丕的无限恐惧。后来近臣们以袁绍、刘表等废长立幼，引出变故的教训暗示曹操，才勉强立曹丕为王太子，不过曹丕对三弟曹植却一直放心不下。

曹操死于洛阳的时候，曹丕正在邺城坐镇，临淄侯曹植在自己的封地临淄，只有曹彰带着兵马从长安赶到洛阳。来者不善，他开口就问主持丧事的贾逵："我先王的玺绶现在何处?"

这不明明要以武力夺取王位吗？贾逵马上板起脸来回答："家中有长子，国中有太子，您可不该问先王玺绶的事!"曹彰不过是个武夫，吓得不敢再多嘴，拥护曹丕的大官们赶紧把曹操的灵柩运往邺城，并抢着以卞王后的名义，立曹丕为魏王。第二天，华歆也从许都拿着汉献帝命令曹丕继承魏王和丞相兼领冀州牧的诏书赶来了。曹丕顺顺利利地继承了父位，执掌了大权。

曹丕掌权后的第一件事，他就想起了三弟曹植。过去是兄弟，而现在是君臣，地位完全不同了。恰巧曹彰和另外二十几位兄弟(不是王后亲生)都来奔丧，只有曹植没来，曹丕立即以魏王的名义，命令十分忠于曹操和自己的猛将许褚带兵，连夜赶往临淄，把曹植、丁议、丁廙捉到邺城。三个人都知道性命难保。果然，曹丕先下令杀死丁仪、丁廙和两家的全部男子，然后，曹丕要亲自治一下曹植了。

现在的曹植完全变了一个人，他像斗败了的公鸡，一进门就趴在地上，战战兢兢地等候大哥的发落。他心里非常明白，只要大哥牙缝里挤出半个"死"字来，他就得和丁氏二兄弟一样了。曹丕趾高气扬地开始训斥起曹植来。他说："我和你在亲情上虽然是兄弟，可是在义理上却属于君臣！你怎么敢蔑视礼法，不来为先王奔丧?"曹植一个劲儿地叩头："我罪该万死，罪该万死!"曹丕继续威严地说："先王在世的时候，你常拿着自己的文章在人们面前夸耀，我很怀疑是不是别人代你写的。我现在限你在七步之内吟诵出一首诗来。你如果真能七步成诗，我就免你一死。如果不能，就要重重治罪，决不宽恕！"曹植是有真才的人，这当然难不倒他。他抬起头来，闪着惊恐的泪眼，用乞求的声音说："请大王出题。"曹丕说："我和你是兄弟，就以我们兄弟为题赋诗，但诗中不准出现'兄弟'的字样。起来试试吧！"曹植站起身来，慢慢走不到七步，诗已顺口而出：

煮豆燃豆萁，

豆在釜中泣。

本是同根生，

相煎何太急！

曹丕一听不要紧，泪水不觉涌出了眼眶。曹植明明是把哥哥比作豆萁，把自己比作豆子。要燃豆萁来煮豆子，这不正像曹丕要杀害曹植一样吗？这时直躲在里面的卞太后也痛不欲生地出来。哭着说："当哥哥的为什么要这样狠心逼弟弟呀！"

富贵之家往往为了争权夺利而父子反目，手足相残，曹丕和曹植虽为一母同胞，但仍是不可免俗。曹丕忌惮曹植的才能，因而想要将其杀害，虽然曹植因自己的才学救了自己一命，但最终还是抑郁而死。所以说"炎凉之态，富贵更甚于贫贱；妒忌之心，骨肉尤狠于外人。"

古人有"共患难易，共富贵难"的说法，一个贫穷之家患难相助、共度难关，很自然的就会重视骨肉之情；而富贵之家为了自身利益、争权夺利，常常是父子反目或兄弟睨墙。纵观几千年历史，从历代的宫廷斗争中，我们就可以看出这一点。帝王子孙和睦相处、互忍互让的少得可怜。春秋时齐国的公子纠与公子小白，秦朝的扶苏与胡亥，唐朝的玄武门之变。这样兄弟相残的例子数不胜数。这些都是"炎凉之态富贵基于贫贱，妒忌之心骨肉狠于外人"的典例，所以我们处于骨肉至亲之间要特别重视出于天性的骨肉亲情。

隋炀帝杨广是隋朝的第二任皇帝，隋文帝杨坚的次子。隋炀帝当时虽然已经被册立为太子，可是为了急于当皇帝掌握大权，竟然不惜背逆伦常谋杀亲父隋文帝而即位。

帝王之家如此，那么富贵之家呢？平民之家呢？农村有句俗话：“大家分穷了，小家拼穷了。”对于普通百姓来说，兄弟姊妹在未成家立业之前，基本上都是你有我有大家有，你的就是我的，我的也是你的。那可是真正的同枝连理，意气相投。可一旦娶妻生子，嫁人成家就天翻地覆。尤其是兄弟之间，更是“分家三年，大门都不关”。为什么？卯足了劲儿，你比我富，我非比你贵！而且老死不相往来的还大有人在呢！

**【当下启示】**

富贵之家往往为了争权夺利而父子交兵或兄弟阋于墙。人往往是有了钱还要更多些，有了权还要更大些；以至生活中终日钻营处处投机的小人，像苍蝇一样四处飞舞，个人的私欲总处于成比例的膨胀状态。如此现实，的确需要人们提高修养水平，用理智来战胜私欲物欲，否则亲情何在？富贵也难保长久。

# 积难覆易——勤则兴，懒则败

**【原典重现】**

问祖宗之德泽，吾身所享者是，当念其积累之难；问子孙之福祉，吾身所贻者是，要思其倾覆之易。

**【译文释要】**

如果要问祖先是否给我们留有恩德，那就要看我们现在生活享受的程度，同时要怀念祖先累积恩德的不易。如果要问子孙将来是否能够生活幸福，那就要看我们给子孙留下多少德泽，并要想到子孙可能无法守成而使家业衰败。

**【谈古说今】**

在中国传统的家庭里，大多都会在堂屋的正中设有祀奉祖宗的神龛，神龛的两侧往往会有一副对联：

祀祖宗一烛清香，必诚必敬；

教子孙两条正路，宜读宜耕。

这说的是中国传统社会的治家经验：宜读宜耕。这里的“耕”代表生产基业，“读”代表基本教育。在古人看来，耕读之家，最能长久兴旺，什么达官显贵，都极易成为过眼烟云。一个家庭想要长久兴旺，就必须勤劳作业，不然，再大的家业，也会坐吃山空；同时，要保持这个家庭的兴旺，还必须不断读书学习，用知识来充实自己，发展家业。

富兰克林说过：“懒惰是一剂毒药，它既毒害人们的肉体，也毒害人们的心灵。”

综观人类家业兴衰的历史经验和教训，家业兴衰的根本法则就是：勤则兴，懒则败。客观来说，每个人都有懒惰的天性，而善于进行时间管理的人能够克服

这种天性，使自己勤奋起来。或许单靠勤奋不一定能成功，但不勤奋肯定不会成功。懒惰的人在浪费时间的同时，也丧失了成功的机会。须知，幸福的人生不是安逸中的空想，而是踉跄中的执著，重压下的勇敢，逆境中的自信。艰苦中的勤勉和奋发，是在任何环境下都应具备的自我适应、自我调解能力。有了这种能力，家业何愁不兴？再崎岖之路也会变成坦途，再不毛之地也会翠盖亭亭。

除了“勤”之外，“俭”也是良好持家的一个十分重要的方面。

清朝末年的齐家大师曾国藩经常在家书中告诫子弟：“历览有国有家之兴，皆由克勤克俭所至。”又说：“即今世运艰屯，而一家之中，勤则兴，懒则败。一定之理。”

曾国藩还经常教育子弟说：“家败，离不得个‘奢’字。”并不断以历史的经验教训后辈，他曾说：“观《汉书·霍光传》，而知大家所以速败之故；观金日磾、张安世二转，解示后辈可也。”

霍光是西汉时期大将军霍去病同父异母的弟弟，深得汉武帝的信任，在汉武帝死后成为汉昭帝的辅命大臣之一，汉昭帝死后，拥立武帝之孙刘贺为帝，但因其荒淫无道，不久将其废黜，立武帝曾孙刘询为帝，是为汉宣帝。霍光在世时，总揽朝政二十年，炙手可热，他的儿孙及长婿无不高官厚禄，起阴宅，缮阳宅，晏游无度，骄横无礼。霍光死后不久，霍氏家族就因叛乱而被诛灭。当初霍家极度奢侈之时，茂陵曾有个姓徐的书生预言道：“霍氏必亡。夫奢则不逊，不逊必侮上。侮上者，失道也。在人之右，众必害之。霍氏秉权日久，割之者多矣。天下害之，而又行以逆道，不亡何待！”

徐生的话，不幸而言中。而与霍光同时代的金日磾则恰好相反。金日磾与霍光同是辅命大臣，但是他的子孙后代却因忠孝而显名，七世不衰。金日磾看见长子与宫人淫乱，便亲手杀了他；皇帝赐给他宫女，他一点也不敢接近，他做事小心谨慎，从不越轨行事。班固称赞他说：金日磾“以笃敬寤主，忠信自著，勒功上将，传国后嗣，世名忠孝，七世内侍，何其盛也！”

曾国藩曾一再要求弟弟澄侯把霍光、金日磾的这些正反事例“解示后辈”，就是为了要后辈戒奢戒骄，这样才可以“庶几长保盛美”，使家族长期保持繁荣兴旺。

家业如此，而国家更是如此。自古以来，多少大家豪门兴盛于一时，又旋即衰败，都是由于不能勤俭守恒的原因。因此，把人生重要的道理传授给后辈，就是为他们谋求长远的幸福，让他们谨记“恒念物力维艰”，保持克勤克俭之风，就是让他们掌握成就人生的重要之本。唯此才能积极进取，兴业不衰。

【当下启示】

一份家业的积累相当不易，它是由先辈多年的苦心砺志辛勤努力而来。想想他们当初创造一份家业的时候，少不了要顶风冒雨，克勤克俭，血汗拼打，对此，我们怎能不感念他们的恩德，而认识到自身的责任更加重大呢？创业难，守业更难。如果精神懈怠、不勤不俭，再大的家业也易遭倾覆。所以，重视德操，勤俭持家，并将可贵的持家理念灌输给子孙，是自己的责任，也是为子孙后代谋取幸福的重要所在。

# 恩爱长存——能不吵时，尽量忍

**【原典重现】**

水不波则自定，鉴不翳则自明。故心无可清，去其混之者而清自现；乐不必寻，去其苦之者而乐自存。

**【译文释要】**

水面如果没有被风吹起波浪，自然是平静的；镜子如果不被尘土遮盖，自然是明亮的。因此，人的心灵没有必要刻意去清洗，只要把心中的不良念头除掉，就自然会出现平静明亮的心灵；生活也是一样，不需要刻意去追求乐趣，只要清除不必要的困苦和烦恼，就会呈现出快乐幸福的生活了。

**【谈古说今】**

这段话的中心意思，就是告诫人们心地要明朗，不要偏执，如此，幸福的生活才会长在。倘若只知挑剔，不知忍让，再美好的家庭也会被打破。

无人不向往着美满的家庭，无人不期盼着恩爱的谐音，这是幸福之梦，也是人生最大的欢乐所在。为此，有人这样说过，事业成功的人士，如果没有一个美满的家庭，那既谈不上什么幸福，也谈不上真正意义上的成功。

从实际生活来看，真正幸福美满的家庭似乎为数不多。因为恋爱是浪漫的，婚后的生活却是现实的，夫妻双方同在一个屋檐下，酱醋油盐，亲友交际，兴趣爱好，相关互照等，错综纷繁的事务难免样样周全而不产生矛盾。这便是俗语所说的：家家有本难念的经。然而有些家庭却的确能把这本经念好，因而幸福的喜悦始终伴随着他们的家。这其中的诀窍是什么呢？最重要的就是夫妻双方都能懂得忍让

争吵并不是解决问题的唯一方法，许多时候的争吵往往都是源于小事，然而正是因为这些小事却造成了许多无法挽回的错误。

当然，争吵也是沟通的一种方式，尤其是在职场上，往往好的建议与正确的决定就是在恰似争吵的辩论中得到的，其关键是人们是否对这样的争吵和辩论给

予认可。

除了为了工作而争吵之外，在工作过程中和同事接触时，女性也应该注意自己的言行，能忍则忍，时刻记住：不能因为逞一时的口舌之快而损毁了你在同事和领导心中的形象。要知道，此时的忍让并不会让人觉得你软弱、好欺负，大家反而会觉得你这个人有涵养、大度，不斤斤计较，无形中也提高了你的人气。

例如，一对夫妇，吃饭闲谈，妻子兴致所至，一不小心冒出一句不太顺耳的话来。丈夫细细地分析了一番，于是心中不快，与妻子争吵起来，直至掀翻了饭桌，挥袖而去。

在我们的生活中，这样的例子并不少见。细细想来，因为这样的小事争吵，最后将本来美好的家庭破坏，真的是得不偿失。

因此，夫妻之间需要宽容与体谅，只要懂得忍让一步，一切的矛盾都会化解于无形之中。我们不妨看看下面的故事。

鲁迅和许广平是一对恩爱夫妻，感情很好，但有时也免不了要吵上几句，吵后相互不理不睬，又感到很别扭。最后常常是鲁迅叹上一口气说：“唉，总怪我这个人性情急躁，脾气不好。”许广平一听，气全消了，便对鲁迅笑着说：“都看在你曾经是我的老师的分上，否则，我真不答应呢！”于是，双方心中的不快，家庭的矛盾就都烟消云散了。

如果说鲁迅和许广平采用的是冷静息怒法，这无疑都是用忍让来化解矛盾的良方，也是用忍让来拥抱恩爱的锦囊。

吵架很伤感情，它甚至还会让人气得脸色发白、血压升高甚至吃不下饭，心浮气躁，劳神伤身。

尽管雨过天晴后看似一片蓝天，其实彼此的伤害仍然在心中久久无法抹去。所以，能忍则忍，伤人的话能不说就不说，和朋友、同事在一起应该以“和”为贵，以“退一步海阔天空”为行动准则，毕竟大家抬头不见低头见，倘若吵得不可开交日后是很难相处的。

**【当下启示】**

现实生活中，许多争吵都是无意义的，和睦、和谐才是幸福的。夫妻之间可以多用一些客气的口头用语，在很多情况下就会避免吵架。总之，架还是少吵为妙，毕竟人在气头上，难免会做一些不智的举动，说一些伤人的话。

## 参考文献

[1] 王静．图解菜根谭[M]．呼伦贝尔：内蒙古文化出版社，2011
[2] 洪应明，闫盼印．菜根谭[M]．北京：蓝天出版社，2007
[3] 东篱子．菜根谭全鉴[M]．北京：中央编译出版社，2010
[4] 黄杰星．菜根谭的智慧[M]．北京：当代世界出版社，2006
[5] 洪应明，韩世远．菜根谭评析[M]．北京：当代世界出版社，2008
[6] 木梓．图解菜根谭[M]．北京：中央编译出版社，2009
[7] 葛伟．菜根谭处世全书[M]．北京：中国城市出版社，2009
[8] 洪涛．菜根谭人生大智慧[M]．北京：中国致公出版社，2009
[9] 东篱子．边读边悟菜根谭[M]．北京：中国华侨出版社，2004